Moshage, Das große Buch vom Menschen

Julius Moshage

Das große Buch vom Menschen

Die abenteuerliche Entwicklung
vom Tier zum Menschen

Mit 148 ein- und mehrfarbigen Abbildungen

CARL HABEL VERLAG

Sonderausgabe für die Carl Habel GmbH, Darmstadt

Einbandgestaltung: Marietta Frommberger, München
Druck und buchbinderische Weiterverarbeitung:
Chemnitzer Verlag und Druck GmbH, Werk Zwickau
Printed in Germany

ISBN 3-87179-233-0

Gespräch über den Wolken

»Meine Damen und Herren, die Fluggäste des Fluges 684 nach Stockholm werden zum Ausgang B 18 gebeten!« Die Ansagerin auf dem Bildschirm lächelt freundlich und wiederholt dann die Ansage auf Englisch.

Die Fernsehanlage im neuen Flughafengebäude von Kopenhagen ist eine feine Sache. Zahlreiche Bildschirme sind in der riesengroßen Wartehalle so verteilt, daß man von jeder Stelle aus das Bild sehen kann. Es ist entschieden nett, sich von einer jungen Dame zum Flugzeug weisen zu lassen, viel persönlicher als die sonst übliche Durchsage.

Gerade habe ich einen Rundgang durch die mit viel Glas erbaute Halle beendet. Ich bin begeistert von der Großzügigkeit, mit der alles gestaltet ist. Kopenhagen will offenbar seinem Ruf Ehre machen, in Europas Luftverkehr »die Drehscheibe des Nordens« zu sein. Tatsächlich treffen sich hier Fluggäste aus aller Welt, und offenbar fühlen sie sich wohl in der hellen, luftigen Halle, in der sich auch der stärkste Verkehr reibungslos abwickelt.

Mantel und Aktentasche habe ich vorhin auf einen der vielen kleinen Tische gelegt. Als ich sie jetzt abhole, sehe ich, daß sich ein älterer Herr an den Nebentisch gesetzt hat. Er ist in das Lesen eines Buches vertieft und beachtet es kaum, daß ich meine Sachen wegnehme. Bei einem flüchtigen Blick auf den Tisch sehe ich dort seinen Bordpaß liegen. Ich stutze – tatsächlich, SK 684 steht darauf! Der gute Mann will also auch nach Stockholm fliegen. Ob er das Abrufen des Flugzeuges überhört hat? Möglich wäre das schon, denn die nette Fernsehansagerin sagte ihren Spruch nicht allzu laut auf.

Ich tippe dem ganz in sein Buch versponnenen Mann leicht auf die Schulter. Erstaunt sieht er hoch, kluge Augen blicken mich an, aber beherrscht wird sein Gesicht von der reichlich groß geratenen Nase. Auf den Bordpaß deutend, sage ich: »Entschuldigen Sie bitte die Störung! Ihr Flugzeug ist eben aufgerufen worden.«

Erschrocken springt er auf. »Wirklich? Das habe ich völlig überhört. Tausend Dank, mein Herr!«

»Nichts zu danken«, wehre ich leichthin ab und füge im Weggehen hinzu: »Ausgang B 18!«

»Vielen, vielen Dank!« wiederholt er, verstaut eilig sein Buch und sucht seine Siebensachen zusammen.

Mit einem grüßenden Lächeln gehe ich auf den überdachten Laufgang zu, der, ausgehend von der linken Stirnseite der Halle, mehr als zweihundert Meter auf den Flugplatz hinausgebaut ist. Durch die verglasten Seitenwände sieht man einerseits auf die Startbahnen, auf der anderen Seite in einen windgeschützten Hafen, denn von der rechten Stirnseite der Halle führt der Laufgang A genauso auf den Flugplatz hinaus. Zwischen den beiden Laufgängen sind zahlreiche Flugzeuge abgestellt, und es herrscht da ein reges Leben, obwohl der Himmel gerade seine Schleusen zu einem heftigen Regenschauer geöffnet hat. Die Laufgänge befinden sich drei oder vier Meter über dem Boden, und zahlreiche Treppen führen zum eigentlichen Flugfeld hinunter. Die Treppe B 18 endet unmittelbar vor der Gangway meines Flugzeuges, und ich kann beinahe trockenen Fußes an Bord gehen.

Im Flugzeug erwische ich noch einen angenehmen Fensterplatz hinter den Tragflügeln, von dem aus ich ungehindert zur Erde werde sehen können. Viel hat man freilich in einem Düsenflugzeug nicht davon, denn meist fliegen sie ja über den Wolken, und aus sieben- bis zehntausend Meter Höhe kann man sowieso nicht viel auf der Erde erkennen.

Ah, da kommt der großnasige Mann herein, der über seinem Buch beinahe den Abflug verpaßt hätte. Suchend schaut er sich um. Ja, mein Lieber, wenn man einen Fensterplatz haben will, muß man besser aufpassen! Jetzt sieht er mich an, ich lächele unwillkürlich, er erkennt mich, lächelt zurück und setzt sich neben mich.

»Bitte anschnallen!« klingt es aus dem Lautsprecher, und beinahe gleichzeitig heulen die Triebwerke probeweise auf. »Das hat gerade noch geklappt!« stellt mein Nebenmann aufatmend fest. »Nochmals herzlichen Dank!«

»Keine Ursache!« entgegne ich und schaue nach draußen, wo eben eine starke Bö den Regen heftig auf den Betonboden klatscht. »Gut, daß wir im Trockenen sitzen«, füge ich hinzu und zeige auf das hochspritzende Wasser.

»Ja, bei dem Wetter kommt man trotz der ausgezeichneten Laufgänge kaum trocken an Bord«, erwidert mein Nebenmann. Damit endet vorerst das kaum begonnene Gespräch, denn nun heulen wieder die Triebwerke auf, und langsam rollt das riesige Flugzeug zur Startbahn.

Nur einen Augenblick verharrt es da, dann fegt es mit voller Kraft über die Bahn dahin und wird schneller und schneller. Ah, jetzt haben wohl die

Räder den Boden verlassen, denn ich spüre das Zittern im Polstersitz nicht mehr. Fast gleichzeitig sehe ich durch das Fenster, daß die Startbahn nach unten weggleitet – das Flugzeug steigt rasch. Schon sind wir über die Grenze des Flugplatzes hinaus und huschen über benachbarte Häuser hinweg. Das Flugzeug gewinnt kräftig an Höhe, und nun breitet sich Kopenhagen unter uns aus – wie eine Spielzeugstadt, die von einem sehr ordnungsliebenden Kind aufgestellt wurde.

Das Flugzeug legt sich sanft in eine Kurve und nimmt Kurs auf den Oeresund zu, dessen grünliche Wellen mit weißen Schaumkronen geschmückt sind. Am Fenster treiben einzelne Nebelfetzen vorbei, die sich zu Schwaden verdichten. Aus! Unser Riesenvogel taucht in die Regenwolke, Erde und Meer sind nicht mehr zu sehen. Wie ein feiner Schleier rinnt der Regen über das Fensterglas; draußen ist alles grau in grau. Doch bald wird der Nebel lichter. Das schnell steigende Flugzeug durchstößt die Wolkendecke, und strahlender Sonnenschein umflutet uns; wir schweben über einem Meer aus weißschimmernder gebauschter Watte.

Immer wieder beglückend ist dieses Hineintauchen in das strahlende Himmelslicht, das Schweben über den schimmernden Wolken. Freilich, nicht jeder empfindet so. Mein Nachbar hat sich schon wieder in sein Buch vertieft und wirft nur selten einen zerstreuten Blick auf die Himmelspracht draußen.

»Achtung! Achtung!« klingt es jetzt aus dem Lautsprecher. »Hier spricht Kapitän Frederiksson. Ich heiße Sie an Bord dieses Flugzeuges willkommen. Wir fliegen jetzt in achttausend Meter Höhe über die Stadt Lund hinweg. Die Fluggeschwindigkeit beträgt etwa achthundert Kilometer in der Stunde, und wir gedenken in vierzig Minuten auf dem Stockholmer Flugplatz Bromma zu landen. Ich danke Ihnen für Ihre Aufmerksamkeit!«

»Furchtbar! Ganz furchtbar!« flüstert mein Nachbar mit halberstickter Stimme.

»Wieso furchtbar?« frage ich befremdet. Ob er im falschen Flugzeug sitzt, überhaupt nicht nach Stockholm will? Aber nein, ein Blick zeigt mir, daß er offenbar den Kapitän nicht gehört hat, so vertieft ist er in sein Buch. Meine Frage erst hat ihn aus seiner Versponnenheit gerissen. »Wie bitte?« fragt er, noch halb abwesend.

»Oh, nichts!« beruhige ich ihn lächelnd. »Sie lesen wohl einen sehr spannenden und blutigen Kriminalroman?«

»Nein, nein, es ist kein Phantasieprodukt, was ich hier lese«, wehrt er ernst ab. »Die Menschenlawine, die auf uns zurollt, ist Tatsache, ist unabwendbare Wirklichkeit!«

»Menschenlawine?«

»Ja, die Menschheit wächst jetzt lawinenartig an! Jahrtausende hindurch nahm die Zahl der Menschen nur in dem Umfange zu, wie die vorgefundenen und neu erfundenen Hilfsmittel das zuließen; diese Menschen konnten die Erde erobern und sich untertan machen. Aber in der Zeit von 1800 bis 1960 hat sich die Zahl der Menschen auf der Erde verdreifacht. In den ersten dreißig Jahren unseres Jahrhunderts erhöhte sich die Menschenzahl von 1600 Millionen auf 2000 Millionen, also um 400 Millionen. In den zweiten dreißig Jahren stieg sie um weitere 800 Millionen, und aller Voraussicht nach wird sie sich bis zum Ende dieses Jahrhunderts um weitere 1600 Millionen erhöhen, denn zur Zeit wachsen jedes Jahr mehr als 40 Millionen Menschen hinzu. Das sind so viele, wie in ganz Frankreich oder in Belgien, Holland, Luxemburg, Österreich, Portugal und der Schweiz zusammen wohnen.«

»Aber dieser jährliche Zuwachs wird doch nicht bleiben«, unterbreche ich ihn. »Beruht er nicht zu einem großen Teil darauf, daß die Menschen jetzt älter werden als früher? Das aber kann sich doch nicht bis ins Endlose fortsetzen.«

»Natürlich nicht! Aber kennen wir denn das biologisch erreichbare Alter des Menschen? Viele Gelehrte schätzen es auf etwa 200 Jahre; der schottische Bischof Mungow soll 185 Jahre alt geworden sein, von 150jährigen wird mehrfach berichtet, und Hundertjährige gibt es schon einige tausend. Es ist Tatsache, daß die durchschnittliche Lebenserwartung der Menschen seit Pharaos Zeit über Jahrtausende hinweg bei etwa 35 Jahren stehenblieb; in den ersten 60 Jahren dieses Jahrhunderts aber stieg sie von 37 auf 67 Jahre. Bestimmt wird sie schnell weitersteigen, denn unsere Kenntnis der Lebensvorgänge wird besser, die Zahl der Ärzte größer, und so können auch die vielen Menschen der unterentwickelten Länder ärztlich besser versorgt werden.«

»Ist das nicht schön? Die Menschen werden älter, sie nehmen zu an Weisheit und hoffentlich auch an Güte!« sage ich lächelnd.

»Daran zweifle ich sehr, denn ein leerer Magen ist kein guter Ratgeber!«

»Sie wollen doch nicht sagen, daß die Menschen in Zukunft hungern müssen?« frage ich erschrocken. »Sie wiesen doch selbst darauf hin, daß die Zahl der Menschen schon in den letzten hundert Jahren sprunghaft angestiegen ist, und wir leben doch heute alle besser als unsere Großeltern.«

»Alle? Nein, mein lieber Herr, zwei Drittel unserer heutigen Menschheit hungern, sind unterernährt!«

»Das verstehe ich nicht; wir haben doch allerorten Überfluß an Nahrungsmitteln! Hört man nicht immer wieder, daß Getreide an das Vieh verfüttert oder gar vernichtet wird, Obst und Gemüse verfaulen, Milch, Butter und Fleisch verkommen, weil sich keine Abnehmer finden?«

»Leider ist es so! Aber weshalb? Nicht, weil zuviel Nahrungsmittel vorhanden sind, sondern weil der Ausgleich zwischen den Überfluß- und den Mangelgebieten nicht funktioniert. Nur die reichen Völker sind reicher geworden, die armen dagegen ärmer. Ja, die Reichen essen mehr, die Armen aber müssen mit weniger auskommen! In den unterentwickelten Ländern ballt sich der Menschenzuwachs, und hier wütet der Hunger.

Ist es nicht furchtbar, wenn ein Gelehrter aus Angst vor der Zukunft schreibt: ›Es dürfen keine Lebensmittelschiffe ausgesandt werden, um heute 10 Millionen Chinesen und Inder am Leben zu erhalten, damit in ein paar Jahren 50 Millionen zugrunde gehen.‹ Oder wenn er allen Ernstes vorschlägt, in den Gebieten mit niedrigen Bodenerträgen die Seuchenbekämpfung einzustellen, damit sich die eingeborene Bevölkerung nicht so schnell vermehrt? Müssen wir, die wir zu den reichen Völkern gehören, uns nicht schämen, daß wir solche Vorschläge überhaupt anhören? Paßt das zu unserer Kultur, auf die wir so stolz sind?«

Die leidenschaftliche Anklage meines Nachbarn verwirrt mich, und so gebe ich ein wenig hilflos zur Antwort: »Ja, aber die UNO arbeitet doch seit langem auf diesem Gebiet.«

»Gewiß, gewiß!« bestätigt er. »Lord Boyd Orr hat mit vielen Mitarbeitern im Rahmen der UNO gründliche ernährungswissenschaftliche Untersuchungen angestellt und dafür den Friedensnobelpreis erhalten. Nach seinen Feststellungen kann die Erzeugung von Nahrungsmitteln so verstärkt und verbessert werden, daß sie für eine dreimal so große Erdbevölkerung ausreichen. Nicht an den Mitteln fehlt es, sondern am Wollen! Nur mit einer völlig veränderten Einstellung zur internationalen Zusammenarbeit kann der Hunger aus der Welt verbannt werden. Mit vielen Gleichgesinnten hat er immer wieder die Regierungen aufzurütteln versucht. Aber die Politiker können nicht über ihren eigenen Schatten springen. Um so mehr müssen wir andern, die wir doch die Politik der Politiker bestimmen, gegen den Hunger in der Welt kämpfen. Wir müssen den anderen Menschen helfen!«

»Ja, und um das zu erreichen«, sage ich nachdenklich, »müssen wir uns mehr um die anderen Menschen kümmern, müssen wir mehr von ihnen wissen, von ihrer Freude und ihrem Leid und nicht zuletzt auch, was sie zu essen haben.«

»Richtig, wir müssen erkennen, daß es unsere Aufgabe ist, zu helfen! Zu helfen über Politik und Weltanschauung hinweg! Wenn das Zusammengehörigkeitsgefühl aller Menschen die Trägheit der Herzen überwindet, wenn alle Menschen menschenwürdig leben, dann verschwinden die vielen Drohungen aus der Welt, dann lösen sich die Konflikte von selbst!«

Ich muß über seinen Eifer lächeln. »Sie sind also Optimist trotz allem, was in Ihrem Buch Schlechtes über die Menschen steht?«

»O ja, ich glaube an den guten Keim, den der Schöpfer aller Dinge in uns gelegt hat; ich bin überzeugt, daß es die gottgewollte Aufgabe jedes einzelnen Menschen ist, diesen Keim ein wenig höher zu entwickeln.« Mit großem Ernst sagt er das, und dann erzählt er mir so lebendig und spannend aus der Entwicklungsgeschichte der Menschheit, daß die Zeit wahrhaft »im Fluge« vergeht.

»Bitte anschnallen!« klingt es aus dem Lautsprecher. »Wir setzen in wenigen Minuten zur Landung an.« Die weißschimmernden Wolken sind nun um uns, dann grauer Nebel. Unser Flugzeug sinkt durch die Wolkendecke, und nun sehen wir unter uns das auf vielen Inseln erbaute Stockholm. Wenige Minuten später hat uns die Erde wieder.

Lange ist es her, daß ich dieses Erlebnis hatte. Meinen großnasigen Zufallsbekannten habe ich nie wieder gesehen. Aber was wir dort oben über den Wolken gesprochen haben, das ging mir nicht mehr aus dem Kopf. Viele Bücher habe ich danach über den Menschen gelesen, und es war nicht immer eine ungetrübte Freude. Die Fachbücher über die Menschwerdung strotzen von wissenschaftlichen Ausdrücken, und sie sind daher schwer verständlich. Nicht viel anders ist es bei den Büchern über Vorgeschichte, wie wir die Geschichte vor der Zeit der schriftlichen Quellen nennen. Will man sie verstehen, muß man fleißig Lexika wälzen, und das trägt nicht gerade zur Lesbarkeit bei.

Daher habe ich mich bemüht, in einfacher Weise einiges über die drei Grundfragen zu erzählen, die uns Menschen bewegen: Woher kommen wir? Wo stehen wir? Wohin gehen wir? Viele kluge Leute haben mir geholfen, Zusammenhänge zu erkennen und darzustellen, die für uns alle wichtig sind.

Zuvörderst soll das Lesen dieses Buches ein Vergnügen sein. Wenn es darüber hinaus zum Nachdenken anregt, wenn es mithift, dem Leser Klarheit über sich selbst und seine Mitmenschen zu verschaffen, dann hat es seinen Zweck vollauf erfüllt. Wer Lust bekommt, tiefer in die Geheimnisse des Lebens einzudringen, der findet am Schluß Schrifttums-Hinweise und eine Erklärung zahlreicher Fachausdrücke.

»Erkenne dich selbst«

Kalle! Kalle! Kall-lee!« Die Mutter stand vor dem Haus und rief laut zum See hinüber, denn dort vermutete sie Karl, ihren Ältesten. Gestern erst war er aus Växjö heimgekommen, um die Schulferien im Elternhaus zu verleben, und nun war er schon seit Stunden verschwunden. Sicher streunte er mit den Dorfkindern am See umher, und mittlerweile würde das Essen kalt werden. Welche Mutter ärgert sich nicht über so etwas? Deutlich hörte man diesen Ärger aus dem langezogenen »Kall-lee!« heraus.

Eilig trat der Vater aus seinem Studierzimmer. »Wo der Junge bloß wieder steckt!« sagte die Mutter aufgebracht zu ihm. »Den ganzen Tag über ist er schon weg.«

Der Pastor Nils Linnäus von Stenbrohult war ein friedsamer Mann. Beschwichtigend lächelte er seiner Frau zu. »Laß nur, Christine, er war lange nicht zu Hause; da vergeht die Zeit schnell. Ich werde ihn suchen.«

Er konnte sich schon denken, wo er ihn finden würde: im Garten am See, den er mit Karl zusammen angelegt und gepflegt hatte. Fast alle einheimischen Pflanzen standen darin und viele fremdländische. Hier in Småland, dem lieblichen Hügelland im Süden Schwedens, fühlten sich diese Kinder der Fremde offenbar wohl, denn sie wuchsen und gediehen prächtig. Freilich hatte er mit viel Bedacht dafür gesorgt, daß kein kalter Wind sie treffen konnte, und den Boden, auf dem sie wuchsen, bereitete er sorgsam. Fleißig hatte ihm Karl dabei geholfen, und so war es kein Wunder, daß auch er seine Freude an dem schönen Garten hatte.

Damals, vor fast dreihundert Jahren, war solch ein Garten in Schweden eine große Seltenheit. Die Pastorin schätzte ihn wegen der Küchenkräuter, die der Pastor nebenbei darin zog, und auch wegen der schönen Blumen. Die Bauern aber schüttelten den Kopf über ihren Pastor. Zwar sahen sie es gern, daß er neben Bibel und Gebetbuch auch mit dem Spaten umgehen konnte, aber sie fanden, daß der Boden zu schade sei für die nichtsnutzigen fremden Pflanzen. An deren Stelle könne gut Hafer und Gerste wachsen, meinten sie.

Behutsam trat der Pastor in den Garten. Schnurstracks ging er auf das Maulbeergebüsch zu. Er war stolz darauf, daß er dieses Gesträuch, von dessen Blättern im fernen China die Seidenraupen leben, hier heimisch gemacht hatte. Seine Augen leuchteten: Wie prächtig der Maulbeerbaum gedieh!

Zwischen diesen Büschen, das wußte der Vater, war Karls Lieblingsplatz. Richtig, auf dem sonnigen Grasfleck zwischen den Büschen lag er, bäuchlings, die Arme aufgestützt, und las in einem dicken Buche. Sieh, die Historia animalium des Aristoteles! Er selbst hatte den dicken Wälzer heute früh dem Jungen gegeben, um zu erkunden, wie weit sein Latein reiche. Oho, wenn er von Anfang an alles gelesen hatte, mußte er flott vorangekommen sein!

»Na, hat der alte Grieche die Tiere richtig beschrieben?« fragte er gutgelaunt.

Karl sprang auf und erklärte: »Das Buch ist wunderbar, Vater! Du glaubst nicht, was da alles drin steht! Hast du gewußt, daß der Zaunkönig mit dem Adler verfeindet ist?«

»Wieso? Behauptet das Aristoteles?«

»Ja, Vater! Hör mal, hier: ›Der Zaunkönig bewohnt sowohl Buschwerk als auch Löcher. Er ist schwer zu fangen und scheu, ernährt sich aber leicht, weil er geschickt ist. Man nennt ihn auch den Alten oder den König, und darum, so sagt man, lebt der Adler mit ihm in Feindschaft.‹ Stimmt das, Vater?«

»Ich weiß es nicht, Kalle! Hier in Småland leben ja keine Adler. Richtig glaubhaft scheint es mir nicht. Der winzigkleine Zaunkönig und der riesige Adler sollen Feinde sein? Nein, das glaube ich nicht!«

»Aber wenn Aristoteles es behauptet, Vater?« beharrte der Junge. Anscheinend war das Buch zu einer Offenbarung für ihn geworden, und was drin stand, *mußte* einfach stimmen.

Lächelnd lenkte der Vater ein: »Vielleicht haben Zaunkönig und Adler sich inzwischen vertragen? Es sind immerhin zweitausend Jahre vergangen, seit Aristoteles das geschrieben hat.«

Nachdenklich sah Karl vor sich hin, dann fragte er: »Du meinst, was Aristoteles sagte, stimmt heute nicht mehr?«

»Um Gotteswillen!« rief der Vater erschrocken aus. »So war das nicht gemeint, mein Junge! Aristoteles war ein großer, ein wahrhaft weiser Mann, der Lehrer des Prinzen Alexander von Macedonien, der später als Alexander der Große die damals bekannte Welt eroberte. Aus der Siegesbeute sandte er seinem Lehrer 80 000 Goldstücke. Aristoteles vereinte das ganze Wissen der damaligen Welt in sich, und darüber hinaus begründete er völlig neue Wissenschaften. Seine Lehren gelten heute wie damals.«

»Dann stimmt auch das mit dem Zaunkönig und dem Adler«, erklärte Karl überzeugt.

»Na, meinetwegen«, gab der Vater nach. »Aber nun komm zum Essen heim. Die Mutter wartet, sie wird sonst schelten.«

Nicht nur Karls Vater war ein Gartenfreund, auch der Rektor der Lateinschule in Växjö liebte seinen Garten und die Pflanzen darin über alles. Obwohl Karl nur ein mäßig fleißiger Schüler war, fiel er in der Schule selten unangenehm auf, weil der Rektor sich über seinen Wissensdurst in der Pflanzenkunde freute und daher nachsichtig über Karls Lücken auf anderen Wissensgebieten hinwegsah.

Noch ein dritter Mann flößte Karl eine tiefe Liebe zur Natur ein, der Amtsarzt Rothman. Der wäre brennend gern ein Naturforscher geworden, aber widrige Umstände hatten ihn daran gehindert. So war es ihm eine Herzensfreude, als er in dem jungen Karl Linnäus eine gleichgestimmte Seele fand. Auf ihn suchte er alle die Gedanken zu übertragen, die ihn ein Leben lang bewegt hatten, und diese Saat fiel auf einen gar fruchtbaren Boden.

Als weiterer geistiger Führer trat nun Aristoteles in Karls Leben. Durch sein Buch über die Tierwelt wirkte er über zweitausend Jahre hinweg auf den naturbesessenen Schwedenjungen. Er gab ihm das, was dieser bis dahin unbewußt gesucht hatte: ein großes Natursystem. Frei von allen Nützlichkeitsforderungen, nur beherrscht vom Gesichtspunkt des Zusammenhangs, lag die Natur nun vor ihm. Die Welt wurde einfach und begreiflich, jedes Ding hatte seinen festen Platz in ihr, ewig geordnet nach göttlichem Plan, unveränderlich wie die von Gott geschaffenen Urbilder.

Mit dieser Systematik tat sich für Karl die Welt der Wissenschaft auf, der Wissenschaft von der Natur. Er lernte, daß alle Lebensformen, ja selbst die tote Materie, den Stempel der göttlichen Vernunft tragen. Diese Anschauung prägte sich ihm tief ein, wurde zum Leitmotiv seiner Arbeit. Zur jugendlichen Naturschwärmerei gesellte sich der Erkenntnisdrang, der ihn einerseits beglückte, andererseits aber einen Zwiespalt der Gefühle in ihm weckte. Er wußte, daß seine Eltern es als selbstverständlich ansahen, daß er, der älteste Sohn, Pastor werde wie der Vater und einstmals sein Nachfolger im Amt. Bis jetzt war Karl mit diesem Zuschnitt seines Lebens durchaus einverstanden gewesen. Nun aber fühlte er, daß alles in ihm zu den Naturwissenschaften drängte. Daß er daneben einen Broterwerb brauchte, war ihm durchaus klar, und so entschloß er sich, Arzt zu werden.

Wie aber sollte er das den Eltern beibringen?

Dem Vater gegenüber ergab sich bald eine günstige Gelegenheit. Einige gute Freunde der Familie kamen nach Stenbrohult, der Vater nahm sie mit in den Garten und spendierte einen Krug Bier. Munter ging das Gespräch hin und her; dabei sagte der Vater: »Ja, so ist es immer: Wozu man Lust hat, dazu hat man auch Glück!« Karl merkte sich diesen Ausspruch, und als die Gesellschaft abgefahren war, fragte er: »Vater, meinst du wirklich, daß man Glück hat bei solchen Werken, zu denen es einem von Herzen drängt?«

»Aber ja, mein Junge«, sagte der Vater überzeugt, fügte aber einschränkend hinzu: »Sofern es gut ist, wozu man Lust empfindet.«

»Ja, Vater, dann dränge mich nie, Pastor zu werden, denn dazu habe ich gar keine Lust.«

O weh, das war ein Donnerschlag für den Vater; er vermochte kaum zu sprechen. Schließlich fragte er: »Was willst du dann werden, Karl?«

»Ich möchte Medizin und Botanik studieren«, antwortete Karl schnell, froh, daß ihm der Vater keine Vorwürfe machte.

»Du kennst die Lebensumstände deiner Eltern und weißt, daß dieses Studium sehr kostspielig ist, Karl!« warnte der Pastor ernst.

Ja, danach hatte sich Karl schon erkundigt: Das Medizinstudium kostete ein Vielfaches dessen, was der Besuch einer Theologieschule erforderte. Es war sogar ein mehrjähriger Aufenthalt im Ausland, in Holland, Deutschland und Frankreich notwendig, wenn er ein tüchtiger Arzt werden wollte. Nein, das konnte ein armer Pastor nicht erschwingen! Aber mit dem leichten Sinn der Jugend erklärte Karl keck: »Wenn deine Worte richtig waren, Vater, dann werde ich Glück haben beim Medizinstudium, dann werde ich es schaffen, ein tüchtiger Arzt zu werden.«

»So gebe Gott dir dies Glück, mein Sohn! Ich werde dich nicht zu etwas zwingen, wozu du keine Lust hast.« Des Vaters Stimme schwankte bedenklich bei diesen Worten. Er schneuzte sich energisch und fuhr dann fester fort: »Aber sprich mit der Mutter noch nicht über deinen Entschluß, Karl! Ich werde es ihr bei passsender Gelegenheit sagen.«

Das war Karl nur lieb, denn er fürchtete sich sehr vor dem Augenblick, da er der geliebten Mutter den Schmerz bereiten mußte, ihren Wunschtraum hinwegzuwischen. Der Vater konnte ihr das sicher viel schonender beibringen. Karl war ein Stein vom Herzen, seit er sich dem Vater anvertraut hatte.

Der arme Pastor aber wagte ein ganzes Jahr lang nicht, seiner Frau Karls Herzenswunsch mitzuteilen. Sie war stolz darauf, daß sie aus einem alten Pastorengeschlecht stammte; Karls Entschluß mußte sie beinahe so stark treffen, als wenn er hätte seinen Glauben wechseln wollen.

Als er endlich den Mut fand, es ihr zu sagen, hätte sie beinahe der Schlag gerührt. Da war es gut, daß der Hausarzt Rothman Karls Vertrauter war. Er stellte ihr vor, daß sie doch noch einen zweiten Sohn habe, der Geistlicher werden könne. Kalle aber sei dazu berufen, der leidenden Menschheit zu helfen, ein großer Arzt zu werden. So fand sie sich schließlich mit Karls Berufswahl ab, doch Samuel, ihren zweiten Sohn, hütete sie ängstlich vor dem gefährlichen Garten. Er wurde sogar Oberpfarrer, und man rühmte ihn als einen guten Seelsorger und Haushalter.

Zwanzig Jahre zählte Karl, als er sich 1727 an der südschwedischen Universität Lund als Student der Medizin einschreiben ließ. Schon bald merkte er, daß Lund für das naturwissenschaftliche Studium ein höchst ungeeigneter Ort war. Der Rektor Rydelius war Philosoph, betrachtete Tiere und Pflanzen als seelenlose Maschinen und nannte das Studium der Natur gar einen Betrug an der Vernunft. Daher war es kein Wunder, daß es keine regelrechten naturwissenschaftlichen Vorlesungen, keine Museen gab. Karl verzweifelte fast, als er die Bibliothek nach naturkundlichen Büchern durchstöberte. »Mein Gott!« stöhnte er. »Ist das alles, was es in Lund über die große schöne Natur zu lesen gibt?«

Der alte Büchereidiener sah ihn nachdenklich an und sagte dann leise: »O nein, es gibt schon noch viele solche Bücher hier, aber die hat der Kilian.«

»Der Kilian?« fragte Karl verwundert. »Wer ist denn das?«

»Den Kilian kennst du nicht?« Der Alte war baß erstaunt über Karls Unkenntnis, und dieser erzählte ihm schnell, daß er erst wenige Tage hier sei.

»Ach so, daher!« beruhigte sich der Schnauzbart. »Der Kilian ist Professor Stobäus, und den kennt hier jeder. Er ist der einzige Naturforscher in Lund, und er hat solche Bücher, wie du sie suchst, haufenweise.«

»Wirklich?« sagte Karl erfreut. »Dann werde ich zu ihm gehen; sicher wird er mir einige Bücher leihen. Wo wohnt er denn?«

Der Büchereidiener machte Augen, als wenn Karl ein Kalb mit drei Köpfen sei. »Du willst zu ihm gehen und dir Bücher borgen?« fragte er fassungslos. Dann flog ihn ein Lachen an: »Hihihihiii! Er will sich beim Kilian Bücher borgen! Mensch, der wird dich rausschmeißen!«

»Wieso? Ist er so grantig?«

»Grantig? Ein Ekel ist er!« erklärte der Alte überzeugt. Aber im gleichen Augenblick erschrak er und machte: »Psst! Da kommt er!«

Ein alter Hinkefuß betrat den Raum. Mit gekrümmtem Rücken kam er langsam auf sie zu. Karl sah in ein von Schmerzen verzogenes, leichenhaft blasses Gesicht, das durch eine leere Augenhöhle geradezu erschreckend wirkte. Mit dem gesunden Auge sah er sie starr an, aber ob er sie überhaupt wahrnahm? Er sah durch sie hindurch, als wenn sie Luft seien. Karl verbeugte sich artig, aber der Professor ging ohne Gruß vorbei.

Wortlos sahen ihm die beiden nach. Dann räusperte sich der Büchereidiener und sagte trocken: »Jetzt kennst du den Kilian. Geh nur hin und leihe dir ein paar Bücher von ihm!«

Wie ein Schlafwandler ging Karl heim. Er sah kaum, was auf der Straße vor sich ging. Immer schwankte das Totengesicht des Kilian vor ihm her. Obwohl der Professor Stobäus weit und breit nicht zu sehen war, stand er vor Karls Augen und betrat mit ihm seine karge Studentenbude. Ohne sich seiner Stiefel zu entledigen, warf sich der junge Student auf die harte Bettpritsche und schloß die Augen. Aber der Professor stand nun noch viel deutlicher vor ihm, abschreckend und seltsam anziehend zugleich.

Das hielt Karl nicht lange aus; er sprang auf und erkundigte sich bei seiner Zimmerwirtin nach dem Hause des Professors. Nach ihrer weitläufigen Beschreibung fand er es bald in einer stillen Seitenstraße. Eigentlich war das ein Feldweg, denn Lund war damals noch ein kleines Landstädtchen. Das stattliche, rotgestrichene Haus lag in einem großen Garten, der auffallend schlecht gepflegt war. Langsam ging Karl daran vorbei und kehrte dann um, nun fest entschlossen, sich in die Höhle des Löwen zu wagen.

Eben wollte er den Garten betreten, da stockte sein Fuß: Drüben unter dem Kastanienbaum stand der Professor! Langsam wandte er sein Totengesicht der Straße zu, aber nichts ließ erkennen, daß er den jungen Studenten dort stehen sah. Karls Herz klopfte ihm bis zum Halse hinauf, als er hinübergrüßte. Doch der Professor rührte sich nicht; er wirkte wie die menschgewordene Ablehnung. Da ging Karl eilends weiter, aber die Straße entlang, nicht in den Garten hinein. Nach wenigen Schritten schon bereute er seine Flucht, aber nun fand er nicht den Mut zur Umkehr. Er schalt sich selbst einen Feigling, ging aber hastig weiter, der Hauptstraße zu.

An diesem Tage war Karl Linnäus ganz und gar nicht mit sich zufrieden. Er ärgerte sich, daß er vor dem Professor wie ein dummer Junge davongelaufen war. Und warum? Bloß weil er abschreckend aussah und keine Notiz von ihm nahm! Würde er so das Leben meistern können?

Am Abend lief er lange durch die menschenleeren Straßen der kleinen Stadt. Noch immer sah er alle Augenblicke das Gesicht des Professors vor sich. Seltsam: obwohl alle Einzelheiten unverändert blieben, wandelte sich langsam der Gesamteindruck. Das Abschreckende trat mehr und mehr zurück vor dem

Ausdruck des Schmerzes. Sicher war der Professor ein kranker, von hundert Schmerzen geplagter Mensch! Wie mochte er wohl aussehen, wenn Gicht und Rückenschmerzen von ihm abfielen? Vielleicht konnte er sogar lächeln?

Mit brennenden Augen sah Karl zum Hause des Professors hinüber, das im hellen Schein des Vollmondes deutlich vor ihm lag. Es hatte nichts Abweisendes an sich, nein, nur etwas Geheimnisvolles, Lockendes. Enthielt es nicht kostbare Schätze: Bücher, die Karl für sein Leben gern gelesen hätte!

Ja, waren diese Bücher denn wirklich in dem Haus? Vielleicht hatte der Büchereidiener übertrieben? Manche Menschen machen sich gerne wichtig! Ob man nicht einen Blick in das Haus werfen, sich von dem Vorhandensein der kostbaren Bücher überzeugen konnte?

Ohne noch weiter zu überlegen, ging Karl den Gartenweg entlang, stand vor der Haustür und drückte die Klinke nieder. Die alten Schweden verließen sich lieber auf die Ehrlichkeit der Menschen als auf Schlösser und Riegel. Leise knarrend öffnete sich die Tür, und Karl trat in eine ziemlich große Halle, die sich anscheinend durch das ganze Haus erstreckte, denn von der Rückseite fiel durch ein großes Fenster das Mondlicht herein.

Karl blieb eine Weile regungslos stehen und horchte. Ob ihn jemand hatte kommen hören? Nichts rührte und regte sich im Haus.

Mittlerweile hatten sich seine Augen an das schwache Dämmerlicht gewöhnt. Er sah, daß die linke Wand der Halle von einem großen Kamin eingenommen wurde; offenbar heizte dieser auch das Nebenzimmer. Da die Tür dieses Zimmers offenstand, ging Karl leise dorthin, um einen Blick hineinzuwerfen. Im ersten Augenblick sah er nur zwei mondscheinhelle Fenster und dunkle Wände, doch allmählich unterschied er Einzelheiten: Zwischen den beiden Fenstern stand ein wuchtiger Schreibschrank mit einem Sessel davor. Auf der geöffneten Schreibplatte waren ein dickes Buch und einige Schreibutensilien zu erkennen, während das Innere des Schrankes dunkel gähnte. Wie ein Rattenloch! dachte Karl unwillkürlich, doch schon ließ er seine Blicke weiter schweifen. Das Düstere der Wände löste sich ein wenig auf, Karls Herzschlag setzte sekundenlang aus vor freudigem Schreck: Bücherregale bedeckten die Wände, vollgestopft mit dickleibigen Folianten! Kein Zweifel, er stand in der Bibliothek des Professors.

Eine Weile blieb der junge Student unbeweglich stehen, überwältigt von seinen Gefühlen. Dann schritt er schnell auf den Schreibtisch zu; seine Finger glitten über das offene Buch, stießen vor dem schwarzen Rattenloch des Schrankinnern an einen metallenen Ständer. Ah, ein Leuchter! Handlich daneben Feuerstein, Zunder und Fidibusse.

Nur einen Augenblick zauderte Karl, dann griff er zu, pinkte Funken aus den Steinen, und schon flackerte die trübe Flamme der Unschlittkerze auf. Nur einen kleinen Umkreis vermochte der Leuchter zu erhellen, aber deutlich war das gerade aufgeschlagene Bild zu sehen: ein Auerhahn mit ausgebreiteten Flügeln, alle Einzelheiten in unübertrefflicher Feinheit erkennen lassend. »Schön, wunderschön!« flüsterte Karl leise vor sich hin, dann schlug er das Titelblatt auf. So, so, die Historia naturalis von Johnston! Wirklich, wunderschöne Bilder waren darin!

Karl vergaß ganz und gar seine Umgebung, setzte sich in den Sessel, blätterte in dem Buche, freute sich der schönen Bilder und vertiefte sich in den Text. So überhörte er völlig den schleifenden Schritt des Professors, der durch die Tür getreten war. Der Mondschein hatte seine empfindlichen Nerven gequält, ihn sich ruhelos auf seinem Schmerzenslager wälzen lassen. Als er in der lastenden Stille der Nacht ein ungewohntes Geräusch hörte, war er aufgestanden, hatte sich einen Schlafrock übergeworfen und sich in die Halle geschlichen, so leise sein Hinkebein dies eben zuließ.

Als er jetzt in die Tür zur Bibliothek trat, traute er seinem Auge nicht. Saß doch wahrhaftig in seinem Sessel vor dem Schreibschrank ein junger Bursche und blätterte in Johnstons Naturgeschichte! Grimm stieg in ihm hoch, er faßte seinen Krückstock fester und machte Anstalten, sich auf den Eindringling zu stürzen. Da sah er, daß der Bursche seine Lippen bewegte; wahrhaftig, er besah sich nicht bloß die Bilder, sondern er las auch den lateinischen Text.

Beim alten Zeus, das war kein gewöhnlicher Einbrecher!

Neugierde mischte sich in seinen Zorn; er schlich sich näher heran, hob drohend den Stock und rief rauh: »He, was machst du hier, du Schlingel?«

Erschrocken sprang Karl auf, so daß der Sessel beinahe umstürzte. Seine Blicke irrten umher; im ungewissen Licht von Mond und Kerze sah er gegen die Tür zu den Professor stehen mit drohend erhobenem Stock. Der einzige Fluchtweg war versperrt.

Jetzt war alles aus! Der Professor würde ihn festnehmen und als einen auf frischer Tat ertappten Dieb dem Büttel übergeben. Mit Schimpf und Schande würde er von der Universität gejagt werden, denn wer würde ihm wohl glauben, daß er zu mitternächtlicher Stunde nur des Professors Bücher hatte anschauen wollen?

»Los, wird's bald!« raunzte ihn dieser jetzt an. Stotternd suchte sich Karl zu rechtfertigen, brachte aber nur zusammenhanglose Worte heraus. Er war sich klar darüber, daß der Professor jeden Augenblick die Geduld verlieren konnte, und das eben ließ ihn keinen klaren Satz vollenden.

Da zog sich Kilian, der Grimmige, plötzlich einen zweiten Sessel heran, ließ sich ächzend hineinfallen und forderte Karl auf: »So, jetzt erzähle mal ordentlich, was du hier willst! Ich fresse dich schon nicht.«

Karl atmete auf und faßte sich ein wenig. Zwar war des Professors Stimme noch grob genug, aber immerhin ließen seine Worte einiges Verständnis erhoffen. So erzählte der verängstigte Junge von seinen Eltern und der Kindheit in Stenbrohult, von seiner Schulzeit und von Rothman, dem verhinderten Forscher und geliebten Freund. Den kannte der Professor, aber er unterbrach die Erzählung des Jungen mit keinem Wort. Niemand hat jemals erfahren, was der Studentenschreck von Lund bei Karls Erzählung empfunden hat.

Nicht immer war er ein Menschenfeind gewesen. Krankheit und Schmerzen hatten den Bücherfreund einsam gemacht, Spott den Hinkefuß verbittert, und im naturfeindlichen Lund war der begeisterte Naturfreund schließlich müde und menschenscheu geworden. Erkannte er nun in seinem nächtlichen Besucher die eigenen Jugendideale wieder, das, was ein hartes Schicksal ihm genommen?

Ich weiß es nicht. Jedenfalls stand er plötzlich auf, schloß den überraschten Karl in seine Arme und sagte bewegt: »Gehe jetzt nach Hause, mein Freund! Morgen magst du wiederkommen und dir unter meinen Büchern aussuchen, was du lesen willst. Ja, und was ich selber von der Natur weiß, das werde ich dich lehren.«

So geschah es. Karl wurde der Lieblingsschüler des Professor Stobäus. Zwar erteilte ihm dieser keinen geregelten Unterricht, aber er führte ihn ein in die Werkstatt der Wissenschaften, besprach mit ihm schwierige Bücher und nahm ihn auf seinen Reisen durch Südschweden mit. Dabei lernte der junge Student, die Natur wissenschaftlich zu sehen, die Unterscheidungsmerkmale von Pflanze und Tier zu erkennen.

Den größten Dienst aber erwies der Professor seinem jungen Freunde dadurch, daß er ihn nach einem Jahr wegschickte von Lund. Sicher hat ihm das Herz geblutet, als er ihn nach Uppsala empfahl, der anderen Universität Schwedens, die in der Nähe der Hauptstadt Stockholm liegt. Hier hatte der vielseitige Olof Rudbeck, ein anerkannter Anatom, Ingenieur, Kunst- und Geisteswissenschaftler, vor einem Menschenalter aus Liebhaberei einen Botanischen Garten geschaffen, der mittlerweile zu einem naturwissenschaftlichen Institut ersten Ranges geworden war. Jetzt unterstand dieser seinem nicht weniger tüchtigen Sohn Olof Rudbeck dem Jüngeren, dessen Liebe aber mehr den Vögeln Schwedens galt als den Pflanzen. Der beobachtete Karl eine Weile, fand ihn sehr ordnungsliebend, und so gab er schließlich den Botanischen Garten in seine Obhut.

Da konnte der junge Botaniker nun nach Herzenslust gärtnern, vor allem auch sich seinem größten Vergnügen hingeben, nämlich systematische Pflanzeneinteilungen zu ersinnen. Ein erster Versuch dieser Art war seine Beschreibung der Pflanzenwelt Südschwedens, die unter dem Titel »Botanische Ausbeute« erschien. Darin erwies er sich schon als ein Schriftsteller eigenen Stils. Berühmt aber machte ihn mit einem Schlage sein Buch über die Befruchtung der Blumen, das er unter dem poetischen Titel »Präludien der Pflanzenhochzeit« herausgab. Obwohl ein wissenschaftliches Werk, war die Sprache darin volkstümlich und stellenweise dichterisch verklärt. So heißt es in der Einleitung:

»Zur Frühlingszeit, wenn die helle Sonne in den Zenit aufsteigt, erweckt sie das Leben in allen Körpern, welches im kalten Winter erstickt war. Dann wird alles Geschöpf frischer und schneller, das im Winter schwer und trüb dahergeschritten ist. Siehe, dann beginnen alle Vögel zu singen und zu zwitschern, die im Winter stumm gewesen sind. Siehe, da kommen alle Insekten aus ihren Schlupflöchern hervor, darin sie im Winter halbtot gelegen haben. Siehe, da sprießen alle Pflanzen, und alle Bäume grünen, die im Winter welk gewesen, ja der Mensch sogar erhält gleichsam ein neues Leben. Denn so sprach Plinius voller Weisheit: ›Nichts ist zuträglicher als die Sonne!‹

Die Sonne bringt eine solche Freude in aller Leben, daß es unsagbar ist. Da balzen Birkhahn und Auerhahn, die Fische laichen, alle Tiere kommen in die Brunst.

›Im Frühling erwachet doch alles zum Leben und zum Glück,
es erglühet im Liebreiz der Venus alsbald die ganze Welt.‹

Ja, selbst die Pflanzen ergreift die Liebe. Da es unter ihnen sowohl männliche als auch weibliche, ja sogar zweigeschlechtliche gibt, feiern auch sie ihre Hochzeit. Das zu besprechen, habe ich mir vorgenommen, und zu zeigen an den Geschlechtsorganen der Pflanzen selbst, welche männlich, welche weiblich und welche zweigeschlechtlich sind.«

Das war für die damalige Zeit eine unerhörte Sprache, beinahe schon ein Skandal: Die Blumen, Sinnbild der Keuschheit, wurden als Geschlechtsorgane entlarvt, und Linnäus scheute sich nicht, die Hochzeitsgebräuche von Tier und Pflanze in aller Offenheit zu vergleichen. Wissenschaftlich war das nicht gerade etwas Neues, aber niemand hatte das Pflanzenleben bisher so volkstümlich dargestellt. Es war der Anfang einer Geistesrevolution, und viele Menschen waren entsetzt über die Gleichheit allen Lebens.

Linnäus gab ihnen noch viel mehr Grund zum Entsetzen, als er nach vielem Sinnieren sein »Natürliches System« aufstellte, gewissermaßen den Schöpfungsplan Gottes.

Alles Lebende war darin unterteilt nach Art, Gattung, Ordnung und Klasse. Diese Aufteilung hatte schon vor ihm der Engländer J. Ray (1628–1705) erfunden, doch erlangte sie erst durch das »Natürliche System« allgemeine Anerkennung. Die Art ist dabei die kleinste, nicht mehr teilbare Einheit der organischen Welt, mehrere einander ähnliche Arten bilden eine Gattung, mehrere Gattungen eine Ordnung und diese schließlich die Klassen des Tier- und Pflanzenreichs.

Hatte bis dahin jeder Naturwissenschaftler die Aufteilung der Lebewesen nach eigener Methode vorgenommen, nach irgendeinem Kennzeichen, das er für entscheidend ansah, so brachte der junge Schwede nun eine strenge Ordnung in das Ganze, eine Aufteilung nach unverkennbaren Merkmalen. Bei den Pflanzen genügte hierzu der Bau der Blüten, während die Grundlage der Aufschlüsselung des Tierreichs das Herz war: Wirbeltiere und Vögel haben zwei Herzkammern und zwei Vorhöfe, Amphibien und Fische eine Herzkammer und einen Vorhof, während bei den Insekten und Würmern auch der Vorhof fehlt. So erhält man drei Tierklassen. Daneben besitzt jedes Tier bestimmte äußere Kennzeichen, an denen man ablesen kann, zu welcher Art, Gattung und Ordnung es gehört. Vor allem sind das die Zähne, aber auch Schnäbel, Hufe, Krallen, bei den Fischen die Schuppen und bei den Insekten die Flügel.

So geordnet brachte Linnäus das ganze Tierreich auf zwei Folioseiten unter.

Mit dem »Natürlichen System« im Fellsack reiste Karl Linnäus nach Holland, und zwar nach Leiden, dem damaligen Weltzentrum der Naturwissenschaften. An dieser berühmtesten Universität ging er geradewegs zu dem bedeutendsten Gelehrten, dem alten Boerhaave (1668–1738). Dem legte er sein »Natürliches System« vor, ganze zehn Seiten stark: Drei Seiten Einleitung, zwei Seiten Tiere, drei Seiten Pflanzen, zwei Seiten Steine, aus!

In diesen zehn Seiten sollte die ganze Fülle der Natur geordnet sein? »Natürlich ist es ein erster Entwurf, gewissermaßen das Gerippe«, erklärte der junge Schwede. Der alte Gelehrte nickte und machte sich ans Lesen.

Hm, nicht so übel! Es wäre ja ein Segen, wenn man sich auf eine einheitliche Systematik einigen könnte, wenn die Sprachverwirrung in der Naturwissenschaft ein Ende hätte.

Aber nun machte er Stielaugen: Da stand doch wahrhaftig an der Spitze der Tierwelt der Mensch. Und dazu noch die Bemerkung: »Erkenne dich selbst!«

»Oho!« sagte er halblaut und sah seinen Besucher an. Der hatte hier Einwände erwartet und sagte eifrig: »Schon Aristoteles hat geschrieben: ›Den Anfang muß man mit dem Menschen machen, denn der Mensch ist uns unter allen Tieren am besten bekannt.‹ Kann man daran zweifeln, daß der Körper des Menschen in das Tierreich gehört?«

Nein, das konnte Boerhaave nicht, dazu war er ein zu guter Anatom. »Sie sind mutig, mein Freund! Aber wo bleibt der Geist des Menschen, seine Seele?«

»Der Geist gibt dem Menschen eine Sonderstellung«, dozierte Linnäus. »Durch seinen Geist unterscheidet er sich von allen anderen Geschöpfen. Sehen Sie, hier habe ich das zum Ausdruck gebracht: ›Der Mensch, letzter und oberster Diener der Natur, zu dessen Vorteil und Bequemlichkeit fast alles gereicht, versteht es, sich die Natur dienstbar zu machen. Er allein kann die Natur deuten. Aber auch er ist den Gesetzen derselben Natur unterworfen.‹ Darum eben habe ich unter allen Lebensformen allein dem Menschen einen nichtkörperlichen Namen gegeben: homo sapiens, der Wissende! Einverstanden, Mijnher Boerhaave?«

Der nickte, aber er lächelte hintergründig dabei. An dem Burschen würden sich die Gelehrten der alten Schule die Zähne ausbeißen!

Sein Entschluß war bald gefaßt; er unterstützte den jungen Schweden bei der Drucklegung des »Natürlichen Systems«, und mit seiner Empfehlung wurde es an alle bekannten Universitäten, Museen und Büchereien gesandt. Die Gelehrten in aller Welt lasen es und überlegten: eigentlich eine praktische Sache! Es war kinderleicht, nach diesem System Sammlungen zu ordnen und Botanische Gärten anzulegen. Nur verwunderlich, daß man nicht schon früher darauf gekommen war.

So wurde das »Natürliche System« allgemein angenommen und dadurch die Feststellung, daß der Mensch zusammen mit den Affen die Ordnung der Primaten, der Herren- oder Hochtiere, bilde, wissenschaftlich anerkannt. Das war der Anfang vom Ende der ausschließlich menschbezogenen Weltschau des Altertums, obwohl Linnäus durchaus nicht an der alten Bibelweisheit rüttelte, daß der Mensch der Schöpfungsmittelpunkt sei.

Seine Anschauung von der Schöpfung deckte sich durchaus mit der Bibel: »Am Anfang« schuf Gott nach seinem festen Bauplan die verschiedenen Lebensformen und deren Klassen, Ordnungen, Gattungen und Arten. Also waren für Linnäus und seine Zeit alle Lebensarten ein für allemal gegeben, von Gott am Morgen aller Zeiten geschaffen.

Und das Leben auf der Erde gedieh und breitete sich aus, bis Gott sich über die Bosheit der Menschen erzürnte und die ganze Herrlichkeit vernichtete durch die Sintflut. Vernichtete, bis auf die Sippe des frommen Noah und das, was Noah in die Arche aufnahm nach Gottes Geheiß: »Aus allerlei reinen Tieren nimm zu dir je sieben und sieben, das Männlein und sein Weiblein; von den unreinen Tieren aber nur je ein Paar. Desgleichen von den Vögeln unter dem Himmel je sieben und sieben, das Männlein und sein Weiblein, auf daß Same lebendig bleibe auf dem ganzen Erdboden.« So wurde über die Sintflut hinweg das Leben auf Erden unverändert erhalten, wie Gott es geschaffen »am Anfang«.

Dem Pastorensohn von Stenbrohult war eine große Laufbahn beschieden: Er wurde ein berühmter Arzt in Stockholm, Professor in Uppsala, 1757 als Carl von Linné (1707–1778) geadelt. Die noch heute übliche lateinische Doppelbezeichnung von Pflanzen und Tieren nach Gattung und Art wurde von ihm eingeführt, und das L. hinter vielen Pflanzennamen zeigt an, daß er sie erstmals beschrieben hat.

Ohne Übertreibung kann man sagen, daß Linné ein Meilenstein in der menschlichen Kulturentwicklung bedeutet. Nie hat in den nordischen Ländern eine Flamme so hell und klar gelodert wie in diesem großen Glückhaften.

Doch auch ihn traf das Schicksal vieler Großer: In seinem »Natürlichen System« von 1735 war die Welt fest und hell, dreißig Jahre später war sie in ihren Grundfesten erschüttert. Den alt und müde gewordenen Forscher plagten heftige Zweifel an der Unveränderlichkeit der Arten. Er, der mit der Unbekümmertheit der Jugend die ganze Welt in das Korsett seines Systems gepreßt hatte, war so unsicher geworden, daß er über ein groteskes Lügenmärchen stolperte: Es hieß, in Frankreich habe ein Kaninchen ein Huhn befruchtet und das Ei aus dieser Verbindung ein Küken hervorgebracht, das einem jungen Huhne glich, aber statt mit Federn sei es mit Kaninchenwolle bedeckt gewesen.

Wie gesagt, ein Märchen, sogar ein ganz dummes Märchen. Man muß sich schon in Linnés Zeit zurückversetzen, um seinen Schrecken, seinen Kummer zu verstehen. Waren am Ende alle Lebewesen auf Erden Mischlinge, hatte Gott lediglich ein paar Grundtypen geschaffen, aus denen heraus sich alle anderen entwickelten? Mischten sich gar Tiere mit Menschen? War der Mensch aus der Tierwelt entstanden?

Mit zitternder Hand strich der alte Linné aus seinem »Natürlichen System« den Satz, auf dem es eigentlich beruhte, den Satz von der Unveränderlichkeit der Arten. Als er 1778 starb, war er wie ein Kind geworden. Aber trotz allem bleibt er für immer einer der größten Schweden.

Abenteuer der Vernunft

Natürlich interessierte es die Menschen brennend, damals wie heute, wann eigentlich der »Anfang« war, da Gott Himmel und Erde schuf.

Wer konnte darauf eine Antwort geben? In alter Zeit sicher nur die Bibel, denn für die Zeit vor etwa 500 v. Chr., nämlich vor den griechischen und römischen Historikern, war die Bibel das einzige Geschichtsbuch, das es gab. Mit viel Fleiß durchforschte es der irische Erzbischof Ussher, und im Jahre 1654 legte er eine Geschichtstafel fest, laut welcher Gott Himmel und Erde am 26. Oktober des Jahres 4004 v. Chr. um 9 Uhr morgens erschaffen habe, und die Sintflut war danach im Jahre 2501 v. Chr. aufgetreten.

Fast dreihundert Jahre lang haben sich die Geistlichen an diese Zeittafel gehalten. Altbischof Stählin erzählte in seinen Rundfunkansprachen 1959, daß er in seinen ersten Amtsjahren, also wohl kurz vor dem ersten Weltkrieg, nach einer »Biblischen Geschichte« unterrichtete, in der sich noch diese Zeittafel befand. Ganz sicher sind die Träger der biblischen Überlieferungen von der Schöpfung der Meinung gewesen, daß die Welt nur diese wenigen tausend Jahre alt sei; etwas anderes konnten sie sich nicht vorstellen. Im vierten Jahrtausend vor Christi nämlich wurde die Schriftsprache erfunden; für die vorhergehende Zeit gab es keine dauerhaften Überlieferungen.

Wir wissen heute durch naturwissenschaftliche Untersuchungen, daß die Erde Milliarden Jahre alt ist. Wir haben aber auch erkannt, daß die biblische Urgeschichte keine nackte Historie ist, sondern ein wahrheitsträchtiger Mythos, daß der »Anfang« nicht datiert werden kann, sondern daß es jener Urbeginn ist, hinter den man nicht weiter zurückforschen kann.

Von der Vorgeschichte Europas steht natürlich nichts in der Bibel. Als Linné lebte, wußte niemand, wie es nördlich der Alpen ausgesehen hatte zu der Zeit, als Abraham in das Land Kanaan zog. Wohnten damals im urtümlichen Mittel- und Nordeuropa überhaupt schon Menschen?

Es galt als sicher, daß die Wiege der Menschheit im Orient gestanden hat. Von wilden Urahnen waren die europäischen Gelehrten nicht sehr begeistert;

sie fühlten sich lieber als geistige Erben der alten, hochkultivierten Griechen und Römer. Daher forschte man der Herkunft der Fundstücke, die hier und da aus dem Boden gepflügt oder gefunden wurden, nicht gerne nach. Sie wanderten in die »Kuriositätenkabinette« der Fürsten und verstaubten dort.

Dabei war das 18. Jahrhundert geistig durchaus rege. Viele reiche Bürger, nicht zuletzt der Adel, erkoren die Wissenschaften zu ihrem Hobby, wenn man diesen Namen für ihre Liebhaberei auch noch nicht kannte. Es waren mehr diese »Wissenschaftler aus Passion« als die Fachgelehrten, die das neue Weltbild formten, die auch erkannten, daß die im Boden gefundenen Zeugen der Vergangenheit aus der Zeit vor dem Beginn der Geschichtsschreibung stammten. Für Europa war das die Zeit vor der Einführung des Christentums, die Zeit der Heldensagen. Aus dieser Zeit wußte man damals so wenig, daß man nicht einmal den Versuch machte, die vorzeitlichen Bodenfunde in verschiedene Zeitepochen einzuordnen. Es lohnte sich nicht: Erde und Menschen waren ja nur ein paar tausend Jahre alt und offenbar noch genauso, wie sie erschaffen worden waren.

Da kam aus Frankreich eine alarmierende Nachricht, aus dem Frankreich, das langsam der Revolution zutrieb. Graf Buffon (1707–1788), Naturforscher aus Leidenschaft, äußerlich Vertrauter König Ludwigs XV., im geheimen geistiger Schrittmacher des Umsturzes, schrieb: »Vor langen Zeiten war die Erde ein Stück Sonne, das sich losriß und in der Kälte des Weltenraumes langsam erstarrte. Und erst als dieser Sonnensplitter einen gewissen Grad der Abkühlung erreicht hatte, da begann auf ihm das Leben. Denn das Leben ist nicht wie ein Salamander der Sage, der im Feuer hausen kann, sondern eine Zeitspanne zwischen Sonnenhitze und Eiseskälte. Es gibt nur eine kurze Gastrolle auf unserem Planeten.«

Graf Buffon errechnete sogar das Alter der Erde und des Lebens darauf. Grundlage dieser Berechnung war ein einfacher Versuch: Er erhitzte zwei Metallkugeln und ließ sie dann abkühlen. Dabei merkte er sich den Augenblick, an dem er die Kugeln wieder berühren konnte, ohne sich zu verbrennen, und den Zeitpunkt, an dem die Kugeln die Durchschnittstemperatur von Paris angenommen hatten. Diese Zeiten rechnete er um auf eine Kugel von Erdgröße und fand so das Alter der Erde mit rund 75 000 Jahren, die Dauer des Lebens darauf mit etwa 40 000 Jahren.

Heute wissen wir, daß diese Rechnung nicht stimmte, daß Erde und Leben viel älter sind, damals aber war es eine umstürzlerische Tat, das Alter des Lebens gegenüber der Schöpfungsgeschichte zu verzehnfachen. Die Zeiträume dehnten sich zu damals unvorstellbarer Weite, die der Graf jedoch flugs wieder aufzufüllen verstand: Nicht sachte und unmerkbar langsam sei die Wandlung des leuchtendheißen Sonnensplitters zur festen, lebensträchtigen Erde vor sich gegangen, lehrte er, sondern in einer Kette von Erdrevolutionen. Beim Abkühlen habe sich eine Kruste gebildet, aus der von Zeit zu Zeit – die Zwischenräume seien Jahrhunderte, vielleicht sogar Jahrtausende gewesen! – feurige Massen hochgeschossen seien, die sich zu Gebirgen aufgetürmt und Ozeane zum Kochen gebracht hätten. So seien die Alpen entstanden und viele Inseln in den Weltmeeren, während andererseits riesige Kontinente spurlos darin versunken seien. Viele solcher Feuer- und Flutkatastrophen habe die Erde erlebt, und der Fluß des Lebens sei durch sie immer wieder unterbrochen worden; nicht eine Sintflut habe es gegeben, sondern viele. Im Kampfe zwischen Feuer und Wasser, zwischen Lava und Meer, sei oftmals das Leben auf der Erde teilweise vernichtet worden. Die jeweiligen Lebensreste hätten sich den veränderten Lebensverhältnissen angepaßt, sich also gewandelt. Viele der vorzeitlichen, versteinerten Fundstücke, die sogenannten »Fossilien«, über die man sich bisher vergeblich den Kopf zerbrochen habe, seien nichts anderes als die Reste ausgestorbener Lebensformen.

Das war ein wichtiger Fingerzeig für die Urzeitforschung. Die Gelehrten stürzten sich erneut auf die vielen Fossilien in den Kuriositätenkabinetten und Museen. Bald gab es keinen Zweifel mehr: Die Erde war früher von anderen Geschöpfen bewohnt gewesen! Sie starben aus, doch ihre Reste blieben, in Eis, Schlamm, Lehm oder Kalk gehüllt, erhalten. Das Einhorn der alten Sagen wurde zum Ur-Elefanten, Drachen und Lindwurm zum Riesensaurier, das im sibirischen Eis gefundene zottige Fabeltier zum Mammut.

Und der Mensch? Wenn das Leben sich auf Erden gewandelt hatte, dann war anzunehmen, daß der Mensch keine Ausnahme bildete. Aber unter den mittlerweile gefundenen Fossilien fand man keine eindeutigen Überreste des Urzeitmenschen. Oder richtiger: Man fand sie, erkannte sie aber nicht!

So hatte 1774 der Pfarrer Esper in einer Höhle der Fränkischen Schweiz inmitten einer Lehmschicht neben Knochen des ausgestorbenen Höhlenbären Menschenknochen gefunden, ja sogar einen Menschenschädel. Aber die Fachleute erkannten den Fund des Laien Esper nicht an. Sicher handele es sich um ein Grab aus jüngerer Zeit, meinten sie.

Und die Bärenknochen?

Ach Gott, die waren irgendwie mal in das Menschengrab hineingerutscht. Oder vielleicht war die Sache auch umgekehrt vor sich gegangen. Wen interessiere das schon?

Damit war Espers Entdeckung abgetan, und nicht viel anders erging es zwanzig Jahre später dem Engländer Frere. Der hatte in der Grafschaft Suffolk vier Meter unter Kies und Schotter Mammutknochen zusammen mit zahlreichen Steinwerkzeugen gefunden. Da die urzeitlichen Elefanten sicherlich nicht die steinernen Faustkeile zugehauen hatten, zog er daraus den Schluß, Urmenschen müßten gleichzeitig mit den ausgestorbenen Tieren gelebt haben. Dies schrieb er sogar in einer Zeitschrift für Altertumskunde.

»Zum Kichern!« erheiterten sich darob die Fachgelehrten und machten Frere nach Herzenslust lächerlich. Lächerlichkeit aber tötet die Wahrheit.

Inzwischen war in Frankreich die Revolution ausgebrochen. War auch die Unterdrückung und der Hunger des Volkes unmittelbarer Anlaß zum Sturm auf die Bastille am 14. Juli 1789, so wurde die Französische Revolution doch geistig mehr von Naturwissenschaftlern als von Politikern vorbereitet. Wie eine Brandfackel wirkte das »System der Natur« des Freiherrn von Holbach (1723–1789), das nur noch die Materie als wirklich existierend anerkannte: »Die Welt zeigt nichts als Materie und Bewegung. Sie ist eine unendliche Kette von Ursache und Wirkung. Materie und Bewegung sind ewig. Die Schöpfung aus dem Nichts ist ein leeres Wort.« Anbetung verdiene nur die Natur: »Die Natur ist das große Ganze, und der Mensch ist nur ein Teil der Natur. Unglücklich ist er lediglich, weil er die Natur verkennt. Es gibt nichts und kann nichts geben außer der Natur. Gottheiten, die sich die Menschen vielfach aus mangelnder Naturerkenntnis zu bilden pflegen, sind nicht nur überflüssig, sondern sogar nachteilig für das Glück der Völker.«

Solch krasser Materialismus hatte eine ungeheure, in dieser Form von den Gelehrten sicher nicht beabsichtigte Sprengwirkung: Die Explosion fegte die geistige Oberschicht des Volkes hinweg! »Die Revolution braucht keine Gelehrten!« erklärten die Volkstribunale, und als das von Doktor Guillotin (1738–1814) vorgeschlagene Fallbeil bei der Erprobung einen Hammel sauber kopflos gemacht hatte, rollten wahllos die Köpfe aller, die sich unbeliebt gemacht hatten oder auch nur anderen im Wege standen. Hei, lichteten sich da die Reihen der Gelehrten, die seit eh und je zu Eifersüchteleien neigen.

Zu den Überlebenden gehörte Jean Baptiste de Lamarck (1744–1829). In der nordfranzösischen Picardie war er als elftes Kind eines verarmten Zweiges des einst mächtigen und reichen Geschlechts der Barone de Saint-Martin geboren. Drei seiner Brüder hatten die teure militärische Laufbahn gewählt, daher steckte der Vater seinen Jüngsten mit elf Jahren in die Jesuitenschule zu

Darstellung eines Mammuts nach Fundresten zu Beginn des 19. Jahrhunderts

Der Physiker Otto von Guericke (1602–1686) hielt Mammutknochen für Reste des biblischen Einhorns. Der Philosoph G. W. Leibniz (1646–1716) veröffentlichte diese »Rekonstruktion« in seinem Werk »Protogaea«.

Diese Felsritzzeichnung eines eiszeitlichen Höhlenbären wurde in der Höhle von Les Combarelles bei Les Eyzies (Südfrankreich) entdeckt. Die Skelettrekonstruktion dieses Tieres vermittelt uns beim Vergleich mit dem Höhlenbild eine Vorstellung von der Gestaltungskraft der Eiszeitmenschen.

Amiens. Obwohl das dem aufgeweckten Jungen durchaus nicht paßte, mußte er sechs Jahre lang in klösterlicher Enge ausharren. Als der Vater starb, bestürmte Jean die Mutter um ihre Einwilligung zum Eintritt in die Armee. Eine Nachbarin förderte Jeans Drängen nach dem Soldatenleben und versprach ihm eine Empfehlung an einen Verwandten, der bei der französischen Armee in Westfalen stand. Deutschland war damals Schauplatz des Siebenjährigen Krieges, und Preußen unter Friedrich dem Großen war 1761 ganz und gar in die Verteidigung gedrängt. Die Aussichten für einen französischen Soldaten waren durchaus nicht schlecht. Die Mutter gab schließlich Jeans Drängen nach, und alsbald ritt der Siebzehnjährige auf einem billig gekauften alten Schlachtroß nach Deutschland. Bei Lippstadt stieß er zur Armee, gab den Empfehlungsbrief ab und wurde prompt als Soldat eingeschrieben.

Gleich am nächsten Tage bestand Jean Lamarck glänzend die Feuerprobe. Die Franzosen griffen bei dem kleinen Ort Vellinghausen die Preußen an. Der Angriff ging schief, die Preußen stießen nach, Lamarcks Kompanie geriet mitten in das Feuer der preußischen Artillerie. Im Nu waren alle Offiziere und Unteroffiziere durch Tod oder Verwundung ausgefallen; die führerlosen Überlebenden wandten sich entsetzt zur Flucht. Da sprang Jean auf und schrie: »Alles hört auf mein Kommando!« Die Soldaten gehorchten tatsächlich, und die Kompanie hielt die Stellung, bis Verstärkung eintraf. Noch auf dem Schlachtfelde wurde Jean Lamarck zum Leutnant befördert.

Nun glaubte er natürlich an eine glänzende soldatische Laufbahn. Doch der Krieg ging bald zu Ende, und für einen erfolgreichen Garnisonsdienst fehlten ihm Geld und Beziehungen. Als er sich gar bei einem sportlichen Ringkampf eine Halsverletzung zuzog, schied er nach siebenjährigem Soldatenleben aus der Armee aus und ging als Student nach Paris.

Ganze 400 Franken Pension wurden ihm zuerkannt, und davon konnte er natürlich nicht leben. So arbeitete er eine Zeitlang als Bankangestellter, obwohl ihm das ganz und gar nicht gefiel. Inzwischen hatte er sich eine gute Kenntnis der Pflanzenwelt Frankreichs angeeignet, und 1778 überraschte er die wissenschaftliche Welt mit einer ausgezeichneten »Flora von Frankreich«. Dem berühmten Grafen Buffon, dem ungekrönten »König der Natur«, gefiel das Werk so gut, daß er es auf Staatskosten drucken ließ. Lamarck wurde »Botaniste du Roi«, also Königlicher Botaniker, aber leider mit einem sehr niedrigen Gehalt. Graf Buffon wählte ihn zum Hauslehrer seines Sohnes und schickte ihn mit diesem auf Reisen durch Deutschland, Österreich und Holland. Das war wieder ein großer Glücksfall für Lamarck, der es ihm ermöglichte, sich mit den Lehren aller großen Naturforscher vertraut zu machen.

Zweiseitig bearbeiteter Faustkeil aus der Altsteinzeit

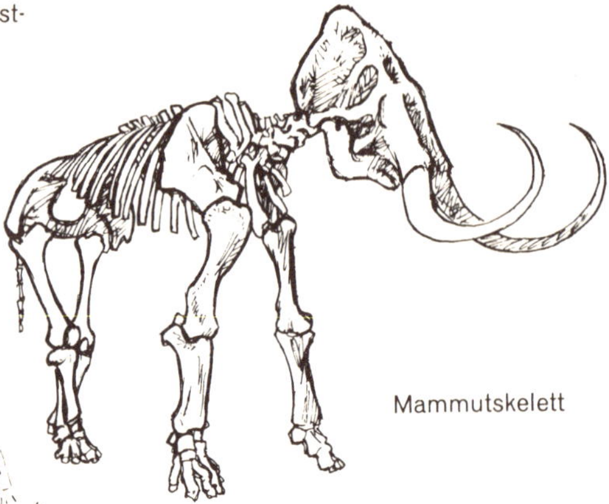

Mammutskelett

Felsritzzeichnung eines Mammuts, wie ihn der Eiszeitmensch sah

Moderne zeichnerische Darstellung eines Mammuts auf Grund zahlreicher Funde

Als aber die Revolution über Frankreich hereinbrach, war es nicht gut, als ein Anhänger Buffons zu gelten, der trotz seiner vielfach ketzerischen Ansichten als Vertrauter des Königs sicher der Guillotine zum Opfer gefallen wäre, wenn er nicht seinen zahlreichen Gegnern den Streich gespielt hätte, im Vorjahr der Revolution friedlich zu sterben. Lamarck arbeitete damals gerade ein neues System der Pflanzen aus und verbrachte dazu seine Zeit überwiegend in den weltberühmten Königlichen Gärten, im Jardin du Roi. Als nun am 10. August 1792 das Volk die Tuilerien, das Königsschloß, stürmte und den König zur Abdankung zwang, dabei möglichst viel zerstörte, was an die Königsherrschaft erinnern konnte, da trat Lamarck trotz der damit verbundenen persönlichen Gefahr dem Pöbel entgegen, der in den Garten einbrach. Voll mitreißender Begeisterung beschwor er die erregte Menge, aus dem »Garten des Königs« einen »Garten des Volkes« zu machen. So rettete er die unersetzlichen Schätze dieses Gartens, den die Volksregierung dann unter dem Namen Jardin des Plantes übernahm.

Sein mutiges Eintreten brachte dem mittlerweile zu einem brauchbaren Botaniker gewordenen Lamarck eine Professur ein, aber ausgerechnet eine für Zoologie. Man mußte eben nehmen, was das Fallbeil freimachte. Auf diese Weise war die erste Zoologie-Professur an den erst 21-jährigen Saint-Hilaire (1772–1844) gefallen. Auch er kam vom Theologiestudium zu den Naturwissenschaften. Immerhin wußte er viel von der Tierwelt, und daher übernahm er als Lehrfach die höheren Tiere, die vier oberen Klassen in Linnés System. So fielen die beiden unteren Klassen, die wirbellosen Tiere, die noch weitgehend ein Reich des Unbekannten waren, zwangsläufig Lamarck zu.

Bis dahin waren entwicklungsgeschichtliche Ansichten aus »Abneigung gegen das Höllenfeuer und aus Rücksicht auf die Kirche«, wie Bell in seinem Buche »Men of Mathematics« sagt, nur schüchtern geäußert worden. Am Ende des achtzehnten Jahrhunderts war man immerhin schon so tolerant, daß Immanuel Kant (1724–1804), der große Denker aus Königsberg, nicht mehr den Scheiterhaufen besteigen mußte, sondern mit einer Rüge davonkam, als er seine Theorie über die Weltentstehung und die Entwicklung des Lebens verkündete: Sonnen, Planeten und Monde seien aus dunstförmiger Urmaterie entstanden, alles Leben darauf aus einfachsten Formen. Zuerst seien Moose und Flechten dagewesen, aus denen sich die Pflanzenwelt entwickelt hätte, dann Kleinstlebewesen, aus denen eine Tiergattung nach der anderen hervorgegangen sei bis herauf zum Menschen. Die Entwicklung des Lebens stünde unter dem Einfluß der Daseinsbedingungen. Die Lebewesen lernten neue

Fertigkeiten, erfänden neue Organe, ja wandelten sogar ihre Gestalt, um die Daseinsverhältnisse zu meistern. Sie hätten die Möglichkeit zur Aufwärtsentwicklung, unter Umständen sogar bis zum Menschen. »Es ist möglich, daß ein Schimpanse oder ein Orang-Utan sich in einer künftigen Epoche durch Vervollkommnung seiner Organe in einen Menschen wandelt. Umwälzungen in der Natur können den Affen zwingen, aufrecht zu gehen, die Hände zum Werkzeuggebrauch zu benutzen und das Sprechen zu erlernen. Warum sollte er mit seinem verhältnismäßig großen Gehirn es nicht lernen, den Verstand zu gebrauchen, durch gesellschaftliche Kultur seine Vernunft zu entwickeln?«

War es nicht ein Skandal, daß ausgerechnet ein Gehirnmensch, einer der tiefgründigsten Denker aller Zeiten, das bis dahin als einzigartig gepriesene Menschenhirn zu einem durch Natureinflüsse entwickelten tierischen Organ herabsetzte? Nun, auch Kant schien das zu empfinden, als er diese Entwicklungsvisionen einschränkend »ein gewagtes Abenteuer der Vernunft« nannte.

Anders Goethe (1749–1832)! Der Große von Weimar erklärte mit Nachdruck: »Nichts kann mich weiter hindern, das Abenteuer der Vernunft mutig zu bestehen.« Gleich nach der Rückkehr von seiner Italienreise 1788 fing er an, die Entwicklung des Lebens zu studieren. Er machte sich die Suche nach der Ur-Pflanze und dem Ur-Tier nicht leicht. Viele Jahre lang brütete er über seinen Reisenotizen, in denen er festgehalten hatte, wie sich die Pflanzen veränderten Verhältnissen anpaßten, machte eigene Zuchtversuche und trieb vergleichende Anatomie. Dabei fand er, daß sich alle Lebewesen überraschend leicht den vielfältigen Bedingungen ihrer Umwelt anpassen, jedoch nicht willkürlich, sondern nach ganz bestimmten Vererbungsgesetzen. Er war wohl der erste, der in der Entwicklung des Lebens eine klare Gesetzmäßigkeit, ein feines Zusammenspiel von Vererbung und Umwelteinflüssen, erkannte.

In der gleichen Richtung marschierten nun die beiden neugebackenen Pariser Zoologie-Professoren.

Saint-Hilaire bekannte sich sogleich zum Entwicklungsgedanken. Als vergleichender Anatom fand er, »daß die Körper aller Tiere aus den gleichen Teilen aufgebaut sind, die Teile aber oft verschiedene Formen besitzen und auch verschieden hoch entwickelt sind«. Die Herausbildung neuer Eigenschaften innerhalb der Entwicklung (oder der Evolution, wie man wissenschaftlich sagt) schrieb er dem unmittelbaren Einfluß der äußeren Umgebung zu. Genial war seine Erkenntnis, daß die Lebewesen in ihrer historischen Entwicklung denselben Wandel durchgemacht haben, wie er auch bei der Entwicklung des Kindes im Mutterleib durchlaufen wird. Aus dieser Erkenntnis formulierte Ernst Haeckel (1834–1919) das »biogenetische Grundgesetz«.

Lamarck hatte zunächst genug zu tun, sich in die damals noch weitgehend unbekannten und ungeordneten wirbellosen Tiere einzuarbeiten. Es war ein glücklicher Zufall, daß gerade ihm die wenig entwickelten Tiere als Arbeitsgebiet zufielen. In seiner berühmt gewordenen Eröffnungsvorlesung vom 11. Mai 1800 sagte er: »Sie leiten uns unmerklich zum fast nicht wahrnehmbaren Ende der Tierwelt, wo jene unvollkommenen Tiere untergebracht sind, bei denen man kaum noch tierisches Leben vermutet. Vielleicht sind das jene, mit denen die Natur den Anfang gemacht hat, als sie mit Hilfe von viel Zeit und günstigen Umständen alle übrigen gebildet hat.«

So war Lamarck beinahe zwangsläufig Entwicklungstheoretiker geworden. Er beschäftigte sich besonders eingehend mit Überlegungen, wie wohl die Entwicklung wirksam gewesen sei. »Es scheint, daß die Zeit und die günstigen Umstände die zwei hauptsächlichsten Mittel sind, die die Natur gebraucht hat, um alle ihre Produkte ins Leben zu rufen. Man weiß, daß die Zeit für sie keine Grenze hat, und was die Einwirkungsarten anbetrifft, die sie noch täglich anwendet, um ihre Produkte zu vermannigfaltigen, so sind sie geradezu unerschöpflich. Vor allem kommen sie vom Wechsel der Klimate, der Temperaturen, der Atmosphäre und aller Umweltbedingungen, von der Verschiedenheit des Lebensraumes, von der Art und Weise, wie die Einzelwesen leben, sich erhalten, sich verteidigen, sich vermehren usw. Infolge dieser verschiedenen Einflüsse verbreiten und verstärken sich die Fähigkeiten durch langdauernden Gebrauch, vervielfachen sie sich durch neue und lange geübte Gewohnheiten. Unmerklich beteiligen sich die Natur und der Zustand der Teile wie der Organe an den Folgen aller dieser Einflüsse, die durch die Fortpflanzung auf die Nachkommen übertragen werden.

Der Vogel, den das Bedürfnis auf das Wasser zieht, um hier seinen Lebensunterhalt zu suchen, spreizt die Zehen seiner Füße auseinander, wenn er das Wasser schlagen und an dessen Oberfläche schwimmen will. Die Haut, welche diese Zehen an ihrer Basis verbindet, wird sich durch das unaufhörlich wiederholte Ausspreizen der Zehen dehnen. So sind mit der Zeit die breiten Schwimmhäute zwischen den Zehen unserer Enten, Gänse usw. entstanden. Die Schwimmanstrengungen, das heißt, die Stoßbewegungen, um im Wasser vorwärts zu kommen und sich darin zu bewegen, haben gleicherweise die Häute zwischen den Zehen der Frösche, der Meerschildkröten, der Fischotter, der Biber usw. verbreitert.

Der Vogel, den seine Lebensweise im Gegenteil gewöhnt hat, sich auf die Bäume zu setzen, und der von Wesen abstammt, die alle diese Gewohnheit angenommen haben, besitzt notwendigerweise längere und anders gebaute

Zehen an den Füßen, als die eben genannten Wassertiere. Seine Krallen haben sich mit der Zeit verlängert, zugespitzt und hakenförmig gekrümmt, um die Zweige zu umfassen, auf denen das Tier oft ausruht.

Man sieht ferner ein, daß der Strandvogel, der nicht gerne schwimmt, aber im Uferwasser seine Beute findet, beständig im Schlamme waten muß. Um zu verhindern, daß sein Körper in das Wasser taucht, macht er alle Anstrengungen, seine Beine zu dehnen und zu verlängern. Diese lange währende Gewohnheit bewirkt nun, daß die Vögel dieser Rassen wie auf Stelzen stehen, weil sie lange, bis zu den Oberschenkeln oder darüber hinaus von Federn entblößte Beine erlangt haben.

Nicht die Organe bedingen also die Tätigkeiten, sondern umgekehrt: Gewohnheiten und Lebensweise formen mit der Zeit die Körperteile! Mit den neuen Formen wurden wieder neue Fähigkeiten erworben, und so ist die Natur allmählich bei dem Zustand angelangt, in dem wir sie heute sehen.

Ich könnte hier alle Arten der existierenden Tiere durchsehen und zeigen, daß der Bau der Einzelwesen und ihrer Teile, daß ihre Organe, Fähigkeiten usw. ganz allein das Resultat der Verhältnisse sind, denen die Rassen durch die Natur ausgesetzt wurden.«

Ist das alles nicht sehr einleuchtend?

Aber Lamarcks Theorie fand wenig Anerkennung, obwohl er sie fleißig ausbaute und sie in seiner 1809 erschienenen »Zoologischen Philosophie« nochmals ausführlich darlegte.

Wenn sich seit Urzeiten die Lebensbedingungen ständig geändert hatten, mußten sich fortlaufend neue Bedürfnisse ergeben, denen neue Gewohnheiten folgten, die wieder neue Fertigkeiten, neue Organe erzeugten. Als sich Wasser und Land schieden, das Festland aus dem Urmeer auftauchte, mußten die auf das feste Land abgedrängten Lebewesen sich Lungen zulegen, ihre Flossen zu Beinen wandeln. Wer als Pflanzenfresser zur Fleischkost überging, mußte sein Gebiß, seine inneren Organe anpassen. Damit Raubtiere andere Tiere erjagen konnten, mußten sie schnell laufen und weit springen können. Übung durch viele Generationen gaben ihnen kraftvolle Muskeln, geschmeidige Sehnen, scharfe Pranken und starke Reißzähne. Übung regte die Schaffung neuer Organe an, dauernde Benutzung stärkte und vervollkommnete sie, während Nichtbenutzung vorhandene Organe verkümmern ließ. »Alles, was ein Lebewesen durch den Einfluß anhaltender Daseinsbedingungen gewinnt oder verliert, geht durch Vererbung auf die kommende Generation über«, behauptete Lamarck.

Das blieb nicht ohne Widerspruch.

Hauptgegner von Lamarcks Theorie wurde ausgerechnet sein ehemaliger Schützling Georges Cuvier (1769–1832). Er war als Georg Küfer in dem burgundischen Montbéliard geboren, das damals noch Mömpelgard hieß und zu Württemberg gehörte; erst durch den Sieg der Revolutionstruppen wurde Küfer Franzose und nannte sich jetzt Cuvier. Er war ein armer Schlucker, konnte daher sein Theologiestudium nicht fortsetzen und beschäftigte sich stattdessen mit Naturwissenschaften. Lamarck unterstützte ihn und holte ihn schließlich in den Jardin des Plantes. Damit öffnete er Cuvier das Tor zu einer glänzenden Karriere, denn dieser war entschieden ein kluger Kopf, ein Feuergeist und ein glänzender Redner.

Durch sein berühmt gewordenes Korrelationsgesetz führte er sich mit einem Sprung in die wissenschaftliche Welt ein. Es besagt, daß alle Teile und Organe eines Lebewesens in Wechselbeziehung zueinander stehen. Sieht *ein* Organ so aus, *muß* ein anderes entsprechend aussehen: Hörner und Hufe bedingen beispielsweise ein Pflanzenfressergebiß, Tiere mit Pranken und Sprungbeinen sind immer Fleischfresser und haben dementsprechende Zähne. Nachdem Saint-Hilaire festgestellt hatte, daß alle Tiere aus den gleichen, wenn auch verschieden gestalteten Teilen bestehen, und Cuvier nun verkündete, daß die Wechselbeziehungen zwischen diesen Teilen bis in die kleinsten Einzelheiten gingen, bekam die vergleichende Anatomie eine feste Grundlage; sie wurde zur wichtigsten zoologischen Wissenschaft.

Cuvier verstand es, sein Licht leuchten zu lassen, auch seine Ellbogen zu gebrauchen. So arbeitete er sich schnell in die Spitzengruppe der Pariser Wissenschaftler empor. Als die Revolutionsarmee 1794 in Holland einmarschierte, erinnerte sich Cuvier daran, daß 1780 der deutsche Feldarzt Hoffmann den Schädel eines riesigen, offenbar ausgestorbenen Tieres in den Kreidestollen des Petersberges bei Maastricht gefunden hatte. Nach einem Rechtsstreit über den Besitz des wissenschaftlich wertvollen Fundes war dieser verschollen. Cuvier's Einfluß war jetzt schon so groß, daß er den Schädel der Maas-Echse, wie der riesige Saurier getauft worden war, durch Frankreichs Armee suchen lassen konnte, und sicher war es sein bis dahin größter Tag, als die wertvolle Kriegsbeute in Paris ankam.

Der Mosasaurier begeisterte Cuvier so, daß er selbst zum Fossiliensucher wurde und dabei überraschende Erfolge hatte. Besonders die Gipsbrüche am Montmartre ergaben viele Funde, die Cuvier poetisch »Denkmünzen der Schöpfung« taufte. Das ganze Seinebecken wurde schließlich zu einer riesigen Fundgrube von Fossilien, und Cuvier wurde ihr anerkannter Deuter. Bald galt er in der ganzen Welt als erster Fachmann für ausgestorbene Tiere.

Bei seinen Untersuchungen im Seinebecken fiel ihm auf, daß dreimal das Meer mit dem Festlande den Platz getauscht haben mußte. Übereinander abgelagert fand er dreimal wechselnd Meerestiere und eine reiche Festlandfauna, aber keinerlei Übergänge, keine Brücken zwischen diesen sechs völlig voneinander verschiedenen Tierwelten. Da stellte er mit kühnem Griff seine vielbewunderte Katastrophentheorie auf: Durch eine Reihe gewaltsamer Umgestaltungen (Katastrophen) sei die Erde wiederholt völlig verheert und jedesmal durch einen neuen Schöpfungsakt von einer gänzlich neuen, vervollkommneten Lebewelt besiedelt worden. Der Mensch sei zu Beginn der letzten, der gegenwärtigen Erdperiode geschaffen worden, und zwar gleich als das vollkommenste Lebewesen, als die Krone der Schöpfung. Fossile Menschen könne es daher nicht geben. Seine Mitmenschen hörten das gerne, und was man gerne glaubt, glaubt man leicht.

Die Katastrophentheorie eroberte sich die Welt. Überall auf der Erde fand man ja Spuren von Katastrophen aller Art, von Überschwemmungen, Erdbeben, Vulkanausbrüchen und Vereisungen. Daß sich diese Umgestaltungen im Laufe von vielen hundert Millionen Jahren ereignet hatten, wußte man damals noch nicht; auf wenige Jahrtausende verteilt, ergab sich zwanglos das Bild einer Katastrophenkette.

Cuvier verstand es ausgezeichnet, seinen Zuhörern das Bild der vergangenen Welten vor Augen zu führen und diese Welten mit seltsamen Tieren zu bevölkern. Längst enthielt seine weltberühmte Fossilien-Sammlung neben dem Schädel des Maas-Sauriers auch Knochen des riesigen Ichthyosaurus (Fisch-Echse), des Plesiosaurus (Schlangen-Echse) und des Pterosaurus (des phantastischen Flugsauriers). Mit bewunderungswürdigem Einfühlungsvermögen und viel Phantasie zauberte er aus diesen Knochen die riesigen Tiergestalten des Erdmittelalters. Seine Studenten staunten, schauderten und waren begeistert; respektvoll nannten sie ihn den »Knochenpapst«.

Einst wollten seine Studenten einen Jux mit ihm machen. Einer von ihnen verkleidete sich sorgsam als Teufel, setzte sich die Hörner eines Ziegenbocks auf und ließ sich extra Schuhe machen, die gespaltenen Hufen täuschend ähnlich sahen; auch der Schwanz wurde nicht vergessen. In dieser Verkleidung drang er nachts in Cuviers Wohnung ein, während seine Freunde dessen Schlafzimmerfenster belagerten, um Zeugen des Spaßes zu sein.

Die Geschichte verlief aber ganz anders, als sie sich gedacht hatten. Zwar fuhr Cuvier erschrocken aus dem Schlafe hoch, als der stimmgewaltige Teufel losdonnerte: »Knochenpapst, steh auf! Ich bin's, der Teufel!« Doch faßte er sich schnell, zündete eine Kerze an und beleuchtete damit seelenruhig den nächtlichen Besucher. Dem wurde ob der prüfenden Blicke unbehaglich zumute, und er polterte nochmals: »Los, komm her! Ich bin der Teufel und werde dich fressen!« Da lachte Cuvier schallend auf und spottete: »Armer Teufel! Du hast ja Hörner und Hufe, also frißt du nur Pflanzen. Scher dich zur Hölle!« Damit legte er sich wieder hin, um weiterzuschlafen. Während der blamierte Teufel verdattert davonschlich, feierten die Studenten draußen ihren Knochenpapst.

So schritt Cuvier von Erfolg zu Erfolg; er wurde schließlich sogar Generalinspekteur des öffentlichen Unterrichts.

Da empfand er es doppelt ärgerlich, daß sein ehemaliger Gönner Lamarck den Entwicklungsgedanken öffentlich herausstellte. Katastrophentheorie und Entwicklung schließen sich ja gegenseitig aus. Cuvier versuchte Lamarck zu bekehren, doch sein alter Freund blieb dabei, daß sich alles Leben auf Erden durch die sich wandelnden Verhältnisse oder, wie er sich ausdrückte, durch das Milieu emporentwickelt hätte. Nicht einmal mit dem Menschen machte er eine Ausnahme. Durch irgendwelche Umstände hätten sich einstmals höhere Tiere, wahrscheinlich Affen, veranlaßt gesehen, aufrecht zu gehen; dadurch hätten sich ihre Vorderfüße in Hände gewandelt, und ihr Blick habe sich zum Himmel erhoben. Diese neue Haltung habe zur Höherentwicklung der Sinne, zur Ausbildung des Gehirns und der Sprache geführt. Die aufrechtgehenden Geschöpfe fanden sich zu Gemeinschaften zusammen, verständigten sich miteinander, erließen Gesetze und erklommen die höchste Stufe der Vernunft.

»Nichts als unbewiesene Hypothesen!« wetterte Cuvier, und er hielt es für sein Recht und seine Pflicht, solche Irrlehren öffentlich zu brandmarken. Toleranz war niemals seine starke Seite, und so führte er einen schweren Zusammenstoß mit Lamarck herbei, den Herbert Wendt in seinem Buch »Ich suchte Adam« äußerst dramatisch geschildert hat:

»Lamarcks Augenleiden hatte sich verschlimmert. Er war fast blind, und wenn er in den Hörsaal ging, mußte er sich von einer seiner Töchter am Arm führen lassen. Meist betreute ihn die Lieblingstocher Cornelie. Aber die Studenten lernten außer ihr noch viele andere Kinder Lamarcks kennen, denn ihr Professor hatte viermal geheiratet und mehr Nachwuchs in die Welt gesetzt, als er von seinem Gehalt ernähren konnte. Frivole Zungen lästerten, er habe dies getan, um die Milieutheorie unter Beweis zu stellen und seine Eigenschaften möglichst umfassend zu vererben.

Der Saal war bei seinen Vorlesungen nicht sehr voll. Es herrschte auch keine sonderliche Begeisterung unter den Studenten; von jenem hinreißen-

Schädel des von Cuvier durch die Revolutionsarmee sichergestellten Mosasauriers

den Fluidum, das die Demonstrationen der Katastrophenlehre ausstrahlten, war nichts zu spüren. Lamarck wunderte sich ein wenig darüber. War denn die Welt blind und nur er allein sehend? Geoffroy de Saint-Hilaire hatte ein paar unverbindliche Sätze über die ›Philosophie zoologique‹ geäußert, Cuvier ignorierte sie, die Gegner beklagten mit recht inhaltslosen Worten, daß in ihr statt jeder Ordnung der bloße Zufall, statt einer unabänderlichen Gesetzmäßigkeit nur die imaginäre Willkür herrsche. Ein Vogelforscher war, um die Milieutheorie zu widerlegen, wieder zu Aristoteles zurückgekehrt: Gleich wie der tierische Körper durch Organe, der menschliche Staat oder die militärische Gesellschaft durch Ämter gegliedert ist, ebenso sind es in der Natur die Tiere untereinander. Und wie die Töne in der Musik sich zu einem Konzert gruppieren, so ist in der Natur dies Gefüge durch konkrete Gestalten ausgesprochen. Das war natürlich kein Argument; die Bürokratie, die Heeresrangliste und die Musik hatten nach Lamarcks Meinung wenig mit dem Naturgeschehen zu tun. Wenn man keine anderen Gegenbeweise hatte, dann sollte man die neue Lehre doch wenigstens öffentlich in den Akademien zur Diskussion stellen, anstatt sie mit kühlem Schweigen zu übergehen.

An dem Tage, an dem sich sein Schicksal erfüllte, hielt er ein Referat über den Grottenolm. Auf dieses Paradebeispiel pflegte er gern zurückzukommen. Der Olm, ein Höhlenmolch des illyrischen Karstgebirges, hatte nach der Milieutheorie seinen Gesichtssinn verloren, weil in der Finsternis der Grotten kein Bedürfnis dafür bestand. Setzte man ihn aber für längere Zeit in ein beleuchtetes Aquarium, so wurde er wieder sehend. Als Lamarck gerade erzählte, wie sich bei seinen Olmen unter dem Einfluß des Lichtes richtige kleine Augen bildeten, ging eine Bewegung durch das Auditorium. Doch sie galt nicht dem Molchwunder, sie galt dem Manne, der plötzlich den Hörsaal betreten und sich auf einer der hintersten Bänke niedergelassen hatte. Die Studenten drehten sich um, einige klatschten Beifall. Cornelie Lamarck hob den Kopf. Sie wurde leichenblaß, denn der Neuankömmling war Cuvier.

Cuvier hörte sich die Geschichte von den verwandelten Olmen eine Weile an, dann erhob er sich und rief brutal und taktlos, wie es sonst nicht seine Art war: ›Wenn dies stimmt, Monsieur Lamarck, dann müßte man daraus folgern, daß auch Sie von Ihrem Augenlicht keinen Gebrauch gemacht und es darum eingebüßt haben.‹ Im Saal war es still. Lamarck, hilflos und wenig geistesgegenwärtig, zerrte nervös an seinem Kragen. ›Würden Sie Ihre Augen mehr üben‹, fuhr Cuvier ironisch fort, ›würden Sie sich mehr in der Natur umsehen, anstatt dunklen Phantastereien nachzuhängen, dann könnten Sie vielleicht wieder sehend werden, wie?‹

Der Grottenolm, ein Höhlenmolch, der bis heute ausschließlich in den unterirdischen Gewässern des illyrischen Karstgebirges beheimatet ist

Mehrere Studenten lachten. Cornelie legte den Kopf auf das Pult und begann leise zu schluchzen. ›Ich bitte Sie, Cuvier‹, sagte Lamarck schwach, und das Auditorium löste sich vor seinen Augen in grauen Nebel auf, ›wir wollen doch nicht persönlich werden!‹

Cuvier antwortete scharf: ›Stehen in Ihrer Philosophie der Zoologie etwa keine persönlichen Angriffe gegen mich?‹

›Ich wüßte nicht‹, murmelte Lamarck. Die Unruhe im Saal flackerte wieder auf. Einige oppositionelle Studenten rissen Witze und meinten, man solle Lamarck fragen, wie es komme, daß er die Blindheit nicht auf seine vielen Sprößlinge vererbt habe. Es war eine beschämende Situation. Cornelie faßte den Arm des Vaters und versuchte, ihn aus dem Saal zu ziehen. Er wehrte ab, straffte sich, blickte in die Richtung von Cuvier und sagte dann, den Lärm übertönend, mit trotziger Stimme: ›Ich stehe zu allem, was ich geschrieben und gelehrt habe. Und jetzt ersuche ich Sie, den Saal zu verlassen!‹

›Haben Sie Furcht?‹ fragte Cuvier. ›Wenn nicht, dann beantworten Sie mir bitte eine Frage: Stehen Sie nach wie vor zu Ihrer Behauptung, daß die fossilen Lebewesen Vorläufer der heutigen Arten sind?‹

›Gewiß‹, sagte Lamarck.

›Und das wagen Sie mir ins Gesicht zu sagen?‹ Cuvier schlug mit der Faust auf die Bank. ›Sie wissen, daß ich das Gegenteil bewiesen habe!‹

›Ich glaube nicht an Ihre Katastrophenlehre‹, erwiderte Lamarck unbeirrt und lauschte in den Saal. Aber kein Wort der Zustimmung drang an sein Ohr. ›Ihre Demonstrationen, Cuvier‹, fuhr er fort, ›sind kein Beweis.‹

›Das ist eine Beleidigung!‹ donnerte ihm Cuvier entgegen. ›Ich fordere Sie in aller Form auf, den Gegenbeweis anzutreten oder Ihre Theorie öffentlich zurückzunehmen!‹

Lamarck schüttelte den Kopf. ›Meine Theorie läßt sich ebensowenig wie die Ihre beweisen‹, sagte er. ›Die Entscheidung liegt bei der Nachwelt.‹

›Dann sind Sie kein Wissenschaftler, sondern ein Phantast!‹ Cuviers Blick ging in die Runde. Die Mehrzahl der Hörer sah ihn gespannt an. ›Wenn ich etwas lehre‹, sagte er, ›so kann ich es auch beweisen. Ich schlage dem Auditorium vor, in meinen Hörsaal hinüberzukommen. Prüfen Sie selbst, meine Herren, welche Theorie richtiger ist: die meine oder die jenes bedauernswerten Mannes!‹

Die Studenten verließen zusammen mit Cuvier den Raum. So peinlich der Auftritt auch gewesen war, selbst die Lamarck-Anhänger unter ihnen wollten das angekündigte Schauspiel nicht versäumen. Nur Lamarck und Cornelie blieben zurück.

In Cuviers Saal standen Tafeln, auf denen die Umrisse vorsintflutlicher Ungeheuer abgebildet waren. Cuvier erzählte von ihnen; er wählte sich das Palaeotherium magnum aus, das wie ein Bastard aus Nashorn, Tapir und Pferd wirkt, und stellte den Zuhörern die Frage, ob sie es für möglich hielten, daß irgendein lebendes Geschöpf von diesem Monstrum abstamme. Niemand hielt es für möglich. ›Der Typus‹, sagte Cuvier, ›ist unveränderlich. Das Palaeotherium war und wurde nie etwas anderes als ein Palaeotherium. Denn in der Natur herrscht nicht Willkür, sondern Ordnung, nicht Zufallsspiel, sondern Wechselbeziehung.‹

Er deutete auf eine Steinplatte, die vor ihm auf dem Tisch lag. ›Ich möchte versuchen, Ihnen jetzt aus einem einzigen Knochen ein Tier zu rekonstruieren, das ich noch nie zuvor gesehen habe‹, rief er in das erregte Atmen der Studenten. ›Gelingt es mir, so nehmen Sie es bitte als einen Beweis dafür, daß ich mehr von Fossilien verstehe als Monsieur Lamarck!‹ Nur ein winziges Knochenstück ragte aus der Platte, alles andere war im Stein verborgen. ›Noch nie ist mir ein solches Fossil begegnet‹, fuhr er fort. ›Aber ich glaube an dem kleinen sichtbaren Knochen zu erkennen, was unsichtbar im Stein ruht. Ja, ich glaube nicht nur, meine Herren, ich bin mir sicher, weil ich weiß, daß die Natur nach festen, unveränderlichen Plänen arbeitet. Dieses Tier ist eine Beutelratte aus der frühen Tertiärzeit.‹

Zustimmung und Skepsis hielten sich die Waage. Noch konnte niemand die typischen Beutelknochen und das typische Beutelrattengebiß feststellen. Vielleicht hatte Lamarck doch recht, und es löste sich ein ganz anderes Geschöpf aus dem Stein, eines, das die Umwelt auf besondere Art geprägt hatte . . .

Stück um Stück meißelte Cuvier von der Platte los. Nervenzerreißende Minuten und Viertelstunden vergingen. Alle starrten gebannt auf den Stein.

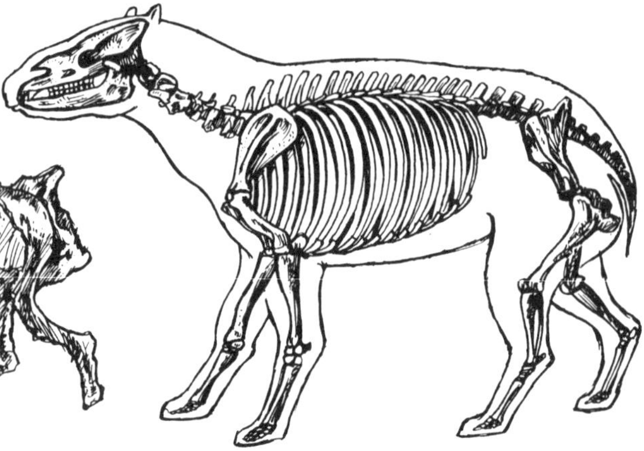

Moderne Rekonstruktion des Palaeotherium magnum

Das von Cuvier im Seine-Becken gefundene Skelett des Palaeotherium magnum. Das Original dieses Fossils befindet sich in Paris, im Jardin des Plantes-Museum.

Cuviers Rekonstruktion

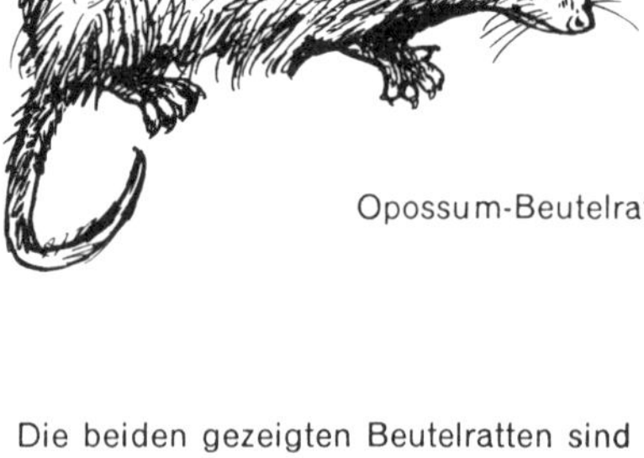

Opossum-Beutelratte

Die beiden gezeigten Beutelratten sind im wesentlichen unveränderte Nachkommen der frühtertiären Beutelratte.

Wollhaar-Beutelratte

Schließlich – ein leiser Schrei kam aus dem Munde eines Studenten – hielt Cuvier mit fröhlichem Lachen die Beutelknochen ans Licht. Das Fossil war in der Tat eine frühtertiäre Beutelratte, wie er es vorausgesagt hatte.

Auf den Schultern trug man den großen Kenner der Urgeschichte durch den Jardin. Jetzt zweifelte niemand mehr an seiner Lehre. Lamarcks Utopien verblaßten angesichts der Wirklichkeiten, die Cuvier aus dem Stein zauberte und mit nachtwandlerischer Sicherheit deutete. Der Gedanke, daß eine solche Rekonstruktion wohl das Korrelationsgesetz, keineswegs aber die Katastrophentheorie bewies, kam nicht auf. Die Faszination, die von diesem zoologischen Zauberkünstler ausging, war so groß, daß selbst Geoffroy de Saint-Hilaire, Cuviers ewiger Opponent, seine Bedenken zurückstellte und eine Zeitlang eng mit ihm zusamenarbeitete. Zu der Milieutheorie in der pointierten Lamarckschen Fassung hatte Geoffroy de Saint-Hilaire wohl ohnehin kein rechtes Zutrauen.

Lamarcks Hörsaal blieb fortan leer. Tief erschüttert wartete der kleine Mann aus der Picardie Tag für Tag vergebens auf die Rückkehr seiner Schüler. Man schnitt ihn wie einen Aussätzigen. Bald nach dem Zusammenstoß mit Cuvier mußte er wegen gänzlicher Erblindung seine Professur aufgeben. Er lebte noch zwanzig Jahre unter armseligen Verhältnissen, gab hie und da gegen geringes Entgelt Privatunterricht in Naturkunde und bereitete leichtsinnige Studiosi, die ihre Semester durchbummelt hatten, auf die Examina vor. Erstaunlich ist es, daß er trotzdem die Kraft fand, der treuen Cornelie und ihrer Schwester aus dem Gedächtnis eine elfbändige Naturgeschichte der wirbellosen Tiere zu diktieren.«

Ich würde glücklich sein, wenn ich nun berichten könnte, daß Cuvier die menschliche Größe besessen habe, dem armen, blinden Lamarck, den er wegen seiner »Irrlehre« wissenschaftlich glaubte vernichten zu müssen, wirtschaftlich unter die Arme gegriffen hätte, und sei es auch nur als Abgeltung für das Gute, das dieser ihm früher bewiesen hatte. Leider tat er das nicht. Lamarck wurde bewußt totgeschwiegen, starb mit 85 Jahren arm wie eine Kirchenmaus, und seinen Hinterbliebenen erging es nicht besser.

Lamarcks erster Biograph Charles Martins schrieb vierzig Jahre später: »Seine beiden Töchter blieben ohne Hilfsmittel zurück. Ich habe selbst im Jahre 1832 Fräulein Cornelie de Lamarck für geringen Lohn die Herbarium-Pflanzen des Museums, an dem ihr Vater Professor gewesen war, auf weiße Papierblätter heften sehen. Oft gingen von ihm beschriebene und benannte Arten durch ihre Hände, und diese Erinnerung vermehrte ohne Zweifel noch die Bitterkeit ihrer Trauer. Als Töchter eines Ministers oder eines Generals würden die beiden Schwestern vom Staate pensioniert worden sein, aber ihr Vater war nur ein großer, seinem Vaterlande zur Ehre gereichender Naturforscher. Sie mußten also vergessen werden und wurden es auch in der Tat.«

Recht aber hatte keiner der beiden einander feindlichen Gelehrten.

Cuviers Fehler bestand darin, daß er die örtlichen Beobachtungen aus dem zwar großen, im Vergleich zur Erdoberfläche aber doch kleinen Seinebecken verallgemeinerte und aus ihnen auf gewaltige, die ganze Erde verheerende Katastrophen schloß. Spätere Geologen haben gefunden, daß man selbst die gewaltigsten Naturveränderungen auf eine Häufung kleiner, einzeln kaum merklicher Veränderungen zurückführen kann, wenn man nur genügend lange Zeiträume annimmt. Viele einzelne Sandkörner häufen sich zum Sandberg, und steter Tropfen höhlt den festesten Stein. Soweit vereinzelt Spuren rascher, gewaltsamer Verheerungen gefunden werden, kann man deutlich erkennen, daß es sich um örtlich begrenzte Umwälzungen handelte. Es gibt keine Anzeichen dafür, daß es jemals erdumfassende Katastrophen gegeben hat, die überall auf Erden das Leben gleichzeitig auslöschten.

Lamarcks Bedeutung wurde erst ein halbes Jahrhundert nach seinem Tode erkannt, ungefähr zur gleichen Zeit, als seine Lehre, daß aufgezwungene Veränderungen erblich seien, durch den berühmten Mäuseschwanz-Versuch August Weismanns (1834–1914) endgültig widerlegt wurde. Weismann schnitt 1887 zwölf weißen Mäusen, sieben weiblichen und fünf männlichen, die Schwänze ab. Innerhalb von vierzehn Monaten brachten die zwölf schwanzlosen Mäuse 333 Junge zur Welt, die alle normale Schwänze besaßen. Fünfzehn Jungtiere der ersten Generation kamen in einen besonderen Käfig, und auch ihnen wurden die Schwänze abgeschnitten. Ihre 237 Jungen kamen trotzdem mit normalen Schwänzen zur Welt. So opferten insgesamt 1592 Mäuse in 22 Generationen »im Dienste der Wissenschaft« ihre Schwänze und trotzdem waren unter ihren Nachkommen keine schwanzlosen. Obwohl also das Kernstück von Lamarcks Lehre falsch war, hat sie doch das spätere biologische Denken stark beeinflußt; noch heute gibt es einen Neo-Lamarckismus.

Wie Linné wurde auch Cuvier im Alter unsicher. Kleinlaut meinte er, vielleicht seien bei einigen Katastrophen doch nicht alle Lebewesen umgekommen, und die Neubesiedlung der betroffenen Erdteile sei möglicherweise nur zum Teil durch Neuschöpfung, teils aber durch Einwanderung aus nicht zerstörten Gebieten erfolgt.

Im Tode hat Lamarck also seinen im Leben siegreichen Gegner überwunden.

Das Leben der Erde

»Du kommst spät heim, Jörg«, sagte der Vater mit leisem Tadel, »du weißt doch, daß ich noch heute nach Dresden zurück muß.« Der alte Lehrer Brand war zu Besuch bei seinem Sohn, der im nahen Freiberg an der Bergschule studierte. Er fand, daß ihn der Herr Studiosus über Gebühr habe warten lassen.

»Entschuldige, Vater, unser Neptun hat heute die Vulkanisten nach Herzenslust verrissen, und da ist ihm die Zeit davongelaufen.«

»Neptun? Wer ist denn das?«

»Oh, wir nennen so den Professor Werner (1749–1817). Nach dem römischen Meergott, weißt du, weil er behauptet, daß sämtliche Gesteine, selbst die höchsten Gebirge, im Wasser entstanden seien.«

»Ich denke, die Gesteine sind durch vulkanische Ausbrüche glutflüssig aus dem Erdinnern hervorgequollen?«

»Oh, Vater, weiche von hinnen, auf daß Neptun deine Ketzerei nicht höre!« rief Jörg da in komischem Entsetzen aus. »Du bist offenbar ein Anhänger Vulcanos', der über das Feuer der Unterwelt herrscht. Vulcanos und Neptun aber stehen zueinander wie – nun, wie Feuer und Wasser.«

»Da tritt dein Professor also in die Fußstapfen des großen Thales.«

»Wieso?«

»Mein Sohn, wenn du auch dem Bauche der Erde Schätze entreißen willst, so solltest du doch das Gold der Antike nicht vergessen!

Thales von Milet (640–548 v. Chr.) war einer der sieben Weisen Griechenlands; er errechnete zuerst den Lauf der Gestirne und sagte die Sonnenfinsternis des Jahres 609 v. Chr. voraus. Für ihn war das Wasser der Urgrund aller Dinge: ›Aus Wasser ist alles, und ins Wasser kehrt alles zurück.‹ Hat sich der Professor nicht auf ihn berufen?«

»Nein, aber auch er erzählt uns, daß das Meer die Urmutter aller Gesteinsbildung sei. Schicht über Schicht habe sich in ihm allmählich auf einer Grundrinde abgesetzt. Du glaubst nicht, wie wütend er wird, wenn wir, wie heute, die Rede auf seinen Gegenspieler bringen, den Schotten Hutton (1726–1797), der alle Erdbewegungen auf die innere Erdwärme zurückführt.«

»Ob nicht auch darin ein Quentchen Wahrheit steckt?« meinte der Vater, und er fuhr schmunzelnd fort: »Vielleicht erinnerst du den Professor mal an das Wort, das eine unwissende Magd dem berühmten Thales zurief, als er beim Sterngucken unversehens in eine Grube fiel: ›O Thales, du willst den Himmel erkennen und siehst nicht mal, was vor deinen Beinen ist!‹

Und nun gehab dich wohl, mein Sohn; ich muß mich sputen, die Postkutsche zu erreichen.«

Nun, vorerst siegte das Feuer über das Wasser. Vulkanausbrüche, Lavaströme, Erdbeben und riesige Feuersbrünste paßten prachtvoll zu Cuviers Katastrophenlehre. Aber unser Studiosus Brand konnte noch erleben, daß Werners Lehre immer mehr Anhänger unter den Erdgeschichtlern fand: Das verwitterte Gestein des Festlandes wird von Wind und Regen in die Bäche und Flüsse getrieben und von diesen in die Seen und Ozeane geschwemmt, wo es sich schichtweise ablagert – das Land wird im Meer geboren. Schon ein Jahrhundert früher hatte der dänische Arzt und Geologe Steno (1638–1686), den man den »Propheten der Geologie« nennt, die Erkenntnis ausgesprochen, daß jede einzelne Ablagerungsschicht sich abgesetzt haben muß, bevor die darüberliegende sich bilden konnte. Diese Binsenwahrheit ist so wichtig, daß sie zum ersten Hauptsatz der Geologie wurde.

Steno setzte übrigens auch die Anerkennung der Fossilien, der Versteinerungen, als Lebenszeugen durch. Allerdings war man damals der Meinung, daß es sich bei den Fossilien ausschließlich um Tierleichen der bei der biblischen Sintflut umgekommenen Lebewesen handele. »Niemand wagte ja den Gedanken zu fassen oder auszusprechen, daß unsere Erde eine lange Geschichte gehabt habe und daß sich die großen Züge in ihrem Antlitz erst im Laufe von Äonen ausgearbeitet haben. Noch jetzt erinnert uns das Wort Diluvium (Überschwemmung) an eine Zeit, wo man nur eine einzige, tiefgreifende geologische Veränderung anerkannte und in der großen, die sündige Menschheit vernichtenden Flut die gemeinschaftliche Ursache für die Mannigfaltigkeit der geologischen Erscheinungen erblickte«, sagte der Geologe Johannes Walther (1860–1937) in seiner »Geschichte der Erde und des Lebens«.

Als erster rang sich der Gothaer Geologe Karl von Hoff (1771–1837) zu der Erkenntnis durch: Wir rechnen in der Geschichte der Erde mit viel zu kurzen Zeiträumen! Allmähliche Veränderungen konnten die Erdoberfläche

Bei der allmählichen Umgestaltung der Erde hat das Eis eine nicht unwesentliche Rolle gespielt. Bevor sich vor etwa 10000 Jahren die riesigen Gletscher zurückzogen, waren Nordeuropa, Nordasien, Nordamerika und die Hochgebirge dieser Erdteile vom Eis überdeckt.

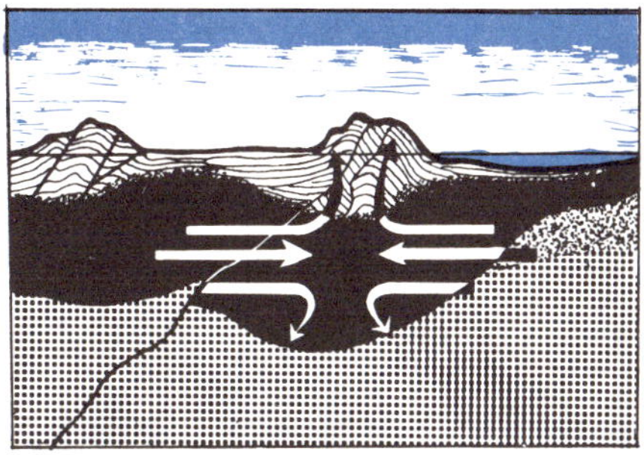

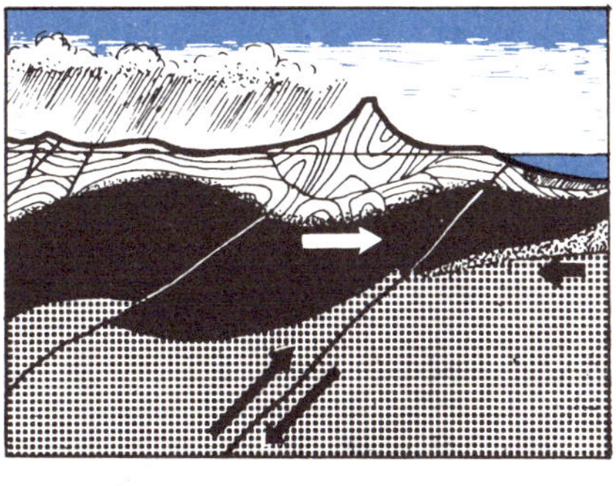

Abtragung und Auflagerung sind die beiden großen geologischen Vorgänge. Der Meeresboden vertieft sich unter dem ständigen Druck der ins Meer geschwemmten Ablagerungen (oben links). Festes Land und Meeresboden werden gegeneinander gepreßt und durch diese Druckkräfte als Gebirge hochgewölbt (oben rechts). Es entsteht eine neue Verwerfungslinie, und der geologische Kreislauf wiederholt sich von neuem (links).

umgestalten, wenn sie nur genügend lange einwirkten. Goethe, der diese Ansicht teilte, erkannte zusätzlich dem Eise eine wichtige Rolle bei der allmählichen Umgestaltung der Erde zu. Als er eines Tages hörte, daß riesige Eisschollen mit großen Felstrümmern darauf durch den Dänischen Sund geschwommen seien, da wußte er, wie die schweren Findlingssteine, die erratischen Blöcke, über das Festland verstreut worden waren: Gletscher hatten sie mit sich getragen!

Zu dieser Zeit hing in England der junge Rechtsgelehrte Charles Lyell (1797–1875) die trockene Juristerei an den Nagel, um sich stattdessen der erregenden Lebensgeschichte unserer Mutter Erde zu widmen. In einem zehnjährigen Studium der Erdgeschichte stellte er fest, daß die in der Gegenwart zu beobachtenden geologischen Vorgänge ausreichen, die Ausbildung der gesamten Erdoberfläche zu erklären.

»Die beiden großen geologischen Vorgänge, Abtragung und Auflagerung, Tal- und Bergbildung, die man bis dahin durch kurze, aber alles gewohnte Kräftemaß überschreitende Katastrophen erklärt hatte, führte er auf die Häufung kleiner, unmerklicher Veränderungen im Laufe langer Zeiträume zurück. Steter Tropfen höhlt den Stein, und viele einzelne Sandkörner häufen sich zum Sandberg – das waren die einfachen und verständlichen Grundsätze, mit denen man selbst die gewaltigsten Naturerscheinungen erklären konnte, sofern nur genügend lange Zeiträume angenommen wurden.

Der Widerstand, den ein Goethe den gewalttätigen Hypothesen der Vulkanisten entgegensetzte, trat jetzt in einer neuen, wissenschaftlich begründeten Form auf, und bald erfreute sich die Lehre von der langsamen Umwandlung des Erdballs allgemeiner Anerkennung.

Aber daraus folgte notgedrungen, daß die Fülle der geologischen Veränderungen nur durch ungeheure Zeiträume der Erdgeschichte erklärt werden konnten. Jede Schichtenreihe, die seither genauer untersucht wurde, vergrößerte unaufhaltsam die Länge der geologischen Zeiträume. Ungezählte Millionen von Jahren, die das Maß jeder Vorstellung überschreiten, fügten sich in der Erdgeschichte übereinander.« (Walther)

Lyells »Prinzipien der Geologie«, die er in den Jahren 1830 bis 1833 in drei Bänden vorlegte, stürzten alle Zeitbegriffe der damaligen Geologie um. Mit ihnen begann die exakte Erdgeschichtsforschung und die darauf aufbauende Entwicklungsgeschichte des Lebens. »Lyell scheute sich keineswegs, seine geologischen Prinzipien voll und ganz auf die organische Natur anzuwenden. Wenn kleine Ursachen in einem langen Zeitraum derartig große

Änderungen bewirkt haben, daß sie den Menschen von heute als Erdrevolutionen erscheinen, dann können ähnliche kleine Ursachen in einem ähnlich langen Zeitraum auch an den Lebewesen Veränderungen bewirken, die uns heute als Neuschöpfungen, als neue Arten, Gattungen und Ordnungen erscheinen. Aus der Entwicklung der Erde ergibt sich folgerichtig die Entwicklung ihrer Bewohner.« (Wendt)

Mit den Erdbewohnern und was von ihnen in den Ablagerungsschichten erhalten geblieben, befaßte sich in den gleichen Jahrzehnten der englische Wasserbau-Ingenieur William Smith (1769–1839). Ausdauernd und genau durchforschte er Steinbrüche und Bergwerke, wühlte sich mit den Straßen- und Kanalbauern durch die oberen Erdschichten seiner Heimat, unermüdlich darauf aus, die Ablagerungsschichten zu erkennen und die darin versteinerten Lebenszeugen. Immer mehr begriff er, daß die Ablagerungsschichten und die darin enthaltenen Fossilien das große Geschichtsbuch der Erde und des Lebens sind. Er schrieb die Kapitelüberschriften dieses Buches, als er die Lehre von den Leitfossilien aufstellte: »Fossilien sind lange als seltsame Erscheinungen angesehen worden. Sie wurden mit großer Mühe gesammelt, mit Sorgfalt aufbewahrt und manchem als Wunder gezeigt, aber niemals hat man die erstaunliche Ordnung und Regelmäßigkeit sehen wollen, mit der die Natur sie eingeordnet hat, die durch jede besondere Gruppe eine besondere Schicht erkennen läßt.«

Er bewies, daß jede Ablagerungsschicht charakteristische Versteinerungen enthält und daß man diese Leitfossilien zur Bestimmung der Erdperioden benutzen kann, in denen diese Ablagerungen entstanden sind. Für Englands Erde stellte er eine Tabelle mit dreiundzwanzig Hauptschichten auf. Die Namen, die er diesen Formationen gab, zum Beispiel Devon – nach der gleichnamigen englischen Landschaft – für das Erdzeitalter, da die Pflanzen aus Meeren und Binnenseen das trockene Land besiedelten, für die Zeit der Schachtelhalme und Lungenfische, benutzen wir teilweise noch heute.

Da diese Namen in der Folge häufig auftauchen, habe ich ihre Herkunft und Bedeutung in der Zeittafel »Lebensübersicht« (Seite 112/113) angegeben. Ausdrücklich weise ich darauf hin, daß die Angaben der Tabelle dem heutigen Stand der Erkenntnisse entsprechen. Vor hundert Jahren wußte man selbstverständlich noch nicht, daß beispielsweise die schon genannte Devon-Erdperiode vor etwa 420 Millionen Jahren begonnen hat. Wie man die ungeheuerlich erscheinenden geologischen Zeiträume errechnet, mag hier ein Zwiegespräch aus meinem Buche »Blitzende Steine« klären.

Der junge Gerd Weber besucht in den Ferien seinen Freund, den Geologen Bill Longkamp, der im südafrikanischen Veld Bodenuntersuchungen und Kartierungsarbeiten durchführt. Eines Abends fragt Gerd den Freund nach dem Alter der Erde, und der Geologe erzählt:

»Mit dem Alter der Erde ist es ein seltsames Ding, Gerd. Vor fünfhundert Jahren glaubten die Gelehrten ganz genau zu wissen, wann die Erde entstanden ist. ›Von der Schöpfung der Welt sind verflossen 6684 Jahre‹ steht auf einem Steinkreuz, das portugiesische Seefahrer am 18. Januar 1486 auf dem Kreuzkap an Afrikas Westküste errichteten, 55 Seemeilen vom heutigen Swakopmund entfernt.

Vor einigen Jahren aber hatte es die Erde schon auf zwei bis drei Milliarden Jahre gebracht, und nun haben die Geophysiker verkündet, daß die Erde 4,3 Milliarden Jahre alt sei. Das ist eine unvorstellbar lange Zeit, mit menschlichen Zeiträumen überhaupt nicht vergleichbar.

Solche Altersbestimmungen sind uns jetzt mit radioaktiven Methoden möglich. Du weißt, daß sich die Atome verschiedener chemischer Elemente in andere Atome umzuwandeln vermögen: sie zerfallen. Die Zeit, in der das geschieht, kann man nach einem Wahrscheinlichkeitsgesetz errechnen. So ergibt sich die Halbwertszeit, das ist die Zeitdauer, in der die Hälfte aller Atome zerfallen sind, bei radioaktivem Kohlenstoff 5600 Jahre. Da bei den Lebewesen das Verhältnis von stabilem und radioaktivem Kohlenstoff gleichbleibend ist und im Augenblick des Todes die Aufnahme von Kohlenstoff aufhört, kann durch eine Kohlenstoffbestimmung der Überreste von Lebewesen deren Todesalter bestimmt werden. Man rechnet dabei mit einer Genauigkeit von zehn bis hundert Jahren, aber über 100 000 Jahre hinaus kann man diese Radiokarbon-Uhr nicht verwenden.«

»Diese Uhr kann man also nur für Lebewesen, nicht aber für Gesteine gebrauchen?«

»Richtig, Gerd! Durch die Untersuchung des Zerfalls von Radium und Thorium können wir aber auch Jahrmillionen messen. Leider sind beides sehr seltene Minerale, und das von dem deutschen Professor Hahn vorgeschlagene Rubidium ist noch seltener. Dagegen ist das bei der Radiokalium-Uhr benötigte Kalium in fast allen Gesteinen der Erdkruste enthalten, und seine Halbwertszeit beträgt nicht weniger als 1,1 Milliarden Jahre. Es ist also ein wirkliches Stundenglas der Ewigkeit.«

»Zeigt es aber auch richtige Zeiten an?« fragte Gerd zweifelnd.

»Ganz sicher!« antwortet der Freund überzeugt. »Geologische Überlegungen und Vergleiche mit anderen Meßmethoden haben eine gute Übereinstimmung ergeben. Ein uranhaltiges Meeresgestein ist sowohl nach der Radiokalium-Uhr als auch nach der Uran-Uhr 285 Millionen Jahre alt. Ein kanadischer Granit hat nach der Radiokalium-Uhr 2340 Millionen Jahre auf dem Buckel, während ein 500 Kilometer entfernter Granit, der nach geologischen Untersuchungen mit Sicherheit der gleichen Entstehungszeit angehört, mit 2300 Jahrmillionen bestimmt wurde. Die kleine Ungenauigkeit von 40 Millionen Jahren ist belanglos.«

»Na, hör mal, Bill, 40 Millionen Jahre sind aber kein Pappenstiel. Ich habe mal gelesen, daß es erst seit etwa einer Million Jahre menschenähnliche Wesen auf der Erde gibt. Mir scheint, ihr Geologen geht recht großzügig mit der Zeit um.«

»Du darfst die Urzeit der Erde und ihre Neuzeit nicht im gleichen Zeitmaß vergleichen, Gerd. Eine Million Jahre der jüngsten Zeit bedeutet für das Leben auf der Erde unendlich mehr als 40 Millionen Jahre im Dunkel der Urzeit. Schau dir doch mal diese geologische Uhr hier an! Etwa zweitausend Millionen Jahre brauchte die Erde, die sich als gasförmiger Körper von der Sonne losgerissen hatte, um eine feste Rinde zu bilden. Ob diese ältesten Gesteine 40 Millionen Jahre älter sind oder nicht, hat wohl kaum eine Bedeutung.«

»Gut, lassen wir das gelten!« stimmt Gerd zu. »Dann kam also das Leben auf die Erde?«

»Bewahre! Das dauerte noch einige hundert Millionen Jahre. Erst mußte die Erde sich weiter abkühlen; die Erdkruste mußte so dick werden, daß ihre Außentemperatur höchstens 80° C betrug. In heißen Quellen, deren Temperatur 80° C nicht übersteigt, finden wir auch heute noch einfache Lebewesen, beispielsweise Algen. Bei höherer Dauertemperatur gedeiht kein Leben auf Erden, und es ist nicht anzunehmen, daß die Urform des Erdenlebens bei höherer Temperatur entstanden ist.«

»Und wann war das, Bill?«

»Nach unseren heutigen Erkenntnissen vor etwa 1500 Millionen Jahren. Es können allerdings auch einige hundert Millionen Jahre mehr sein, denn bei den aufgefundenen Versteinerungen handelt es sich schon um höhere Lebensformen. Vom Urleben gibt es keine Versteinerungen.

Vor etwa 600 Millionen Jahren beginnt mit dem sogenannten Kambrium die Erdgeschichte im engeren Sinne. Von nun an sind alle Entwicklungen des Erdenlebens urkundlich belegt. Dokumente sind die versteinerten Reste vergangenen Lebens, die Fossilien, und eingetragen sind sie in einem sehr merkwürdigen Buch, den Schichtgesteinen oder Sedimenten.

Seit die Abkühlung der Erde so weit fortgeschritten ist, daß die Regengüsse nicht mehr sofort verdampfen, sondern sich zu Bächen, Flüssen, Seen und Meeren sammeln, wird das verwitterte Gestein des Festlandes in die Ozeane getragen, wo es sich schichtweise ablagert. Gewaltige Bewegungen der Erdkruste aber heben später die Ablagerungen hoch über Meereshöhe, und die ursprünglich waagrechten Schichten werden böse durcheinandergebracht.

Schau dir das Tischtuch hier an und stelle dir vor, es sei die Ablagerungsdecke der Erde! Die linke Hand lasse ich hier ruhig auf dem Tischtuch liegen als ein Widerstand bietendes Festland, während die rechte Hand einen unwiderstehlich heranrückenden Kontinent darstellt. Siehst du, wie das Tischtuch sich zusammenschiebt, Falten wirft, wie die Falten sich aneinanderlegen, sich bedrängen, übereinanderrutschen? Wäre das Tischtuch jetzt wirklich die Gesteinsdecke der Erde, dann würde das Gestein brechen, die Falten würden sich übereinanderschieben und alte Ablagerungsschichten über jüngeren liegen. Solche Faltungen dehnen sich oftmals über viele hundert Kilometer aus – so ähnlich wurden zum Beispiel die Alpen hochgetürmt.

Wir meinen, diese Berge seien für die Ewigkeit entstanden, aber jedes Gestein ist vergänglich. Sobald es dem unbarmherzigen Einfluß der Atmosphäre ausgesetzt ist, verwittert es, fällt es auseinander. Die Verwitterung macht das festeste Gestein lose und zersetzt es, macht es bereit zum Abtransport durch Wasser und Wind, Lawinen und Gletscher. So werden die Berge abgetragen, wird Humus geschaffen, um unendlich viele Lebewesen zu ernähren. Irgendwo und irgendwann wird der zu feinsten Teilchen zerfallene Berg wieder abgelagert, zusammengepreßt: er wird wieder zu Stein.

So schließt sich auch hier ein natürlicher Kreislauf, der freilich in Zeiträumen verläuft, gegenüber denen unser menschliches Leben gar armselig erscheint. Man hat errechnet, daß eine Schneeflocke, die auf den oberen Teil eines Alpengletschers fiel, als Kolumbus Amerika entdeckte, etwa in diesen Tagen oder Jahren unten an der Gletscherzunge abschmilzt. Und was hat diese Schneeflocke in dem halben Jahrtausend geschaffen? Mit Milliarden ihresgleichen hat sie einige Steinbrocken vom Berg abrasiert und zu Tal transportiert. Wildwasser werden die Brocken rundschleifen und weiterschaffen. Kleiner werden die Brocken, immer kleiner, bis sie irgendwo einmal abgelagert werden, zusammengekittet mit anderem Verwitterungsgestein und totem Leben. In Millionen Jahren werden sie vielleicht wieder einmal aus ihrer Ruhe gerissen, zu neuen Gebirgen hochgetürmt. Das ist dann ein neuer Stundenschlag der Erdgeschichte.«

Um anschaulich zu machen, daß in der Erdgeschichte das absolute Zeitmaß verschiedenen Wert hat, zeichnete der Geologe White die Zeitalter und Erdperioden in Form einer Spirale auf, wobei er die Erdzeit mit 2000 Millionen Jahren annahm. Der feste Punkt dieser Zeitspirale ist die Sternzeit der Erde, deren Dauer unbekannt ist.

Auch mit der Zeitspirale ist es schwer, sich von der Länge der geologischen Zeiträume eine richtige Vorstellung zu machen. Vielfach hat man daher uns allen geläufige Zeiträume zum Vergleich herangezogen. Rechnet man beispielsweise die ganze Erdgeschichte auf die Dauer eines Kalenderjahres um, dann war etwa im Juli die Abkühlung der die Erde umgebenden Gashülle so weit fortgeschritten, daß Wasser als Niederschlag zur Erde fiel; es entstand der Urozean. In den folgenden Monaten schieden sich Land und Wasser, Festland und Ozeane. Etwa September/Oktober brach die Morgenröte des Lebens an: Das Wasser hatte sich so weit abgekühlt, daß Leben darin existieren konnte. Ende November war die Zeit der Riesen-Schachtelhalme und Farne, aus denen sich unsere Steinkohlen ablagerten. Anfang Dezember herrschten die Saurier auf Erden, Mitte Dezember kamen die Vögel, zu Weihnachten die Säugetiere und eine Stunde vor dem Beginn des neuen Jahres das Geschlecht der Menschen. Ein ganzes, langes Menschenleben entspricht in diesem Zeitmaß einer halben Sekunde.

Ein sehr wichtiges Ereignis hat in der jüngeren Erdgeschichte vor allem das Leben auf unserem Planeten entscheidend beeinflußt: die Eiszeit.

Schon Lyell hatte die Vermutung geäußert, das Diluvium, die schöpfungsgeschichtliche Sintflut, sei eine Eiszeit gewesen. Ein Schweizer Gemsjäger regte Geologen zu Alpenuntersuchungen an, die Lyells Ansichten bestätigten.

Heute wissen wir, daß sich vor etwa 600000 Jahren das Klima der Erde wandelte; überall sank die Temperatur. Warum? Wir wissen es nicht; man spricht von einer Umlagerung der Erdpole, einer Änderung der Erdatmosphäre. Mir dünkt es am wahrscheinlichsten, daß die Erde in den Eiszeiten durch Weltraum-Nebel hindurchschwebte. Die Nebelschwaden fingen einen Teil der Sonnenwärme weg, und so sank die Temperatur auf der Erde beträchtlich, in Mitteleuropa wohl um 8–12° C. Von Skandinavien aus schob sich in wiederholten Vorstößen ein riesiger Eiskuchen über einen großen Teil Europas. Die Eisgrenze ist noch heute durch die mitgeführten nordischen Geschiebe markiert, durch Granit und Feuerstein. Von den höheren Gebirgen flossen Gletscher zu Tal. Das Nordlandeis drang bis zu den deutschen Mittelgebirgen vor, die Gletscher der Alpen erreichten die Donau; dazwischen

Grenzen des Eises während der letzten Eiszeit

Heutiger Küstenverlauf Europas

Die Küsten Europas vor der letzten Eiszeit

Urströme vor der letzten Eiszeit

Höhlen mit Wandmalereien und Fundstellen vorzeitlicher Menschen

Europa während des Höhepunktes der letzten Eiszeit
Da von der Wassermasse der Erde so viel in der Eisdecke gebunden war, hatte sich der Meeresspiegel gesenkt, so daß England und Irland mit dem Kontinent verschmolzen und die große, seichte Fläche des Nordseegrundes trocken lag. Auch alle anderen Küstenlinien Europas hatten sich um viele Kilometer weiter vorgeschoben, und Inseln wie Korsika, Sardinien und Sizilien waren in die Landmasse des Festlandes miteinbezogen.

war unwirtliche Eissteppe. Neben Arktis und Antarktis trugen große Teile Europas und Nordamerikas, auch das Feuerland, eine gewaltige Eiskappe. Im ganzen waren damals 55 Millionen Quadratkilometer eisbedeckt, heute dagegen nur 15 Millionen.

Doch die Kälte herrschte nicht ununterbrochen. Allem Anschein nach wechselten vier Kalt- oder Eiszeiten mit drei Warm- oder Zwischeneiszeiten; wahrscheinlich waren dabei die Warmzeiten viel länger als die Kaltzeiten. Die letzte Eiszeit endete vor etwa 10 000 Jahren, also geologisch gesehen vor durchaus nicht langer Zeit. Ist unsere jetzige Warmzeit auch nur eine Zwischeneiszeit? Nichts spricht gegen die Annahme, daß die Erde weitere Eiszeiten erleben wird.

Während der Vereisungen kamen die wärmebedürftigen Tiere um, oder sie wichen nach Süden aus, gefolgt von kältegewohnten Nordlandtieren. So traten an die Stelle der Antilopen die Rentiere; die Urelefanten wichen dem zottigen Mammut, die Katzenarten den Eisfüchsen und Höhlenbären, das nackte Nashorn einem wollhaarigen.

Und der Mensch? Er schützte sich mit dem Pelz seiner Jagdbeute und zog sich in Felshöhlen zurück, wo ihm das Feuer das Überleben ermöglichte.

Denn tatsächlich, er lebte schon!

Damit wollen wir die Geologie, die wir hier des besseren Verständnisses halber zusammenhängend behandelt haben, verlassen. Erdgeschichtliche Erscheinungen werden uns aber noch oft auf dem Wege der Menschheit begegnen. Dann wollen wir immer daran denken, daß unsere Vorfahren noch nicht diesen Einblick in die Erdgeschichte besaßen, den wir soeben getan haben.

Der Narr von Abbeville

Unter Kaiser Napoleon I. konnte man schnell Karriere machen. Als der Kaiser noch der General Napoleon Bonaparte war und 1799 die Macht in Frankreich an sich riß, Erster Konsul wurde, war Jacques Boucher de Perthes (1788–1868), der Sohn des Zolldirektors in einem kleinen Ort an der Somme, erst elf Jahre alt. Mit vierzehn Jahren trat er in das Zollamt seines Vaters ein. Wenige Jahre später verhängte Kaiser Napoleon die Kontinentalsperre gegen England, um dessen lebenswichtigen Europahandel zu erdrosseln und so das Inselreich auf die Knie zu zwingen. Dazu brauchte er eine Menge tatkräftiger Zöllner; einer von ihnen war Boucher de Perthes. Der noch nicht Zwanzigjährige wurde flugs befördert und nach Marseille geschickt. In rascher Folge erhielt er dann wichtige Posten in Genua, Livorno, Foligno, und bei jedem Amtswechsel fiel er die Rangtreppe aufwärts. Schließlich schickte man ihn auf eine große Reise durch Italien und Mitteleuropa, um die Wirkung der gegen England gerichteten Maßnahmen zu untersuchen.

Als Napoleon 1813 gestürzt wurde, war es mit diesen schönen Dienstreisen vorbei. Zwar blieb Boucher de Perthes im Amt, aber die Büroarbeit bei der Zollverwaltung in Paris war stinklangweilig. Da griff er zur Feder und schriftstellerte. Pardon, er dichtete! Aus vollem Herzen besang er den Zauber der Fremde, pries die Moral, und als ein echter Franzose vergaß er auch die Liebe nicht.

1825 trat sein Vater, der inzwischen Zolldirektor in Abbeville geworden war, in den Ruhestand, und da übernahm er dessen Amt. O je, damit war er nun vom Regen in die Traufe gekommen; in dem kleinen Hafen unweit der versandeten Sommemündung war rein gar nichts los. Seiner Schriftstellerei bekam dieser Mangel an Amtspflichten gut; unter anderem schrieb er hier ein fünfbändiges Werk über Ursprung und Aufstieg der Lebewesen. Doch: »Schuster, bleib bei deinem Leisten!« sagten die Fachgelehrten nur und kümmerten sich nicht um den dichterisch verklärten Wälzer.

Eines Tages hörte er, daß Steinbrucharbeiter im Sommetal vorsintflutliche Tierknochen gefunden hätten; auch von behauenen Steinen sprach man. Das interessierte den Zolldirektor. Flugs machte er sich auf den Weg nach Moulin-Quignon, von wo die Nachricht gekommen war.

Nachdenklich betrachtete er die Feuersteinbrocken, die man ihm da zeigte: birnenförmige Stücke, offenbar grob behauen. Hm, waren das etwa primitive Werkzeuge? Er wendete solch einen Brocken nach allen Seiten: Nein, die scharfen Kanten konnten unmöglich ohne menschliche Nachhilfe entstanden sein! Sicher waren flache Stücke von der Steinbirne abgeschlagen worden, wahrscheinlich mit Hilfe eines anderen Steines.

Gab es damals noch keine härteren Materialien, noch keine Metalle? Dann mußten die Stücke sehr, sehr alt sein!

Vielleicht Werkzeuge von Urmenschen?

»Sicher habt ihr diese Feuersteine in den oberen Sandschichten gefunden?« fragte er die Steinbrucharbeiter.

»Aber nein!« beteuerten diese. »Hier unten vom Grunde der Kiesgrube stammen die Steine. In dem feinen Sand da oben gibt es nur Muscheln, unendlich viele Muscheln. Aber im groben Sand darunter und im Kies, da findet man solche Steine. Ja, und Knochen wie die da.« Dabei zeigten sie auf einige versteinerte Röhrenknochen, dick wie Keulen.

Verständlicherweise kannte sich der Zolldirektor mit solcher Ware nicht aus. Er besah sie sich genau, beklopfte sie mit einem Stein, ja, er beroch sie sogar eingehend, schnüffelnd wie ein Jagdhund, der eine Fährte aufnimmt. Tatsächlich hatte er in diesem Augenblick eine Fährte aufgenommen, der er unverdrossen mehr als vierzig Jahre lang gefolgt ist.

Zunächst einmal bewaffnete er sich mit einem Spaten und begann eigene Ausgrabungen; Zeit genug hatte er ja. Außerdem wurde er gut Freund mit den Steinbrucharbeitern der Umgegend, die alle auffallenden Funde für ihn zurücklegten. So bekam er bald eine schöne Sammlung von behauenen Feuersteinen zusammen, manche plump und wenig bearbeitet, andere spitz und scharf wie Dolche, Speerspitzen, Schaber und Pfrieme.

Solche Steine hatte man auch früher schon gefunden, aber achtlos weggeworfen oder als Straßenpflaster benutzt. In Boucher de Perthes aber festigte sich mehr und mehr die Überzeugung, daß es sich um Eolithe, »Werkzeuge der Morgenröte«, handele. Da er neben diesen Steinen Knochen fand, die nach seiner Meinung vom Nashorn, Flußpferd und Mammut stammten, also von in Frankreich längst ausgestorbenen Tieren, verkündete er, daß hier viel früher Menschen gelebt hätten, als man bisher angenommen habe.

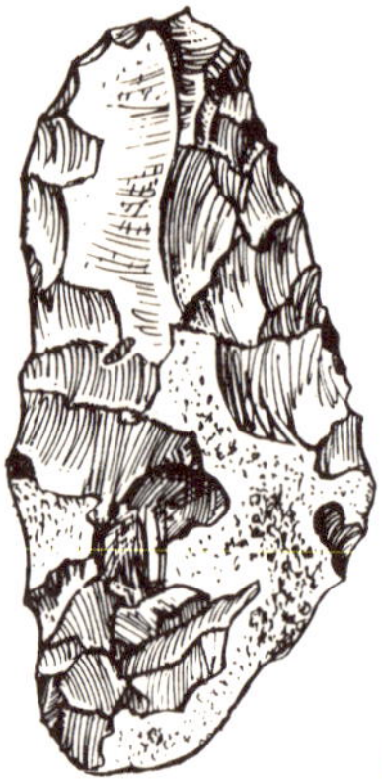

Faustkeil aus dem Abbevillien,
vor etwa 500000–530000 Jahren

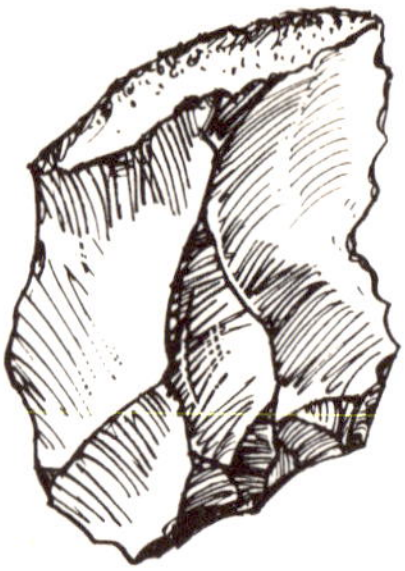

Klinge aus dem Clactonien,
vor etwa 350000–510000 Jahren

Faustkeil aus dem Acheuléen,
vor etwa 200000–490000 Jahren

Zuerst hielt er einen Vortrag über diese Erkenntnis in Abbeville. Dort lächelte man höflich und nachsichtig oder nickte wohl gar mit dem Kopfe. Als er aber in Paris die gleiche Behauptung aufstellte, da lachte man ganz offen über ihn.

Eolithe? Dummes Zeug! Die Steine seien Kieselsäure-Absonderungen niederer Meerestiere, im Laufe der Zeit verhärtet und versteinert, erklärten die Gelehrten. Natürliche Verwitterung habe sie in die jetzige Form gebracht: von Urmenschen-Arbeit keine Spur.

Oho, so leicht ließ sich aber der Zolldirektor nicht für dumm verkaufen! Zehn Jahre hatte er gebraucht, um zur Überzeugung zu kommen, daß es entgegen der herrschenden Meinung doch vorzeitliche Menschen gegeben habe, und diese Überzeugung ließ er sich nun nicht einfach von ein paar voreingenommenen Professoren ausreden. Weitere zehn Jahre lang sammelte er unermüdlich Material zur Stützung seiner Ansicht, obwohl Frankreichs Wissenschaftler ihm nach wie vor die kalte Schulter zeigten. »Sie wandten gegen mich eine Waffe an, die viel mächtiger war als Widerspruch und abfällige Beurteilung, stärker als Satire und sogar Verfolgung: die Waffe der Mißachtung. Sie diskutierten nicht über meine Tatsachen, ja, sie machten sich nicht einmal die Mühe, sie abzustreiten, sie ignorierten sie einfach«, klagte er.

Trotzdem unternahm er 1847 einen neuen Angriff mit einem dreibändigen Werk über keltische und vorzeitliche Altertümer. Er wandte sich darin an das seit je stark ausgeprägte Nationalgefühl seiner Landsleute: Auf Frankreichs Boden habe die Wiege der Menschheitskultur gestanden. Ur-Franzosen hätten schon Elefanten und Mammute gejagt und erlegt. Tausende von Jahren seien seine Feuerstein-Werkzeuge aus dem Sommetal älter als alle anderen Altertümer Frankreichs.

Das zog; solche Sensationen wollte die breite Masse hören. Frankreichs Gelehrte mußten sich wohl oder übel mit dem »verdammten Narren von Abbeville« befassen. Wie nicht anders zu erwarten war, geschah das mit aller Voreingenommenheit. Eine ins Sommetal entsandte Kommission prüfte die Funde flüchtig und verkündete dann voller Gelehrtenhochmut: »Alles Mumpitz! Der Herr Zolldirektor hat eine außerordentlich blühende Phantasie, versteht aber von der Vorgeschichte nicht die Bohne. Wenn er einen Stein findet, der ein paar scharfe Kanten hat, dann ist das gleich ein Zeuge uralter Menschheitskultur.«

»Das haben wir uns doch gleich gedacht!« riefen nun seine vorher begeisterten Leser aus. »Verkündet der Kerl nicht auch sonst allerlei verrückte Weltverbesserungspläne? Schwätzt er nicht von Weltfrieden und Gleichberechtigung der Frauen? Na also! Er ist offenbar ein bißchen lititii. Aber das ist wohl harmlos, und da wollen wir ihm seinen Tick gönnen, wenn er Freude daran hat. Mit der Zeit wird sich das wohl geben.«

Doch es gab sich nicht. Im Gegenteil, Boucher de Perthes schlug in seiner Verzweiflung über die Nichtbeachtung seiner Funde immer stärkere Töne an.

»Das ist kein harmloser Verrückter mehr; der Kerl wird gemeingefährlich!« wetterte nun der hochehrbare Vorgeschichtsforscher Doktor Rigollet in der nicht weit entfernten Stadt Amiens. »Es wird Zeit, daß er unschädlich gemacht wird. Das erreicht man wohl am leichtesten, wenn man ihn mit seinen eigenen Waffen angreift, ihn einfach damit erschlägt.«

Also beschloß er, selber Ausgrabungen vorzunehmen, und dazu wählte er die Kiesgrube von St. Acheul. Er ging hin als Saulus und kehrte zurück als Paulus, denn siehe, er fand auch in dieser Kiesgrube eine Menge Faustkeile und sonstige Steinwerkzeuge vorzeitlicher Menschen. In seinem 1854 veröffentlichten Ausgrabungsbericht bekannte er sich daher unumwunden zu den Forschungsergebnissen seines bisherigen Widersachers.

Das war eine echte Sensation! Nicht nur aus Frankreich, aus ganz Europa, vor allem aus England, kamen nun die Vorgeschichtsforscher zu den Ausgrabungsstätten von St. Acheul und Abbeville. Sie gruben und fanden selbst Zeugen einer echten Steinzeitkultur, zusammen mit Knochen von Mammut und Wollnashorn, Höhlenbär und Riesenhirsch.

1859 hatte der über siebzigjährige »Narr von Abbeville« seinen damals dreißigjährigen Kampf um die Existenz des Vorzeitmenschen auf Frankreichs Boden gewonnen. Obwohl er nun einen späten Triumph erlebte, war er doch nicht ganz zufrieden. Zwar hatte er viele Zeugen des Vorzeitmenschen gefunden, aber von diesem Menschen selbst nicht einmal einen Zahn. Das betrübte ihn sehr, denn er war der festen Überzeugung, daß vom Menschen genauso gut Überreste im Boden stecken mußten wie von den zur gleichen Zeit lebenden Tieren.

Warum fand man so viele versteinerte Knochen vom Höhlenbären, aber keinen fossilen Menschen, obwohl der Vorzeitmensch offenbar den Bären gejagt und erlegt hatte?

Sicherlich waren die zarteren Menschenknochen bisher nur übersehen worden und so der Forschung verlorengegangen!

Um die Arbeiter achtsamer zu machen, sie zu größerer Aufmerksamkeit anzuspornen, setzte er eine hohe Belohnung aus für den ersten Fund vorzeitlicher Menschenreste. Und richtig, das half: Eines Tages, im Jahre 1863, kamen die Arbeiter einer Kiesgrube aufgeregt zu ihm mit einem offenbar menschlichen Kieferknochen.

Boucher de Perthes war entzückt: Also hatte er doch recht gehabt! Unbedenklich erkannte er den Kieferknochen als den eines Steinzeitmenschen an, und laut verkündete er seinen Triumph, die Krönung seines Lebenswerkes.

Nun kommt eine wahre Tragödie: Mißtrauisch forschte ein englischer Archäologe an Ort und Stelle nach, und das Ergebnis war niederschmetternd für den jetzt fünfundsiebzigjährigen Vorzeitforscher aus Leidenschaft. Seine guten Freunde, die Steinbrucharbeiter, hatten ihn wirklich zum Narren gehalten: Der verwitterte Kieferknochen stammte von einem neuzeitlichen Menschen und war heimlich im Steinbruch vergraben worden! Angeblich, um ihrem alten Gönner eine Freude zu machen, wahrscheinlicher aber wegen der ausgesetzten Belohnung. Derselbe englische Forscher fand nämlich heraus, daß schon seit 1860 die Ausgrabungsstellen mit falschen Eolithen gespickt worden waren.

Warum? Nun, seit die Funde als echt anerkannt waren, hatten sie Geldwert bekommen, und die Arbeiter trieben jetzt einen schwunghaften Handel mit nachgemachten Steinwerkzeugen.

Dem alten Forscher brach diese Erkenntnis beinahe das Herz. Er verlor allen Glauben an die Menschheit und zog sich ganz von den Ausgrabungen zurück, obwohl er allerseits von jeder betrügerischen Absicht freigesprochen wurde. Fünf Jahre später starb er, verbittert und mit der Welt zerfallen.

Die drei Zeitalter

Anerkannte Überreste vorgeschichtlicher Menschen gab es zu Napoleons Zeiten noch nicht, wohl aber eine Menge Altertümer, die sicherlich einmal von Menschenhand hergestellt worden waren, die den Menschen vor langen Zeiten als Werkzeuge, Waffen oder Schmuck gedient hatten. Der Mann, der an diese Altertümer viele Fragen stellte und sie nach einem lebenslangen praktischen Studium größtenteils auch beantworten konnte, war bezeichnenderweise ebenfalls ein Außenseiter der Wissenschaft. Einzigartig ist der Werdegang dieses »Vaters der europäischen Vorgeschichte«.

Christian Thomsen (1788-1865) wurde als ältester Sohn eines reichen dänischen Handelsherrn und Schiffsreeders in Kopenhagen geboren. Sein Lebensweg schien ihm daher klar vorgezeichnet, und früh schon half er im väterlichen Geschäft mit; als Fünfzehnjähriger war er dem Vater, der nebenbei auch noch Direktor der dänischen Staatsbank war, bereits zu einer sehr wertvollen Stütze geworden.

»Hast du gehört, daß Generalkonsul Grove wieder zurück ist, Christian?« fragte der von der Börse heimkehrende Vater eines Tages.

Sein Sohn war überrascht. »Nein, Vater. Sind Groves denn für immer heimgekehrt?«

»Ja. Ihnen ist wohl das unruhige Paris leid geworden. Weißt du, es muß da manchmal toll zugehen. Übrigens hat Grove dort gute Geschäfte gemacht. Dem flüchtenden und verarmten Adel hat er eine Menge Kunstschätze abgekauft, offenbar spottbillig.«

»Und hat er sie aus Frankreich herausgeschafft?«

»Ja, die ›Adelaide‹ habe gestern den Rest mitgebracht, sagte er mir. Er hat mich eingeladen, die Gemälde zu besichtigen. Aber du weißt ja, ich finde keine Zeit dazu. Vielleicht gehst du mal vorbei?«

»Gern, Vater! Ich gehe noch heute hin.«

Christian hatte früher mit den beiden Grove-Jungen gespielt. Er freute sich, sie nach langer Zeit wiederzusehen, und es wurde ein froher Abend. Mit den jungen Groves schwelgte er in Erinnerungen an gemeinsame Lausbubenstreiche, aber als der Generalkonsul ihm voller Sammlerstolz die vielen Gemälde zeigte, die er in Frankreich erworben hatte, da gab es nichts anderes mehr für ihn; er war einfach weg.

Überwiegend waren es Gemälde allererster Meister, wirkliche Kunstwerke. Für Christian war es die erste große Begegnung mit echter Kunst, und der junge Däne war im tiefsten Innern erschüttert. Mit immer neuer Bewunderung betrachtete er ein Bild nach dem andern, war hier entzückt von dem leuchtenden Schmelz der Farben, dort von einem zauberhaften Mädchengesicht, ließ sich von der schwermütigen Stimmung eines Seestückes einfangen und freute sich gleich darauf über ein fröhliches, lebensvolles Jahrmarktsbild. Im bunten Wechsel kamen die Bilder auf ihn zu, eines schöner als das andere, und er konnte sich nicht satt daran sehen.

Eifrig erbot er sich, beim Aufhängen der Bilder zu helfen, und der alte Grove nahm seine Hilfe gern an, denn seine eigenen Kinder waren nicht so kunstbegeistert. So verbrachte Christian seine Freizeit künftig größtenteils im Hause Groves, säuberte die Bilder, ordnete sie und hing sie an günstigen Stellen auf, oder er bewunderte sie nur leuchtenden Auges, denn er wurde um so begeisterter, je mehr er sich in ihre Feinheiten vertiefte.

Eines Tages sah ihn so der alte Grove, ganz versunken in die Farbenglut einer südlichen Landschaft. Leise trat er hinter ihn und sagte lächelnd: »Schön, Christian, ja?«

Der Junge schrak zusammen, doch nur einen Augenblick, dann brach es aus ihm heraus: »Ja, schön, Onkel Grove! Wunderschön!« Und nach einem tiefen Atemzug fügte er hinzu: »Weißt du, Onkel Grove, ich will auch Kunstsammler werden, es ist das Schönste, was es gibt!«

»Hoho!« lachte der Konsul überrascht. »Du willst mir wohl gar meine Bilder abkaufen, ja?« Dann sah er ihn abschätzend an, nickte beifällig und meinte: »Du bist schon aus dem rechten Holz, mein Junge! Aber Kunstschätze sammeln ist teuer, wenn man nicht gerade vom Glück begünstigt ist, wie ich das in Paris war. Sieh mal, du wirst sicher noch einige Jahre warten müssen, bis du wirklich große Kunstwerke kaufen kannst. Darum rate ich dir, mit alten Münzen zu beginnen; das ist eine feine Sache. Damit du einen Grundstock hast, schenke ich dir diese alten Münzen, die mir in Paris in die Hände gefallen sind.«

Mit zwiespältigen Gefühlen nahm Christian das wertvolle Geschenk entgegen; er konnte sich nicht so leicht von dem Traum an eine eigene große Bildersammlung trennen. Aber bald nahmen ihn seine Münzen ganz und gar gefangen. Er war unermüdlich im Aufspüren schöner alter Stücke, und nach drei Jahren hatte er schon eine recht beachtliche Sammlung beisammen. Selbstverständlich kannte er auch alle ernsthaften Münzsammler der dänischen Hauptstadt.

So war das Jahr 1807 herangekommen, und nun schlugen die Wogen der großen Politik auch nach dem stillen Dänemark hinüber. England forderte es auf, sich ihm im Kampf gegen Frankreich anzuschließen. Als Dänemark diese Forderung ablehnte, wurde im September 1807 Kopenhagen von der englischen Flotte unter Lord Nelson in Brand geschossen. Das gab eine schreckliche Aufregung in der Stadt. Wie andere Patriziersöhne wurde auch Christian Thomsen als Hilfspolizist eingesetzt. Eifrig half er unter dem Donner der Geschütze, die Ordnung in der schwer getroffenen Stadt aufrechtzuerhalten. Wahllos trafen die Granaten Lagerhäuser und öffentliche Bauten, Wohnhäuser und Kirchen. Brände brachen aus, und als blaugrüne Fanale schmolzen uralte Kupferdächer in der Wut der Flammen.

Unter den getroffenen Häusern befand sich auch das eines Sammlerfreundes, des besten Kenners alter Münzen. Christian half ihm, die kostbare Münzensammlung in das Königliche Antiquitätenkabinett zu tragen. Dadurch wurde der zufällige Treffer eines englischen Linienschiffes zu einer Lebenswende für ihn, denn bei dieser Gelegenheit lernte er die dänischen Vorgeschichtsforscher kennen.

Ihr Führer war Professor Nyerup, ein schon älterer Herr, der aber mit jugendlicher Begeisterung den Gedanken der Einrichtung eines Altertumsmuseums in das dänische Volk getragen hatte. Nun kamen ununterbrochen Kisten und Pakete mit Altertümern aus allen Ecken und Enden des Landes nach Kopenhagen, und der Professor wußte nichts Besseres damit anzufangen, als sie in den Hinterräumen der Königlichen Bibliothek aufzustapeln. Dort blieben sie stehen und verstaubten, denn Professor Nyerup war so schon überlastet.

Christian Thomsen half ihm, so gut er konnte. Als der Professor sein Ehrenamt als Sekretär der Kommission zur Erhaltung dänischer Altertümer aufgab, da wußte er keinen besseren als Nachfolger vorzuschlagen als den jungen Kaufmann Thomsen. Das gab erst einen großen Aufruhr in der Kommission, denn deren Mitglieder waren alle Akademiker. Als aber sonst niemand Lust zeigte, die gewaltige und dazu noch unbezahlte Arbeit des Ordnens und Katalogisierens dieser Menge Altertümer auf sich zu nehmen, wurde Thomsen einstimmig gewählt; Stimmrecht wurde ihm allerdings nicht zugebilligt.

Das war 1816, und Christian war jetzt 28 Jahre alt. Er wußte die ihm widerfahrene Ehre wohl zu schätzen, und er bezahlte sie mit unendlich viel Arbeit. Über tausend Funde lagen verstaubt und ungeordnet auf allerlei Regalen und in wurmstichigen Schränken. Er hatte keinerlei Erfahrung in Museumsarbeit. Da er aber in seines Vaters Lagerhäusern gelernt hatte, die Waren nach dem Material zu ordnen, tat er das auch hier. So unterschied er Stücke aus Stein, Metall und Ton, und er ordnete sie innerhalb dieser Gruppe nach dem Verwendungszweck: Werkzeuge, Waffen, kultische Objekte und Behälter.

Bald merkte er, daß die Gegenstände aus Stein offenbar älter waren als die aus Metall. Vielleich stammten sie aus einer Zeit, da Metalle noch selten und daher teuer waren? Oder man kannte die Metalle noch gar nicht?

Als er 1819 sein Museum eröffnete, enthielten die ersten drei Räume Funde aus Stein, Bronze und Eisen. Damit hatte er unbewußt schon die Zeitalter-Einteilung vorweggenommen, die er später konsequent durchführte:

Steinzeit
Bronzezeit
Eisenzeit

Aus heutiger Sicht habe ich in meinem Buche »Energie bewegt die Welt« die zeitliche Reihenfolge der Entdeckung und des Gebrauchs dieser Materialien kurz geschildert:

»Mit dem Leben kam auf die Erde der Lebenskampf, der Kampf ums Dasein. Im Laufe der Jahrmillionen lernten viele Tiere, sich gegen ihre Lebensfeinde zu wehren, sich zu wehren mit Zähnen und Klauen. Das tat auch der Urmensch, der noch ganz eins war mit der Natur. Aber seine Zähne und die Nägel seiner Hände waren schwach. Instinktiv suchte er sie zu verstärken: Er fand einen handlichen Stein, der seinem Schlage Wucht verlieh, die seine Faust nicht besaß. Er fand einen Knüppel, der seinen Arm verlängerte. Weil sein Gebiß nicht ausreichte, zerriß er mit einem gefundenen Steinsplitter Fell und Fleisch seiner Beutetiere. Doch immer folgte der Urmensch seinem Instinkt: Er war ein Finder, kein Erfinder.

Mit der Verbesserung der gefundenen Werkzeuge, mit ihrer bewußten Anwendung, wurde aus dem ›Werkzeuge findenden Tier‹ der Mensch und zugleich der Techniker. Technik bedeutet nämlich, durch Können einen gewollten Zweck erreichen. Letzten Endes ist das Ziel der Technik, durch planvolle Anwendung von Können und Wissen die Natur dem Menschen zu unterwerfen . . .

Zweierlei befähigte den Menschen hierzu: seine Hand mit dem gegenstehenden Daumen, unerreicht vielseitig und einzigartig in der Natur, und sein gegenüber allen Tierarten überdimensional entwickeltes Gehirn als Werkzeug des Denkens.

So war nur der Mensch in der Lage, zu erkennen, daß man durch ein zufällig im Stein befindliches Loch einen Stock stecken konnte, und damit war der Hammer erfunden – und die Axt, als er dem Hammer eine Schneide gab. Spitze Steinsplitter hatte schon der Urmensch benutzt; als der Mensch aber solche Steinspitzen an Stäben befestigte, erfand er den Speer und erweiterte damit seinen Machtbereich. Jetzt konnte er Wild erbeuten, das nicht zum Greifen nahe war, und durch die Konzentrierung seiner Muskelkraft auf die kleine Speerspitze traf er die körperlich weit überlegene Beute tödlich.

... alle grundlegenden Entdeckungen und Erfindungen wurden in vorgeschichtlicher Zeit gemacht, also vor dem Auftauchen der ersten Schriftzeichen. Dieser größten aller Erfindungen begegnen wir erstmals um die Mitte des 4. Jahrtausends vor der Zeitwende im Nahen Osten; sie schließt die Vorgeschichte ab.

Das Dunkel der Menschenfrühzeit erhellen nur die Funde der Archäologen. Aus ihnen erkennen wir, was damals schon entdeckt war, welche Erfindungen schon gemacht waren, aber wie sie entstanden sind, können wir nur erraten. Nach den hauptsächlichen Materialien, aus denen der Mensch damals Waffen und Geräte herstellte, teilen wir die Vorgeschichte ein in Steinzeit, Bronzezeit und Eisenzeit. Allerdings finden wir diese Kulturen nicht in allen Teilen der Welt zur gleichen Zeit; die Bronzezeit reichte im Nahen Osten bis in geschichtliche Zeiten, und noch heute finden wir in abgeschlossenen Gegenden der Erde, z. B. in Australien, Steinzeitmenschen.

Mit angstvollem Grauen sahen die Menschen der Frühzeit das Feuer des Himmels, das sie als verheerendes Element kennenlernten. Blitze zuckten herab, erschlugen Menschen und Tiere, setzten Bäume und ganze Wälder in Brand. Die tanzende Flamme war schön, gewaltig und grausam zugleich. Eine der größten Ruhmestaten vollbrachte jener tapfere Mensch, der zitternden Herzens dem Himmelsfeuer einen brennenden Ast entriß, das göttliche Feuer zähmte und hütete.

Mit der Eroberung des Feuers als Wärme- und Lichtquelle wurde das Dasein des Menschen in unserem Sinne erst menschenwürdig. Als er es lernte, durch Reiben oder Bohren zu beliebiger Zeit Feuer zu erzeugen, brach er viele Fesseln. Das Feuer erwärmte die kalte Nacht, erhellte das Dunkel und wehrte dadurch wilde Tiere ab. Als er es lernte, seine Nahrung zu kochen, war er nicht mehr auf das angewiesen, was er an unmittelbar Eßbarem fand; durch Trocknen und Räuchern schuf er sich einen Wintervorrat. Das Feuer half ihm, bessere Waffen, Werkzeuge und Geräte zu fertigen: die Spitze des Holzspeeres zu härten, Steine zu spalten, Baumstämme zu Booten auszuhöhlen.

Ursprünglich wurden die in der Natur gediegen vorkommenden Metalle wie Kupfer, Gold, Silber und Meteoreisen als Steine behandelt. Bald fand man, daß sich diese seltsamen Steine leichter bearbeiten ließen, wenn man sie erhitzte, ja, daß man sie durch Schmelzen sogar in neue Formen bringen konnte. Hier und dort fand sich jemand, der sich mit den absonderlichen Eigenschaften dieser seltsamen Steine vertraut machte, Geräte und Waffen daraus schmiedete. Ohne Chemiestudium lernten die Schmiede der Frühzeit, Metalle aus ihren Erzen zu gewinnen, ein Metall mit anderen zu mischen, zu legieren. Das weiche und daher schlecht verwendbare Kupfer wurde durch Zusatz von Zinn zur harten und widerstandsfähigen Bronze. Dieses Metall hat wegen seiner großen Bedeutung für die Entwicklung der Kultur einem ganzen Zeitalter den Namen gegeben.

Weit über die Bedeutung des Bronzeschmiedes hinaus wuchs schließlich der Eisenschmied. Allerdings dauerte es sehr lange, bis er es lernte, durch Schmelzen des Eisenerzes mittels Holzkohle unter Zusatz von Kalkstein, schlackige Eisenbrocken, sogenannte Luppen, zu erhalten. Durch fortgesetztes Erhitzen und Hämmern entfernte er daraus die Schlacke und erhielt so ein schmiedbares Eisen. Doch glaubt nur nicht, daß die Menschen der Bronzezeit das als einen großen Fortschritt empfunden hätten. Reines Eisen ist weicher als Bronze, und diese konnte man durch Gießen formen, Eisen aber nicht. So blieb Schmiedeeisen über ein Jahrtausend ein Metall, das man nicht sehr schätzte.

Aber im 14. Jahrhundert vor Christus machte ein unbekannter Schmied in den Bergen Armeniens eine große Erfindung, mit der er zum Bahnbrecher eines neuen Zeitalters wurde, eben der Eisenzeit. Durch wiederholtes Erhitzen im Holzkohlefeuer und fleißiges Hämmern des Eisens kohlte er die Oberfläche auf, schuf so eine Stahlschicht auf dem weichen Eisen, die bei plötzlicher Abkühlung sehr hart wurde, härter als die härteste Bronze. Schwerter und Pflugschare, Waffen und Werkzeuge aller Art wurden nun aus Stahl geschmiedet.

Die neue Schmiedekunst verbreitete sich in alle Welt und kam um das 4. Jahrhundert vor Christus nach Europa. Eisen ist für die Menschheit wichtiger geworden als Gold oder andere Edelmetalle, und der Verbrauch an

Eisen ist daher zu schier unvorstellbaren Mengen angestiegen. Er liegt um eine Milliarde Tonnen im Jahr, und wenn auch die Erdrinde durchschnittlich aus 4,2 % Eisen besteht und der Erdkern, das glutflüssige Magma, sicherlich noch viel mehr davon enthält, so müssen wir doch damit rechnen, daß in einigen Jahrhunderten das erreichbare und abbauwürdige Eisenerz erschöpft sein wird. Immer und ewig werden wir uns also des Eisens im heutigen Umfange nicht erfreuen können, und wir werden daher auf andere Stoffe ausweichen müssen.«

Nun, bis dahin wird noch viel Wasser ins Meer fließen.

So gelten also heute und für lange Zeit noch die drei Zeitalter, und damit sind wir wieder bei Christian Thomsen angelangt, der sie einführte und damit erstmalig den Begriff der »Zeit« auf die Vorgeschichte der Menschheit anwandte.

Weil er kein Akademiker war, glaubte er nicht wissenschaftlich schreiben zu können, und so ist wenig von ihm veröffentlicht. Das ist schade, denn die vielen tausend Briefe, die er seiner geliebten Altertümer wegen schrieb, zeigen einen bei aller Klarheit farbigen Stil. Sein einziges Buch, der 1836 erstmals erschienene »Führer zu den Skandinavischen Altertümern« gibt nicht nur ein Verzeichnis der wichtigsten Stücke seines Altnordischen Museums, geordnet nach den drei Zeitaltern, sondern auch eine Aufzählung der in den verschiedenen Zeiten üblichen Kunstformen. Dadurch wurde es möglich, auch Stücke aus anderen Materialien, aus Knochen, Holz oder Ton, der richtigen Zeit zuzuordnen.

Übrigens hat Thomsen die ganze Arbeit am Aufbau des Museums vierundzwanzig Jahre lang völlig umsonst geleistet. Erst als er 1840 sein Handelshaus verkaufte, nahm er ein bescheidenes Gehalt an. Da er auch sonst sehr sparsam wirtschaftete, hat Dänemark sein Altnordisches Museum, um das es von ganz Europa beneidet wurde, beinahe umsonst erhalten.

An jedem Sonntag führte der Herr Direktor die Besucher höchst persönlich durch das Museum. Da er sich sein Wissen selbst erarbeitet hatte, verstand er es meisterlich, seinen Zuhörern die Vorgeschichte lebendig werden zu lassen. »Manchmal verbarg er hinter den weiten Schößen seines Rockes ein besonders schönes oder bedeutendes Stück und machte erst lange Ausführungen über dessen Vorgeschichte, um es schließlich genau dann zum Vorschein zu bringen, wenn er berichtete, wie es zum erstenmal in der Erde sichtbar geworden war. Oder er nahm einen schweren goldenen Halsreif aus einem Schaukasten und legte ihn einem hübschen Mädchen um mit dem Bemerken: ›Ja, das waren in alter Zeit schön gebaute Frauen einer stolzen Rasse, wenn sie einen Schmuck von drei Pfund Gewicht tragen konnten.‹«

Thomsens Bedeutung liegt vor allem darin, daß sich fortan jeder Altertumsforscher beim Vergleich von Fundstücken die Frage vorlegen mußte, welcher Zeitepoche die einzelnen Stücke wohl angehören, denn die menschliche Kultur hat sich aus allerersten Anfängen allmählich zu ihrer gegenwärtigen Höhe entwickelt. Niemand konnte jetzt noch glauben, die Morgendämmerung der Menschheitsgeschichte, die Zeit vor der Erfindung der Schrift, sei kurz gewesen und überall gleichartig verlaufen.

Was aus einem Schiffsjungen werden kann

Schade, schade! Du willst also wirklich schon die Schule verlassen, William? Du bist doch erst zwölf Jahre alt!« Der Lehrer strich seinem Schüler William Pengelly (1812–1894), der gekommen war, um sich zu verabschieden, sachte über das Haar.

Dem Jungen ging der Abschied offenbar nahe, denn er schluckte heftig, bevor er niedergeschlagen antwortete: »Ich muß, Herr Lehrer! Mein Vater ist Schiffer und braucht mich als Schiffsjungen.«

Der Lehrer nickte bedächtig. Er war lange genug in Cornwall, der südwestlichen Halbinsel Englands, um zu wissen, daß gegen einen solchen Grund nichts auszurichten war. Fast alle Jungen der Küstenorte gingen frühzeitig zur See; nur ausnahmsweise kamen sie bis in die letzte Schulklasse. Na ja, die meisten dieser Burschen vertauschten gern so früh wie möglich die Schulbank mit dem schwankenden Schiffsboden, die dumpfe Schulluft mit der frischen Meeresbrise. Und er, der Lehrer, hat meist nichts dagegen. Wenn die Bengel in die Flegeljahre kommen, sind sie oft für ihren Lehrer eine rechte Plage. Aber den William hätte er gern noch ein oder zwei Jahre behalten; aus dem hätte was werden können. Schade!

»Da kann man wohl nichts machen«, schloß der Lehrer seinen Gedankengang ab. »Also, mein Junge, bleib brav, und wenn dich was drückt, dann sag's deinem alten Lehrer; ich bin immer für dich da.«

»Good bye, Sir!« antwortete William hastig und lief eilig davon, stracks in sein neues Seemannsleben hinein. Nicht etwa in die weite Welt hinaus, wie ihr vielleicht ein wenig neidisch denkt. O nein, sein Vater besaß nur einen Küstensegler, und mit dem schipperte er meist im Ärmelkanal umher, fast immer in Sicht der Küste. Eine Fahrt nach den Kanalinseln oder gar nach Frankreich hinüber war schon ein Ereignis. Unserem William wurde dies Leben zur See bald recht langweilig; er sehnte sich von Herzen nach Lesen und Lernen, nach Wissen und Bildung. Wie aber sollte ein armer Schiffsjunge dazu kommen?

Nun, was der Pastor Linnäus seinem Sohne hundert Jahre zuvor sagte, galt und gilt immer, damals wie heute: Wozu man ernstlich Lust hat, dazu hat man auch Glück!

Die französische Revolution und der Schmelztiegel der Napoleonischen Kriege hatten in ganz Europa einen Geistesaufbruch mit sich gebracht. Jedem, der ernsthaft lernen wollte, öffneten sich weit neue Tore zum Wissen. William ging festen Schrittes durch diese Tore. Vier Jahre nur hielt er als Schiffsjunge und Kochsmaat aus, dann hing er den Seemannsberuf entschlossen an den Nagel und verschrieb sich ganz den Wissenschaften.

Der Sechzehnjährige, voll von himmelstürmendem Idealismus, fand Mittel und Wege zu einem umfassenden Privatstudium. Mathematik und Naturwissenschaften waren seine Lieblingsfächer, doch erarbeitete er sich auch mit Ausdauer die reinen Geisteswissenschaften. Johann Heinrich Pestalozzi (1746–1827), der große Schweizer Volkserzieher, war kurz zuvor gestorben, aber sein Werk wirkte über seinen Tod hinaus in ganz Europa fort. Eine Erneuerung der Volkserziehung ging von ihm aus. Sie gründete sich auf den inneren Sinn des Menschen für die Ordnung der Welt, auf Liebe und Glauben. Nach diesen Richtlinien eröffnete William Pengelly 1836, also mit 24 Jahren, in dem schönen Seebad Torquay an der englischen Südküste eine Privatschule. Weil er sich sein Wissen schwer hatte erarbeiten müssen, konnte er es hervorragend an seine Schüler weitergeben; er war ein begnadeter Lehrer.

Durch die von James Watt (1736–1819) entwickelte Kolbendampfmaschine konnte zu Beginn des 19. Jahrhunderts in England der Krafthunger von Industrie und Gewerbe gestillt werden. Das hatte einen machtvollen Aufschwung von Englands Industrie zur Folge, die einen Siegeszug ohnegleichen antrat. Die Gütererzeugung wuchs riesenhaft, eine industrielle Revolution bahnte sich an. Dafür brauchte man gute Facharbeiter, Leute mit Köpfchen, denn bei den immer verwickelter werdenden Maschinen war es mit der Hände Arbeit allein nicht mehr getan.

Pengelly war die treibende Kraft für die Gründung einer Mechaniker-Schule in Torquay, die bald einen guten Ruf erlangte; sie wurde zum Vorbild zahlreicher Facharbeiterschulen in England. Überallhin holte man den begeisternden Lehrer zu Gastvorträgen; immer mehr breitete sich seine Arbeit für die Erwachsenenbildung aus. Nach achtjährigem Bestehen schloß er daher seine eigene Schule und gab nur noch gutbezahlten Privatunterricht in seinen Lieblingsfächern. Dazu gehörte auch die Geologie, die Wissenschaft vom Aufbau der Erde, den ihre Entwicklung bestimmenden Kräften und von den ältesten Pflanzen und Tieren. Eifrig begann er nach Fossilien zu forschen und sie zu sammeln. Mit gleichgesinnten Freunden gründete er die Gesellschaft für Naturkunde, die nicht nur Kenntnis verbreiten, sondern auch forschend tätig sein wollte.

Wie konnte das am besten geschehen?

»Ich hab's«, empfing Pengelly eines Tages seine Freunde und erklärte ihnen dann eifrig, daß eine große Forschungsaufgabe ihrer harre. »Ihr habt doch alle schon von der Kents-Höhle gehört, nicht wahr? Sie liegt ja nicht weit von hier, und ihr wißt, daß Pfarrer Mac Enery vor zwanzig Jahren darin eine Menge Steinwaffen und Werkzeuge gefunden hat, dazwischen Knochen von Höhlenbären, Ur-Elefanten und anderen ausgestorbenen Tieren. Es sah ganz so aus, als ob vorzeitliche Menschen in der Höhle gelebt und die Abfälle ihrer Mahlzeiten darin hinterlassen hätten. Der Pariser Knochenpapst Cuvier aber entschied: ›Unsinn! Vielleicht haben Menschen späterer Zeiten Feuerstellen oder Vorratslöcher in den Höhlenboden gegraben, und dabei sind ihre Werkzeuge in ältere Ablagerungsschichten geraten, also zwischen die Tierknochen. Jedenfalls kann man das Alter der Funde nicht mit Sicherheit bestimmen, und daher sind sie bedeutungslos.‹

Vor wenigen Jahren nun hat der Geologe Austen die Kents-Höhle nochmals untersucht und dann rundweg erklärt: ›Mac Enery hat richtig gesehen! Ganz sicher sind die Knochen der Höhlen-Säugetiere und die von Menschen gefertigten Geräte zusammen schon in der Höhle gewesen, bevor sich die in der Bodenschicht stehenden Stalagmiten, die Tropfstein-Säulen, bildeten.‹

Versteht ihr, was das bedeutet? Menschen müssen mit den ausgestorbenen Tieren zusammen gelebt haben; die Menschheit muß viel älter sein, als wir bisher annahmen! Seht, Freunde, diese Frage weiter zu klären wird unsere Aufgabe sein. Wenn wir die Kents-Höhle genau durchforschen, werden wir die Antwort finden, so oder so. Darum: Auf zur Kents-Höhle!«

Seine Freunde stimmten begeistert in den Ruf ein; sie konnten es nicht abwarten, mit den Ausgrabungen zu beginnen. Nun, Pengelly war der richtige Mann, über Jahre hinweg ihre Begeisterung zu erhalten, obwohl die Ausgrabungen durchaus nicht immer sensationelle Funde erbrachten.

Eine methodische Arbeitsweise bei Ausgrabungen kannte man damals noch nicht. Immerhin achtete unser Amateurgeologe streng darauf, daß seine Freunde und Helfer alle Fundstücke säuberlich registrierten und die Fundstellen aufskizzierten. So kamen sie alle im Laufe der Jahre zu der Überzeugung, daß eine spätere Einbringung der Menschheitszeugen in den Boden der Höhle ausgeschlossen sei.

So sahen die Eiszeitmenschen ihre Tierwelt

Felsritzzeichnung eines Löwenkopfes aus der Höhle von Les Combarelles bei Les Eyzies (Südfrankreich)

Wandmalerei aus der Höhle von Font-de-Gaume bei Les Eyzies, ein wollhaariges Nashorn darstellend

Die auf einem Knochen meisterhaft ausgeführte Ritzzeichnung eines äsenden Rentieres aus der Keßlerlochhöhle von Thayngen bei Schaffhausen am Rhein

Die von Pengelly veröffentlichten Ergebnisse der Ausgrabungen wurden aber von den Fachgelehrten weiterhin ungläubig aufgenommen. »Denkt daran, daß die Höhle schon mindestens zweimal vorher durchwühlt worden ist; wie leicht können da die Schichten durcheinandergeraten sein«, gaben sie mit einem gewissen Recht zu bedenken.

Aber Pengelly blieb eisern bei seiner Meinung, und sein Wort galt viel; mancher Gelehrte wurde unsicher.

»Da, guck mal, Jack«, rief ein mit Abräumung beschäftigter Arbeiter im Steinbruch auf dem Windmühlen-Hügel oberhalb des Hafens Brixham seinem Arbeitskameraden zu, »hier ist eine Höhle.«

Tatsächlich, eine geräumige, wenn auch hoch mit Steinen und Geröll aufgefüllte Höhle führte hier in den Berg. Schnell wurde der Eingang erweitert, denn man war natürlich neugierig, wie es drinnen aussah. Aber bevor die Arbeiter eine genauere Untersuchung vornehmen konnten, kam der Steinbruchbesitzer dazu. Er trieb sie fort und versperrte den Eingang, denn er kannte den Streit um die Kents-Höhle. Schleunigst meldete er diese noch unberührte Höhle nach London.

Da zeigte es sich, welchen Namen sich Pengelly inzwischen erworben hatte: Sowohl die hochberühmte Royal Society, die Königliche Gesellschaft der Wissenschaften, als auch die Geologische Gesellschaft forderten Pengelly auf, die Höhle auszugraben. Zur Hilfe werde man ihm fünf bekannte Geologen beigeben.

Nun, daß diese Fachgelehrten in erster Linie den Amateurgeologen Pengelly überwachen sollten, war diesem durchaus klar, ebenso, daß sein wissenschaftlicher Name von dem Ergebnis dieser Untersuchung abhing. Aber der ehemalige Schiffsjunge fürchtete sich nicht; er war seiner Sache vollkommen sicher. Während des ganzen Winters 1858/59 ließ er seine Arbeiter vorsichtig und Zoll für Zoll die Tropfsteinschicht auf dem Boden der Höhle freilegen. Sowohl er als auch die fünf Geologen achteten sehr sorgfältig darauf, daß in der festen Tropfsteinschicht keine Lücke, kein älterer Durchbruch vorhanden war. Erst als dies einwandfrei feststand, durchstießen sie die Tropfsteinschicht.

Die Ausgrabungen wurden zu einem wahren Triumph für Pengelly, denn zwischen den Tropfsteinsäulen und in den Schichten darunter fanden sie zahlreiche Knochen von Höhlenbären und Höhlenlöwen, ja auch von der Hyäne, dem wollhaarigen Nashorn, dem gewaltigen Mammut und vom Rentier. Zwischen diesen Knochen aber und selbst noch darunter lagen

Schädelskelett und Rekonstruktion eines Säbelzahntigers. Besonders deutlich wird hier die Größe der beiden dolchartigen Fangzähne im Oberkiefer dieses Raubtieres, das beinahe doppelt so groß war wie unser heutiger Königstiger.

zahlreiche Feuersteinwerkzeuge, bei denen keinerlei Zweifel bestehen konnte, daß sie von Menschenhand bearbeitet waren.

Jetzt gab es keine Ausrede mehr, kein Ausweichen vor der Erkenntnis, daß der Mensch viel älter sei, als man je für möglich gehalten hatte. Die fünf Fachgeologen, die man Pengelly so fürsorglich beigegeben, bestätigten seine Feststellungen in jeder Hinsicht. So konnte jetzt kein Zweifel mehr bestehen, daß der Mensch tatsächlich mit den ausgestorbenen Tieren zusammen gelebt, sie offenbar sogar im Kampfe überwunden hatte. Wie mutig mußten diese Menschen gewesen sein, wenn sie sich mit ihren primitiven Steinwaffen an solche Tierkolosse herangewagt hatten!

Zufällig bereisten zwei der Geologen, die an den Ausgrabungen auf dem Windmühlen-Hügel teilgenommen hatten, im Frühjahr 1859 Frankreich. Sie versäumten nicht, Abbeville zu besuchen, um sich die Sammlungen von Boucher de Perthes anzusehen. Entzückt stellten sie die große Übereinstimmung mit den englischen Funden fest, und sie berichteten darüber auf mehreren Kongressen. Wenngleich widerstrebend, mußte die Wissenschaft nun doch die Forschungsergebnisse sowohl von Boucher de Perthes als auch die von Pengelly anerkennen.

Ratlos standen die Gelehrten vor den Scherben ihres bisherigen Geschichtsbildes vom Menschen. Wie aber sollte das neue Bild aussehen?

Nun, bevor wir uns dieser Frage zuwenden, wollen wir uns kurz von unserem ehemaligen Schiffsjungen verabschieden. Er führte noch viele geologische Untersuchungen durch, uns aber interessiert in erster Linie, daß er später fünfzehn Jahre lang die Kents-Höhle nochmals auf das genaueste durchsuchte. Zahlreiche wichtige Funde erhärteten dabei die bisherigen Forschungsergebnisse. So fand er Überreste des ausgestorbenen Säbelzahntigers, der beinahe doppelt so groß war wie unser heutiger Königstiger. Die zwei langen, scharfen Fangzähne im Oberkiefer machten ihn zu einem gefährlichen Raubtier, das sich auch an Großwild heranmachte. Wie mag sich der kleine, unbeholfene Mensch der Vorzeit seiner erwehrt haben?

Pengelly war schließlich einer der bekanntesten englischen Gelehrten seiner Zeit; obwohl er mit zwölf Jahren die Schule verlassen hatte, wurde er Mitglied der vornehmen Royal Society. Mit 82 Jahren ist er in seinem geliebten Torquay gestorben, betrauert von vielen Arbeitern, die ihm ihr Fachwissen verdankten, betrauert auch von der ganzen gelehrten Welt.

Ein Paradies der Urmenschen

»Sieh mal, Jean, was ich hier vor der Karnickelhöhle gefunden habe«, sagte Pierre, einer der Straßenarbeiter, die im Sommer 1852 die Straßen um den kleinen Ort Aurignac ausbesserten.

Jean sah flüchtig zu Pierre hinüber, der am Straßenrand vor einer Felswand stand, sah etwas Weißes in seiner Hand und fragte gleichgültig: »Einen Stein?«

»Nein, einen Knochen!«

»Kaninchen fressen Gras«, stellte Jean sachlich fest.

»Eben, und da außerdem der Knochen völlig versteinert ist, glaube ich, daß das Kaninchen ihn aus seinem Bau herausbefördert hat. Schau ihn dir doch mal an. Könnte das nicht ein Menschenknochen sein?«

»Du meinst, daß die Kaninchenhöhle in ein Grab führt?« Jean schaute sich den tatsächlich ganz zu Stein gewordenen Knochen an, wiegte zweifelnd den Kopf und sagte dann entschieden: »Nein, das glaube ich nicht. Wie sollte hier ein Grab in die Steinwand kommen?«

Sein Kamerad hatte sich unterdessen die Steinwand näher angesehen, trat jetzt ganz dicht heran und rief aufgeregt: »Mensch, Jean, die Steinplatte hier ist von oben heruntergerutscht! Hilf mir, sie herüberzukippen! Wer weiß, was dahinter steckt!«

Tatsächlich, bei genauem Hinschauen sah man deutlich oben an der Steilwand die Stelle, wo die Steinplatte fehlte. Eifrig machten sich die beiden daran, die fest an den Fuß des Felsens gedrückte Platte loszuwuchten. Aber sie war in den Boden eingedrungen und dort im Laufe der Zeit festgeschwemmt worden. Hastig machten sie sich mit Hacke und Spaten daran, sie freizulegen. Neugier ist eine starke Triebfeder, und sie waren mächtig neugierig, was hinter der Platte steckte.

So, jetzt mußte sie loszukriegen sein! Beide zwängten sie an geeigneten Stellen ihre Hackenstiele hinter die Platte, um sie loszuwuchten. Ja, von wegen, die Platte rührte sich nicht!

Jean und Pierre wischten sich den Schweiß von der Stirn. Den ganzen Morgen hatten sie nicht so gearbeitet wie jetzt, wo sie die Platte losbrechen wollten, eine Steinplatte, die sie eigentlich nichts anging.

Wäre doch gelacht, wenn sie das nicht schafften! Verbissen machten sie sich erneut an die Arbeit, legten die Platte noch weiter frei und steckten wieder die Hacken dahinter.

Da, hatte sie sich nicht etwas bewegt? Los, jetzt nicht nachgeben: Hau ruck! Hau ruck! Hurra, sie kommt! Sie kommt!

So, jetzt noch mal feste! Ihre Muskeln spannten sich, Pierre kommandierte: »Eins, zwei, drei, los!« Mit aller Macht warfen sie sich rückwärts, rissen an den Stielen, die sie als Hebel angesetzt hatten.

Rumms, da kippte die schwere Platte! Jeans Hebel rutschte ab und schon zappelte er auf dem Rücken, Pierre aber wäre um ein Haar unter die Platte zu liegen gekommen. Doch gelenkig wie ein Affe war er der Gefahr gerade entgangen, hatte eben noch zur Seite springen können.

Dort aber, wo die Steinplatte an der Felswand gelehnt hatte, da gähnte ein dunkles Loch: Eine Höhle führte in den Fels!

Obwohl sie etwas Ähnliches vermutet und erhofft hatten, waren sie jetzt doch überrascht. Mit einer gewissen Scheu betraten sie die Höhle, und beim Stochern im Höhlenschutt fanden sie sehr bald weitere Knochen: ganz zweifellos Menschenknochen. Da unterrichteten sie den Ortspfarrer. Der Priester ließ gewissenhaft die Knochen bergen; siebzehn Skelette zählte man. In geweihter Erde wurden sie auf dem Friedhof der kleinen Gemeinde beigesetzt. Gras wuchs über dem Grab. Eine Zeitlang war der Höhlenfund noch das Ortsgespräch, dann vergaß man ihn allmählich.

Acht Jahre später kam ein gewisser Edouard Armand Isedore Hippolyte Lartet (1801–1871) nach Aurignac und erkundigte sich eingehend, ob es in der Umgebung Höhlen gebe. Als man ihm daraufhin von der Höhle der siebzehn Skelette erzählte, wurde er schrecklich aufgeregt. Er hatte aber auch Grund zur Aufregung. –

Lartet war ein Kind der Pyrenäen, des hohen Grenzgebirges zwischen Frankreich und Spanien. Er liebte das Land der Garonne, deren Quellen fast zweitausend Meter hoch im spanischen Teil der Pyrenäen liegen. Als er sein juristisches Studium abgeschlossen hatte, ließ er sich in seinem Heimatdorf Castelnau-Barbarens als Rechtsanwalt nieder. Allzu groß war das Einkommen aus seiner Praxis nicht, dafür ließ sie ihm aber Zeit, sich seinen naturkundlichen Liebhabereien zu widmen. Er hatte sich das neue Buch

Cuviers über Säugetierfossilien mitgebracht und las nun begeistert, was der Pariser Knochenpapst über die »Denkmünzen der Schöpfung« schrieb, über die versteinerten Reste der ausgestorbenen Säugetiere, des Mammuts und Wollnashorns, des Höhlenbären und des Riesenhirsches.

Ja, und eines Tages brachte ihm ein kleiner Bauer, für den er einen Prozeß führte, einen riesigen Backenzahn, den er aus dem Boden gepflügt hatte. Flugs sah Lartet im Cuvier nach: kein Zweifel, der Zahn stammte von einem Mastodon, einer ausgestorbenen Elefantenart! Das brachte ihm so recht zum Bewußtsein, daß in seiner Heimat diese urtümlichen Tiere gelebt hatten, die ausgestorben waren, bevor der Mensch auf der Erde erschien.

So wenigstens sagte Cuvier. Ob er recht hatte?

Lartet wurde von dieser Stunde an Urzeitforscher, gebrauchte in seiner Freizeit Hacke und Spaten und durchforschte systematisch den Boden der Nachbarschaft. Nein, in den ersten Jahren fand er nicht viel, aber er arbeitete sich gründlich ein in die geologischen Untersuchungsmethoden. Erst nach vier Jahren fand er bei Auch, der nächstgelegenen Stadt, Fossilien aus dem Tertiär, also aus der Zeit, in der die Säugetiere vorherrschend wurden.

Diese Funde führten zu einem Wendepunkt in Lartets Leben. Der Forscherdrang entwickelte sich übermächtig in ihm, fegte alle Bedenken weg. Mit dreiunddreißig Jahren gab er seine Praxis auf und entschloß sich, nur noch der Durchforschung der Pyrenäen-Ausläufer zu leben. Das war kein leichter Entschluß, denn wenn er auch einige Mittel besaß, so konnte man ihn doch nicht reich nennen. Aber er wurde schnell durch die Entdeckung der berühmten Fundstellen von Sansan belohnt. Hier fand er in tertiären Ablagerungen eine Unmenge gut erhaltener Versteinerungen der damaligen Tierwelt, Frühformen der zu jener Zeit machtvoll aufkommenden Säugetiere. Fünfzehn Jahre beschäftigten ihn die Sansan-Funde, unter denen er Knochen des Pliopithecus fand, eines ausgestorbenen Affen der Gibbon-Art, und des Dryopithecus, eines menschenähnlichen Affen, der im Tertiär Europa, Nordafrika und Asien bewohnte, aber dann ausgestorben ist.

Natürlich wußte Lartet, daß sich die Fachgelehrten darüber stritten, ob der Mensch schon während der Eiszeiten oder wohl gar während der vorhergehenden Erdperiode, dem Tertiär, gelebt habe, ob er Zeitgenosse des Mammuts und des Höhlenbären oder wohl gar des Urelefanten war. Er kannte die Faustkeile und anderen Steinwaffen von Abbeville, und er war geneigt, Boucher de Perthes beizustimmen, der jahrzehntelang den tertiären Menschen suchte. Er überlegte sich, wo denn wohl Urmenschen gewohnt haben könnten, wenn sie in seiner Heimat, in den südfranzösischen Felslandschaf-

Das Mastodon – dem heutigen Elefanten verwandt – war ein zeitlicher Vorgänger des Mammuts und starb in Europa am Ende des Tertiärs aus, während es in Amerika noch im Quartär lebte. Ein Backenzahn des Mastodons (unten) wog zwischen vierzehn und sechzehn Pfund.

ten, gelebt hatten. »Natürlich in den vielen Felshöhlen und unter den überhängenden Felswänden«, beantwortete er sich diese Frage, und hinfort untersuchte er planmäßig diese Orte.

So, nun könnt ihr verstehen, daß ihn die Nachricht elektrisierte, in der Höhle von Aurignac seien Menschenskelette gefunden worden. Voller Hoffnung machte er sich an die Durchforschung der Höhle. Zwar standen ihm die in geweihter Erde bestatteten Skelette nicht mehr zur Verfügung, doch konnte er an den an der Oberfläche liegenden Steinwerkzeugen erkennen, daß die hier gefundenen Menschen aus der Zeit der Polierten Steine stammten. So nannte man damals die Jungsteinzeit zur Unterscheidung von der eigentlichen Steinzeit, dem Zeitalter der ausgestorbenen Tiere.

Als er nun die Höhle systematisch ausgrub, erkannte er bald, daß sie mehrere Schichten ehemals bewohnten Bodens enthielt. Nur die oberste Schicht stammte aus der verhältnismäßig jungen Zeit der Polierten Steine. Unter ihr aber lagen Schichten mit plumper zugerichteten Feuersteinen und Geräten aus Knochen und Elfenbein. Die außerdem gefundenen Tierknochen entsprachen denjenigen, die in den oberen Schichten der Kents-Höhle in England gefunden worden waren; menschliche Knochen fand er zu seiner großen Enttäuschung nicht.

Doch die Höhle von Aurignac bestärkte ihn in der Überzeugung, daß sein Gedanke richtig sei, daß er in einer der dunklen Höhlen seiner weiteren Heimat dem Urmenschen begegnen werde. Also suchte er unverdrossen weiter.

Im September 1860 betrat er mit seinem Freunde Fontan erstmals eine Höhle bei Massat. Darin fanden sie sehr bald eine Schicht mit zahlreichen Tierknochen, Feuersteinen, Geweihstücken und sonstigen Abfällen urzeit-

Die Gravierung auf dieser Rentiergeweihspitze stellt den Kopf eines Höhlenbären dar. Das gezeigte Stück stammt aus der erwähnten Höhle bei Massat.

licher Jäger. »Alfred, hier war eine Urmenschen-Siedlung!« rief er seinem Freunde zu, griff nach einem breiten Geweihstück und wischte es sorgfältig ab.

»Was ist los, Edouard?« fragte der Freund besorgt, als er sah, daß Lartet vor Aufregung zitterte. Als Antwort reichte der ihm das Geweihstück, und Fontan sah auf den ersten Blick Linien darauf, offenbar von ungelenker Hand eingeritzt.

Was mochten sie darstellen? Einen Tierkopf?

Ja, zweifellos den Kopf eines Tieres! Dichter an seine Augen hielt Fontan die Gravur; genau prüfte er die Linien. Als er seine Augen jetzt auf den Freund richtete, lag Staunen darin: »Ein . . . ein Höhlenbär?« fragte er zweifelnd.

»Ja, Alfred, ein Höhlenbär! Und begreifst du, was das bedeutet?

Als vor zwanzig Jahren der Rechtsanwalt Brouillet in einer Grotte bei Sevigné Rentierknochen mit eingeritzen Bildern von Pferden und Hirschen fand, da sagte man, Kinder unserer Zeit hätten sie eingeritzt. Gut, unsere Kinder kennen Pferde und Hirsche, aber sie kennen keinen Höhlenbären! Den kennen nur wenige Fachgelehrte! Dies hier ist der Beweis, daß Höhlenbären und Menschen zu gleicher Zeit lebten! Und daß diese Menschen geistig rege waren, daß sie mit wachen Augen in ihre Welt schauten, daß sie diese Welt sogar darstellen konnten.«

»Mit diesem Fund wird das Alter der Menschheit um Zehntausende von Jahren vergrößert!« Als Lartet in seinem Fundbericht solche Schlußfolgerungen zog, erhielt er viele Zuschriften. Die meisten Wissenschaftler waren ungläubig und kamen mit den abwegigsten Gegenbeweisen. Ein Sammler aus der Dordogne, dem Nachbar-Departement, aber schickte handfeste Beweise für Lartets Ansicht: einen Kasten voll Feuersteine und Knochen, die er im Tal der Vézère gefunden hatte. »Unter den Felswänden von Les Eyzies gibt es noch viele solcher Fundstücke«, schrieb er dazu.

Lartet war begeistert und beschloß sofort, das Tal der Vézère zu durchsuchen. Zuvor aber schrieb er seinem englischen Freund, dem Bankier Henry Christy, und lud ihn zur Teilnahme an den Ausgrabungen ein.

Christy hatte als fleißiger Sohn eines reichen Vaters in seiner Jugend viel Geld »gemacht«. Als er vierzig Jahre alt war, fand er, daß es nun des Guten genug sei. Er legte sein Geld ertragreich an und begab sich auf Reisen.

Was tut ein reicher Mann auf Reisen? Er sammelt völkerkundliche Kuriositäten!

Christy interessierte sich besonders für die Jagdgemeinschaften primitiver Völker. Viel Material über die nordischen Nomaden, die Lappländer, befindet sich im Nordischen Museum in Stockholm, über die Eskimos Grönlands in Kopenhagen. Also fuhr Christy wiederholt nach Schweden und Dänemark. Dort stöberte er in Thomsens berühmtem Prähistorischem Museum, das nach dem neuen System der drei Zeitalter geordnet war. Prompt beschloß er, auch die Jagdgeräte der Vorzeitmenschen in seine Sammlung aufzunehmen. Als er 1858 von jahrelangen Reisen durch Nord- und Mittelamerika zurückkehrte, machten gerade Pengellys Ausgrabungen in der Kents- und Windmühlen-Höhle von sich reden. Christy trat mit Vorzeitforschern in Verbindung und lernte so auch Lartet kennen, mit dem er sich anfreundete. Als dieser ihn nun zu seinen Forschungen im Vézère-Tal einlud, war er sogleich Feuer und Flamme dafür.

So trafen sich die Freunde in Les Eyzies, dem größten Dorf des dünnbesiedelten Vézère-Tals. Gletscherwasser haben sich hier in Urzeiten in den Kalkstein eingefressen, phantastische Felsgebilde ausgewaschen, weit überhängende Felswände geschaffen, tiefe Höhlen ausgespült. Ja, hier konnte der Urmensch Schlupfwinkel finden, Schutz vor den Unbilden der Witterung, Schutz auch vor seinen Zeitgenossen, Menschen und Tieren.

Lartet und Christy waren begeistert von dieser Forschungsstätte. Christy übernahm spontan alle Kosten der Ausgrabungen. Seine Mittel erlaubten es ihm, großzügig vorzugehen, und so ließen die Erfolge nicht lange auf sich warten.

Fast alle untersuchten Felsüberhänge, die man in der Gegend »abri«, also »Schutz«, nennt, waren bewohnt gewesen. Man fand in diesem »Paradies

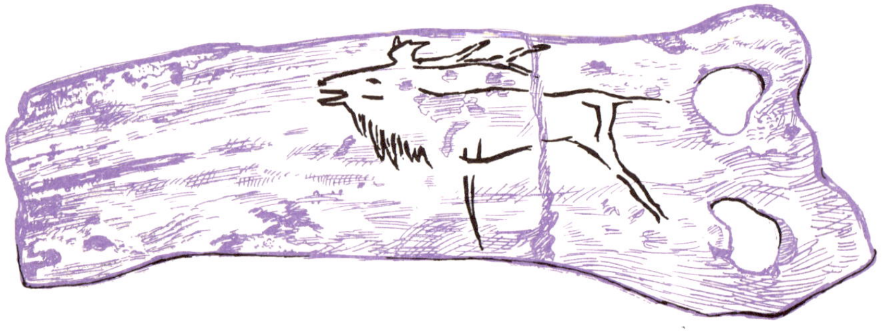

Gravierung auf einem Knochen, einen flüchtenden Hirsch darstellend. Das Fundstück stammt aus der Höhle von Les Hoteaux (Ostfrankreich).

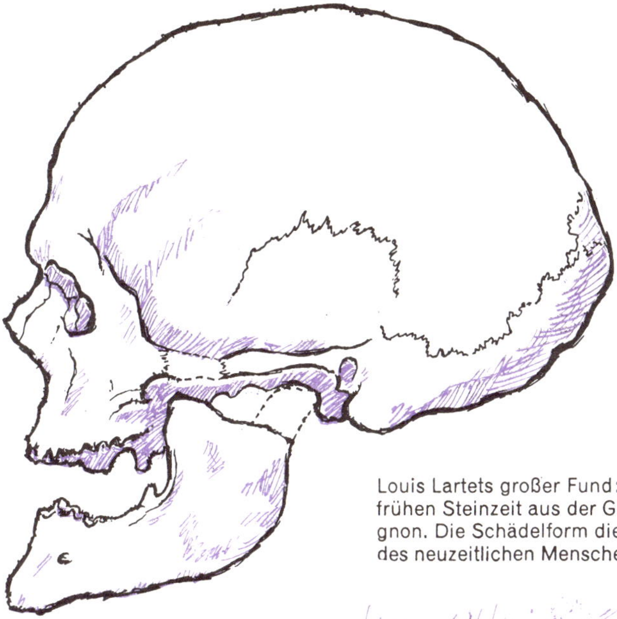

Louis Lartets großer Fund: der Mensch der frühen Steinzeit aus der Grotte von Cro Magnon. Die Schädelform dieser Rasse ist der des neuzeitlichen Menschen sehr ähnlich.

So sah sich der frühe Steinzeitmensch selbst. Die Felsritzzeichnung zeigt das Kopfbild eines Mannes mit Spitzbart aus der Höhle von Les Combarelles (Südfrankreich).

der Urmenschen« Stellen, wo sich der Abfall ihrer Bewohner vier Meter hoch angesammelt hatte. Beim senkrechten Durchstechen dieser Ablagerungen konnte man deutlich viele Schichten erkennen: dunkle, fast schwarze aus Asche, Holzkohle und verwesten Abfällen, vermischt mit Knochen, Feuersteinen und Muscheln, wechselnd mit hellen Schichten vom Winde angewehten Sandes und vom Wasser angespülten Kieses. Diese hellen Schichten waren entstanden, wenn während langer Zeit die »Wohnungen« ohne Bewohner gewesen waren.

Die Fundstücke aus den oberen Schichten unterschieden sich deutlich von denen der unteren Schichten. Leicht konnte man Beziehungen herstellen zu den Funden an der Somme und selbst zu denen im meerumspülten England. Innerhalb weniger Jahre wurden viele tausend Fundstücke zusammengetragen, sorgfältig registriert und in Kulturklassen eingeteilt. Viele Museen erhielten Vergleichsstücke, und Forscher in aller Welt erwarteten gespannt die Berichte aus Les Eyzies und den benachbarten Grabungsstellen La Madeleine und Le Moustier.

Das Jahr 1864 brachte einen Höhepunkt der Grabungsarbeiten: Unter einem überhängenden Felsen lag ein Mammutstoßzahn, in den mit einem Feuerstein ein Mammut geritzt war! Die Fundschicht war eindeutig unberührt; seit der Eiszeit hatte offenbar kein Mensch hier geweilt. So war der Fund ein überzeugendes Dokument dafür, daß der Mensch das Mammut noch gekannt, daß er die Eiszeit erlebt hatte.

Bald nach diesem glückhaften Fund traf die fruchtbare Forschungsgemeinschaft ein harter Schlag. Der tatkräftige Christy, der mit unerhörter Energie die Ausgrabungsarbeiten vorwärtsgetrieben, sie großzügig finanziert hatte, zog sich Anfang Mai 1865 eine schwere Lungenentzündung zu, an der er innerhalb weniger Tage starb, erst 54 Jahre alt.

Der zehn Jahre ältere Lartet stand nun plötzlich allein, seines Freundes und Helfers beraubt, fast ohne alle Mittel; er verzweifelte schier. Doch Christys Freundschaft wirkte über den Tod hinaus. Sein Testament sicherte die Fortführung der Arbeiten und ihre wissenschaftliche Auswertung.

Lartet überlebte seinen Freund um knapp sechs Jahre, in denen er die Ergebnisse der Ausgrabungen veröffentlichte. Mit aller Klarheit bewies er der wissenschaftlichen Welt, daß man im Paradies der Urmenschen drei deutlich unterscheidbare Lebensperioden erkennen kann:

1. Die Zeit des Flußpferdes und des tropischen Elefanten, in die auch die Geräte von Abbeville und St. Acheul gehören. Damals herrschte in Westeuropa ein warmes subtropisches Klima mit einer üppigen Pflan-

zen- und Tierwelt. Der Mensch fand leicht seine Nahrung; er jagte, wohnte und schlief unter freiem Himmel.

2. Dann wurde es kalt und rauh, die Eiszeit brach herein und herrschte viele zehntausend Jahre. Nur kältegewohnte Tiere des Nordens oder solche, die sich anpassten, konnten überleben. Höhlenbär und Mammut sind die Charaktertiere dieser Zeit. Der Mensch trotzte den Unbilden der Witterung, indem er sich in Höhlen zurückzog und durch das Feuer die Kälte erträglich machte.
3. Dann kam die Rentierzeit. Der Mensch lebte zwar weiterhin in Höhlen und unter schützenden Felsen, doch hatte er in der langen Kaltzeit, die ihm das Überleben schwermachte, eine bemerkenswerte geistige Entwicklung durchgemacht. Seine Werkzeuge, Waffen und Geräte waren vervollkommnet und verfeinert, ja, er hatte sich sogar schon einen Begriff von künstlerischen Formen angeeignet.

Im großen und ganzen gilt dies Bild vom allmählichen Fortschritt der Menschenentwicklung unter starken klimatischen Veränderungen, wie Lartet es nach den Funden im Vézère-Tal entwarf, noch heute.

Aber das Tal der Urmenschen barg noch ein Geheimnis, es barg den Urmenschen selbst! Nicht durch systematische Suche, sondern durch einen Zufall wurde er entdeckt.

1868 wurde die Eisenbahn nach Les Eyzies gebaut. Dabei entdeckte man in der Nähe des kleinen Dorfes Cro Magnon eine Grotte, die fast ganz mit Schutt gefüllt war. Natürlich berichtete man Lartet von dieser Höhle, und der schickte schleunigst seinen Sohn Louis zur Untersuchung los. So fiel dem erst Vierundzwanzigjährigen eine der größten Entdeckungen der Menschheitsgeschichte in den Schoß. Unter Schutt fand er nicht nur vielerlei sorgfältig behauene Feuersteine, Geräte aus Rentiergeweihen, Schmuck aus Elfenbein, Tierzähnen und Schneckengehäusen, sondern auch die Skelette einer ganzen Familie von Eiszeitmenschen, eine Frau mit Kind und drei Männer.

Lartet deutete die Höhle als Grabstätte: »Die Spuren mehrfachen Aufenthaltes von Menschen in der Grotte rühren von einem und demselben Jägervolke her, das die Grotte anfangs wohl nur auf der Jagd als Unterschlupf benutzt haben mag, wo man zusammenkam, um die in der Nachbarschaft erbeuteten Tiere zu teilen. Später haben sie dauernd darin gewohnt. Und endlich, als durch die Anhäufung ihrer Küchenabfälle, die den Boden mehr und mehr erhöhten, die Höhe bis auf ein Meter zwanzig verringert und für ein Wohnen unbequem geworden war, sind sie nach und nach abgezogen und werden nur noch zurückgekehrt sein, um ihre Toten dort unterzubringen. Seitdem ist die Höhle nicht mehr zugänglich gewesen, höchstens noch den Füchsen. Die allmählich fortschreitende Verwitterung hat dieses merkwürdige Grab mit einer mächtigen Schicht überdeckt, die allein schon Zeugnis von ihrem hohen Alter ablegt.«

Gewiß, so mag es gewesen sein.

Die genaue Untersuchung der Skelette aber ergab die merkwürdige Tatsache, daß die kleine Schar eines gewaltsamen Todes gestorben ist. Vor allem die Frau zeigte unverkennbare Spuren eines heftigen Schlages mit einem scharfen Instrument über die Stirn. Noch merkwürdiger ist, daß diese Stirnwunde bereits am Heilen war, als der Tod sie ereilte, und daß ihr Kind noch nicht geboren war. Welche Tragödie mag sich damals, vielleicht vor dreißigtausend Jahren, dort abgespielt haben, wo sich jetzt das in den Felsen gebaute Badezimmer des Hotels Cro Magnon befindet? Ein schauerliches Mordgeheimnis geistert um diese Urmenschen-Familie.

Für die Menschenforscher war der Cro-Magnon-Mensch eine echte Überraschung.

Der Träger der frühen Steinzeitkultur war ein großer, grobknochiger Menschenschlag. Kennzeichnend waren eine breite und hohe Stirn, vorstehende Backenknochen und ein kräftiges Kinn. Sein Gehirn war wahrscheinlich größer als das eines heutigen Menschen. Er lebte mit den großen Tieren der Späteiszeit zusammen, besiegte mit Faustkeil und Feuersteinmesser das riesige Mammut und den Höhlenbären, war ein geschickter Handwerker, ja ein Künstler in vielerlei Hinsicht. Er ahnte das Geheimnis des Todes und gab den Verstorbenen Werkzeug und Nahrung mit ins Grab. Völkerkundliche Untersuchungen haben ergeben, daß er zweifellos ein echter Vorfahre der heutigen Menschen ist. Mittel- und Nordeuropa, Nordafrika und riesige Gebiete Nordasiens wurden von ihm bewohnt, ja, er wanderte sogar über die Beringstraße, die damals eine Landverbindung war, nach Amerika ein.

Alles in allem war er ein würdiger Vorfahre, dessen wir uns nicht zu schämen brauchen. Aber er war ein fertiger Mensch, kein Übergangsglied.

Was aber war vor ihm?

Viel Lärm um den Neandertaler

Lobe den Herren, den mächtigen König der Ehren«, sang der junge Rektor der Düsseldorfer Lateinschule, Joachim Neander, und damit hatte er das Lieblingslied der evangelischen Christenheit gedichtet. Ungern verlor die Rheinstadt 1679 den frommen Liederdichter an seine Vaterstadt Bremen. Als kaum ein Jahr nach seinem Weggang die Nachricht von seinem frühen Tode kam, waren die Bürger von Düsseldorf tief erschüttert. Einhellig beschlossen sie, ihm zu Ehren das wildromantische Tal der Düssel, die bei ihrer Stadt in den Rhein fließt, Neandertal zu nennen.

Fast zweihundert Jahre nach dieser Umbenennung, ... an einem Spätsommertag des Jahres 1856, waren Steinhauer dabei, einen neuen Steinbruch im Neandertal anzulegen. Sie begannen damit bei den Feldhofer Grotten, zwei Höhlen, die auf halber Höhe des linken Talhanges in die Steinwand führten. Ihre Eingänge waren so klein, daß man sie nicht betreten konnte. Als man einen Teil der Steinwand weggesprengt hatte, weitete sich die anscheinend enge Höhle zu einer geräumigen Grotte, deren Boden mit einer fast zwei Meter dicken Lehmschicht bedeckt war. Das freute unsere Steinarbeiter ganz und gar nicht, denn Lehm ist kein geeignetes Futter für den Kalkofen. Also griffen sie zu Spitzhacke und Schaufel, um die Höhle auszuräumen. Achtlos warfen sie den Inhalt den Hang hinab.

Der Lehm war zähe, und die Arbeiter schwitzten bald. Als sich einer von ihnen ein bißchen verschnaufte, sah er Knochen aus dem Lehm ragen, dicke, plumpe Knochen. »Da ist wohl mal ein Mensch begraben worden«, meinte er zu seinen Kameraden.

Der Vorarbeiter sah nur flüchtig hin und knurrte dann: »Quatsch! Wie konnte denn ein Mensch in die Höhle kommen? Das sind irgendwelche Tierknochen. Schmeiß sie raus!«

Einen Augenblick später kollerten die Knochen mitsamt Lehm und Geröll den Hang hinab. Niemals wäre das Neandertal in die Geschichte der Menschheit eingegangen, wenn nicht in diesem Augenblick der Steinbruchbesitzer gekommen wäre, um sich vom Fortgang der Arbeit zu unterrichten. Dem kollerten die Knochen beinahe vor die Füße, und er schrie nach oben: »Halt! Was habt ihr denn da für Knochen heruntergeworfen?«

Der Vorarbeiter trat an den Höhlenrand und berichtete: »Die Knochen lagen hier im Höhlenlehm. Werden wohl von irgendeinem Tier sein, das in die Höhle gekrochen und drin krepiert ist.«

»Muß aber ein mächtiges Tier gewesen sein«, meinte der Steinbruchbesitzer zweifelnd.

»Vielleicht ein Bär?«

Hm ja, ein Bär mochte solche Knochen haben. Das wäre so etwas für den Lehrer an der Elberfelder Realschule, der hier oftmals umherwanderte und der ihn gebeten hatte, ihm doch solche Funde aufzubewahren.

Wie hieß doch der Mann? Richtig, Fuhlrott hieß er, Doktor Fuhlrott.

Tun wir ihm den Gafallen, beschloß der Steinbruchbesitzer, klaubte die Knochen aus dem Lehm und bewahrte sie abseits auf. Später steckte er sie in einen Sack und trug sie nach Hause.

Fuhlrott war Naturkundelehrer, und er streifte viel durch das Bergische Land. Die Pflanzen- und Tierwelt der engeren Heimat kannte er in allen Einzelheiten, und Geologie war sein Steckenpferd; er hatte eine vorzügliche Schulsammlung von allerlei Versteinerungen zusammengebracht. Als er die Nachricht erhielt, er könne sich im Neandertal einige Bärenknochen abholen, die in den Feldhofer Grotten gefunden worden seien, freute er sich, und am nächsten freien Nachmittag marschierte er los.

In wohlgesetzten Worten dankte er dem Steinbruchbesitzer, daß er an ihn gesacht habe, als der Fund gemacht wurde. Dann schüttete er vorsichtig die Knochen aus dem Sack: eine Schädeldecke, zwei Oberarm- und Oberschenkelknochen, zwei Ellen, Teile des Hüftbeins und des Schlüsselbeins.

Auf den ersten Blick sah er: Das waren keine Bärenknochen, das mußten Menschenknochen sein! Allerdings von einem Menschen mit rohem und tierhaftem Körperbau. Das Schädeldach war auffallend niedrig, lang und weit zurückspringend, mit mächtigen Knochenwülsten über den Augenhöhlen. Die klobigen Oberschenkelknochen waren eigenartig gekrümmt, als wenn das Wesen, dessen Überreste da vor ihm lagen, nicht richtig aufrecht gegangen sei, sondern nach vorne gebeugt wie – ja, wie der Riesenaffe Gorilla, den der englische Missionar Savage erst vor wenigen Jahren entdeckt hatte und von dem er kürzlich ein Bild gesehen hatte.

Ein Gorilla im Bergischen Land? Nein, nein, das konnte nicht sein! Aber was war es dann für ein Wesen?

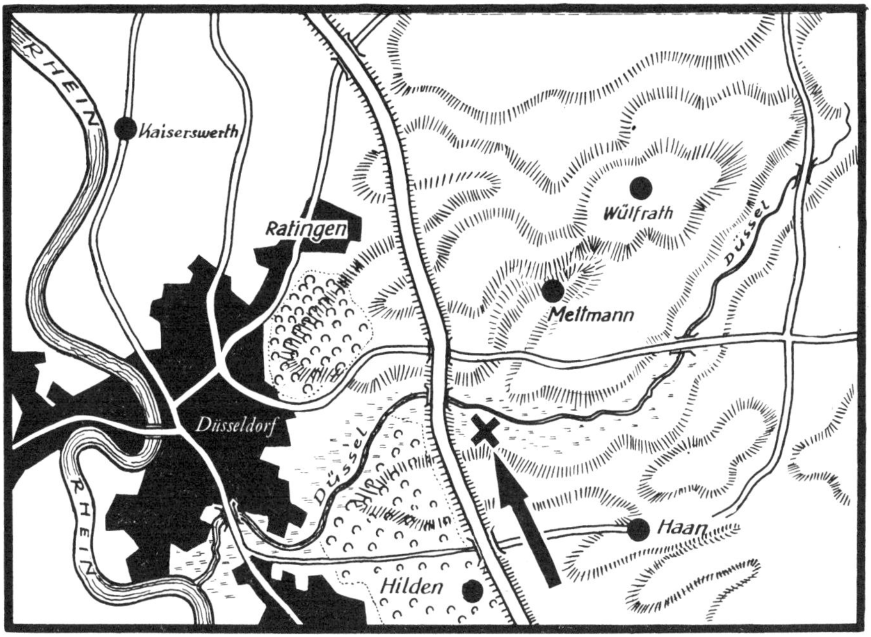

Lageskizze vom Fundort des Neandertal-Menschen an der Düssel, nahe Düsseldorf

Der kleine Naturkundelehrer aus Elberfeld, den kein Fachgelehrter kannte, sprach mutig aus, was kein Fachgelehrter zu sagen gewagt hätte: Das muß ein Tiermensch gewesen sein, halb Affe, halb Mensch!

Als er mit seinen Überlegungen so weit gekommen war, stürzte er davon, hinüber zu den Feldhofer Grotten. Fieberhaft wühlte er in dem Lehmberg, der sich inzwischen unterhalb der Höhlen angehäuft hatte. Und das Glück war ihm hold: Er fand noch verschiedene Knochen, Teile des Schulterblattes und der Unterarme sowie einige Rippen.

So hatte er nun die verschiedensten Knochen des geheimnisvollen Wesens beisammen, und sie vermittelten insgesamt eine gute Vorstellung von seinem Aussehen. Kein Zweifel – es mußte zumindest ein menschenähnliches Wesen gewesen sein!

Dann kletterte er zur Grotte hoch, sprach mit den Arbeitern, ließ sich zeigen, wo die Knochen gefunden worden waren. Leider war die Lehmschicht bis auf kleine Reste inzwischen aus der Höhle hinausgeworfen. Was noch vorhanden war, untersuchte er gründlich, nahm Proben und zeichnete den Schichtenverlauf des Kalkgesteins auf.

»Was ist denn das?« fragte er plötzlich und zeigte auf ein dunkles Loch, das schräg nach oben in den Berg führte.

»Der Schornstein des Hauses«, erwiderte einer der Arbeiter lachend.

Fuhlrott sah den Vorarbeiter fragend an. Der nickte. »Wohl, wohl, so etwas Ähnliches ist es: ein Spalt im Fels, der nach oben ins Freie führt. Wenn man ein Feuer in der Höhle macht, ist der Spalt ein feiner Rauchabzug, ein richtiger Schornstein.«

Hm, da konnten die Knochen vielleicht von da oben in die Grotte geschwemmt worden sein?

Die Arbeiter bestritten diese Möglichkeit entschieden, und sie überzeugten auch den Lehrer. Fuhlrott kehrte mit dem Bewußtsein nach Hause zurück, daß er einen wissenschaftlichen Schatz mit sich trage.

Aber er wußte, daß die Veröffentlichung seiner Entdeckung einen Sturm der Entrüstung heraufbeschwören werde. Daher ging er mit aller Vorsicht ans Werk. Zunächst einmal beschaffte er sich die ganze Fachliteratur über die Urgeschichte der Menschheit. Das war damals nicht viel – jedenfalls viel weniger, als wie es zwei oder drei Jahrzehnte später über den Neandertaler

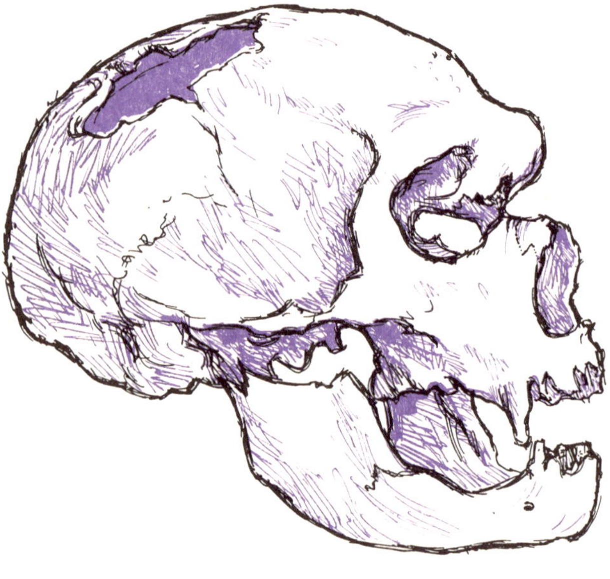

Der Schädel des Neandertalers. Dieser am besten erhaltene und zugleich ausgeprägteste Schädel der Neandertal-Rasse wurde bei La Chapelle-aux-Saints (Südfrankreich) gefunden.

Die Feldhofer Grotte lag auf halber Höhe am linken Ufer der Düssel. Der Querschnitt durch die Fundgrotte zeigt: 1–2 = die obere Lehmschicht; 3–4 = »der Schornstein«; 5 = die Grotte; 6 = terrassenförmiger Vorsprung; 7 = die Düssel

allein gab. Er studierte alles, was bis dahin über die Entwicklung der Wirbeltiere bekannt war, er maß die gefundenen Knochen und zog Vergleiche. Immer sicherer wurde er, daß es sich um Urmenschen- oder gar Vormenschenknochen handeln müsse. Jetzt zog er Fachgelehrte zu Rate. Sie waren genauso überrascht wie er, ließen sich überzeugen und beglückwünschten ihn. Der Bonner Professor Schaafhausen sorgte dafür, daß der Lehrer Fuhlrott auf der Naturforscher-Tagung 1857 in Kassel einen Vortrag über seinen Fund halten konnte.

Das war ein großer Tag im Leben des Lehrers Fuhlrott, der die forschende Wissenschaft und die Forscher selbst von Herzen verehrte. Alle Größen der Naturwissenschaft waren da, lauschten den Worten eines simplen Realschullehrers. Ausführlich schilderte er den Fund der Knochen, die auf einem Tisch ausgestellt waren, wies auf ihre Außergewöhnlichkeit hin, auf die massigen, gekrümmten Schenkel, die sonderbare Schädelform. »Sicher war das Eiszeitwesen, von dem diese Knochen stammen, noch teilweise tierhaft«, rief er ihnen zu. »Halb mag es einem Gorilla, halb einem Menschen von heute geglichen haben. Zwar war sein Gang aufrecht, aber schleppend mit vorgebeugtem Oberkörper. So zeigen diese Knochen den Eiszeitmenschen!«

O je, da war Fuhlrott aber schön ins Fettnäpfchen getreten! Eine große Unruhe entstand im Saale, ein ablehnendes Kopfschütteln. Als er geendet hatte, setzte eine lebhafte, durchweg ablehnende Diskussion ein.

»Wie er nachweisen wolle, daß die Knochen aus der Eiszeit stammen? Es waren doch weder andere Tierknochen noch Steinwerkzeuge in der Höhle gelegen . . .«

»Der Fundort war doch praktisch unzugänglich. Wie sollte da ein Mensch in die Grotte gekommen sein?«

»Wahrscheinlich sind die Knochen mal hineingeschwemmt worden. Es reicht doch nach des Redners eigenen Worten eine Felsspalte von oben in die Grotte hinab . . .«

»Auf jeden Fall muß der Mensch krank gewesen sein; das Schädeldach ist ja völlig deformiert. Wahrscheinlich ein armer Irrer, der wie ein Tier in den Wäldern lebte und in der Höhle eine Zuflucht suchte . . .«

»Oho, so sicher ist das mit der Krankheit nicht! Denken Sie an die Kosaken, die im Freiheitskriege 1813/14 am Rhein standen. Die Kerle sahen barbarisch genug aus . . .«

»Nein, die Knochen sind doch wohl älter; vielleicht ein Germane aus der Zeit um Christi Geburt!«

»Ich würde sagen: ein alter Holländer . . .«

». . . ganz sicher ein Einsiedler!«

Fuhlrott war erschüttert: Alle, alle waren sie gegen ihn! Aber alle die bisher so verehrten Forscher kamen nur mit Ansichten, teilweise sogar läppischen Ansichten; keiner brachte ernsthafte Beweise. Sollte wirklich niemand dieser anerkannten Größen die Eigenart der gefundenen Knochen erkennen?

Gewiß, Schaafhausen wies darauf hin, daß kein Mensch der geschichtlichen Zeit Knochen solch tierhafter Form besessen habe, aber seine Darlegungen wurden kaum angehört.

Doch jetzt wurde es still im Saal: Rudolf Virchow (1821–1902) meldete sich zum Wort! Virchow, der noch junge, aber schon hochberühmte Arzt, der mutige Vorkämpfer für die Freiheit der Wissenschaften!

Fuhlrott atmete auf. Wenn irgendeiner, dann mußte dieser junge Gelehrte ihm Beistand geben. Hatte er nicht durch seine Lehre, daß Mensch wie Tier aus unzähligen gleichartigen Zellen bestehe, die Gemeinsamkeit ihres Körperaufbaus bewiesen? Warum sollte gerade dieser Mann vor der letzten Konsequenz, der Entwicklung des Menschen aus niedrigerer tierischer Form, zurückschrecken?

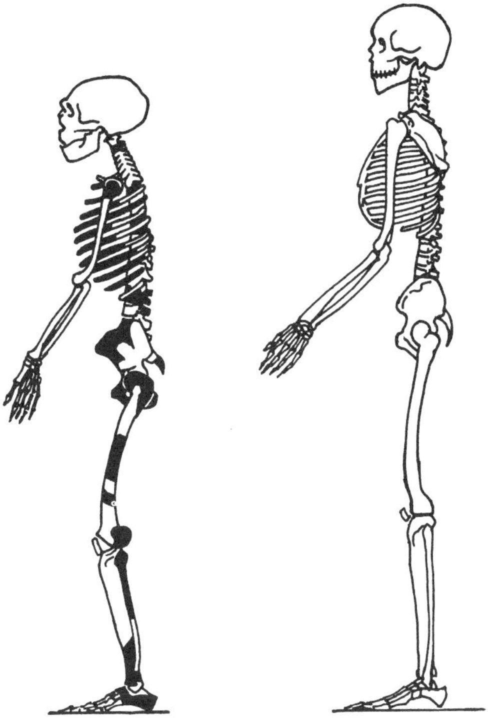

Gegenüberstellung der Skelette eines heutigen Menschen (rechts) und des Neandertalers (links). Sehr verständlich wird dabei der notwendigerweise schleppende Gang durch die gebogenen Schenkelknochen und die Andersartigkeit des Beckens sowie der vorgeneigte Oberkörper infolge der gekrümmten Wirbelsäule.

Langsam ging der hagere Gelehrte zum Rednerpult, blickte über die Versammlung im Saal hinweg. Erregt krampften sich Fuhlrotts Hände zusammen, als Virchow in seiner ruhigen und kühlen Art begann: »Vielfach hört man die Meinung, unsere ältesten Vorfahren seien sowohl körperlich wie geistig primitiv gewesen. Das ist ein Irrtum. Die Menschen der Steinzeit mußten in jeder Hinsicht auf der Höhe sein, wenn sie den damals ungleich schwierigeren Kampf ums Dasein bestehen wollten ...

Was die in den Feldhofer Grotten gefundenen Knochen anlangt, so stammen sie zweifellos von einem unglücklichen Menschen mit krankhaft verändertem Knochenbau. Von Geburt an hatte er einen besonders langen Schädel und stark entwickelte Augenhöhlen. In seiner Jugend machte er eine Rachitis durch, die seine Beine krümmte und sein Becken veränderte. Als Erwachsener hat er vermutlich viele Schlägereien mitgemacht, denn sein Schädel ist mehrfach eingeschlagen worden; die flache Stirn und die Wülste über den Augen deuten darauf hin. Vielleicht rühren sie auch von Unfällen her; er mag mehrfach auf den Kopf gefallen sein. Im Alter hat dann die

Gicht die Knochenveränderungen fortgesetzt. Ein solches Gebein kann natürlich kein Beweis für irgendeine Behauptung sein, ganz gleichgültig, wie alt es ist. «

Im Saal wurde Beifall geklatscht und gelacht. Virchows spöttischer Lebensroman des Gerippes aus dem Neandertal hatte die Stimmung der Gelehrten merklich aufgelockert. Ja, der Virchow, der hatte es dem Fuhlrott, diesem Möchtegern, gegeben! Sollte der eben seine Finger von wissenschaftlicher Forschung lassen; nicht alle sind dazu geboren.

Fuhlrott war wie erstarrt. Virchows Spott, das Lachen der anderen Gelehrten brannte in seiner Seele. Sein Fund war nicht ernsthaft untersucht, nein, er war lächerlich gemacht worden! So also benahmen sich die Gelehrten, zu denen er bisher voll Ehrfurcht aufgeschaut hatte, sobald jemand eine Entdeckung machte, der nicht aus ihren Reihen kam!

Gelehrteneifersucht! Das war wohl der richtige Ausdruck dafür. Oder trugen sie nur Scheuklappen, sahen sie nur das, was sie sehen wollten?

Nun, ihm sollte es gleichgültig sein, was sie zu der verletzenden Beurteilung seines Fundes veranlaßte. Er war nach wie vor überzeugt, daß er mit seiner Deutung recht hatte, und für seine Überzeugung würde er kämpfen. Nein, er kroch nicht vor den großen Namen zu Kreuze!

Trotzig suchte er die so abfällig beurteilten Knochen zusammen und fuhr damit heim. Zu Hause setzte er sich hin und schrieb eine Abhandlung »Menschliche Überreste aus einer Felsengrotte bei Düsseldorf«, und Freund Schaafhausen gab eine Schrift über den gefundenen Schädel heraus.

Die Fachgelehrten waren erbost, daß die beiden keine Ruhe gaben und antworteten in einem scharfen Ton. Im Nu entbrannte ein heftiger Kampf um die Knochen des Neandertalers. Diesmals erfolgte die Auseinandersetzung in aller Öffentlichkeit. Zeitungen und Zeitschriften berichteten in sensationeller Aufmachung das Für und Wider, weite Kreise wurden angesprochen, waren auf das höchste interessiert. Sie fragten, wie der Eiszeitmensch gelebt und gefühlt habe, ob er mehr Mensch oder Tier gewesen sei, ob er in Familien zusammengelebt habe, Feuer anzünden konnte und vieles mehr.

Vergebens beteuerten die Gelehrten, daß man nichts darüber wisse, daß es den ominösen Eiszeitmenschen aus dem Neandertal doch überhaupt nicht gebe, daß er ein Hirngespinst eines geltungssüchtigen Laien sei. Nein, die Aufmerksamkeit der Welt war erregt, wollte befriedigt werden – und in diese mit Spannung geladene Weltstimmung fuhr nun wie ein zündender Blitzstrahl die Lehre des Engländers Charles Darwin (1809–1882) von der Entstehung der Arten.

Bevor wir uns ihm zuwenden, wollen wir aber sehen, wie es dem schließlich weltberühmt gewordenen Neandertaler ergangen ist.

In Deutschland wehrte sich Virchow eigensinnig dagegen, seinen Irrtum einzugestehen. Das führte zu wahrhaft spektakulösen Auseinandersetzungen, und Fuhlrott deckte längst der kühle Rasen, als Virchow den verlorenen Kampf aufgab. Immerhin erlebte Fuhlrott noch die Genugtuung, daß der berühmte englische Geologe Lyell, von dem wir früher schon gesprochen haben, extra nach Elberfeld kam und nach gründlicher Untersuchung der Knochen und der Fundstelle erklärte: Seine (Fuhlrotts) Erklärung sei völlig richtig. Es handle sich um eine vom jetzigen Menschen (Homo sapiens) verschiedene, uralte Menschenart. Lyells Gehilfe King prägte dann die Bezeichnung Neandertalmensch, die sich gegenüber der wissenschaftlichen Bezeichnung Homo primigenus allgemein durchgesetzt hat.

Lyells Untersuchungen führten dazu, daß sich der englische Forscher Busk an einen völlig versteinerten Schädel erinnerte, der 1848 bei Festungsarbeiten in Gibraltar gefunden worden war. 1864 legte er diesen Schädel dem Menschenforscher-Kongreß in Norwich vor. Man stimmte ihm zu, daß es sich wahrscheinlich auch hier um einen Neandertalmenschen handle. Verschiedene kleinere Funde bestärkten die Engländer vor allem in der Fuhlrottschen Vermutung, daß es eine Urmenschenart von tierhaftem Äußeren gegeben habe.

Aber erst 1886 gelang der Beweis: In der Höhle von Spy bei der belgischen Stadt Namur fand man zwei Skelette von Neandertalmenschen in einer Erdschicht, die ganz eindeutig der letzten Zwischeneiszeit angehörte. Der Fund wurde mit wissenschaftlicher Gründlichkeit erforscht. Es konnte keinen Zweifel geben, daß der Mensch von Spy doppelt so alt war als der Mensch von Cro Magnon. Die gleichzeitig gefundenen Steinwerkzeuge gehörten einer weit tieferen Kulturstufe an, als sie Lartet in Frankreich gefunden hatte. Die Knochen von Spy stimmten so weitgehend mit denen vom Neandertal überein, daß es keinen Zweifel mehr geben konnte.

Nur Virchow erhob noch Widerspruch, der aber jetzt ungehört verhallte.

Weltreise eines Naturforschers

Während sich im gedankenschnellen Frankreich die große Revolution austobte, als dort die Menschenrechte verkündet wurden und die Köpfe rollten, aber auch rein naturwissenschaftliches Denken zum Durchbruch kam, lebte im kühleren England ein Mann, der auf seine Weise ähnlich revolutionäre Gedanken verkündete, der Landarzt Erasmus Darwin (1731–1802).

Sein Aussehen war freilich nicht das eines Revolutionärs. Groß und massig, mit einem breiten, gutmütigen Gesicht wirkte er eher wie eine Gestalt aus einem Buche von Dickens, doch war er in jeder Weise ein ungewöhnlicher Mensch, aufgeschlossen für alles Neue. Als sich sein berühmter Zeitgenosse James Watt (1736–1819) noch abmühte, die Riesenkraft des Dampfes zu bändigen, schrieb Darwin schon eine Vision des Selbstfahrers, des Dampfschiffs und des Flugzeugs:

»Unüberwindlich
wird dahinbrausen bald
durch den Dampf deine Kraft!
Ziehend das schwerbeladene Schiff,
rasch treibend den schnellrädrigen Wagen
oder auf weitgespannten Schwingen
tragend die eilende Sänfte
durch die Gefilde der Luft ...«

Ja, er schrieb Gedichte! Wenn er über Land fuhr in seinem Kutschwagen mit Oberlicht und Haltern für Papier, Tinte und Feder, wenn er seine Patienten aufsuchte, preßte er seine kühlen Gedanken in das strenge Gefüge des Reims. So gefesselt verloren sie viel von ihrer Sprengkraft, auch wenn er eine alles bisher Anerkannte umstürzende Erklärung des Lebens versuchte, wenn er fragte: Ist es zu kühn, sich vorzustellen, daß alles Leben während der vielleicht Millionen Jahre des Bestehens unserer Erde aus einem winzigen Stäubchen, aus einem lebenden Fäserchen entstanden ist und sich bis zum Menschen hin entwickelt hat? Jedes lebende Wesen besitzt das Vermögen, sich den Anforderungen der Umwelt entsprechend umzuwandeln, sich zu vervollkommnen. So ist aus wenigen, einfachen Urformen die ganze Mannigfaltigkeit der Tier- und Pflanzenwelt hervorgegangen. Daß auch der Mensch ein Stück Natur ist, erniedrigt uns nicht, sondern verpflichtet uns nur, noch mehr nach Vollkommenheit zu streben, große Taten zu vollbringen – Menschen zu sein!

Seine Landsleute, die schaudernd nach dem blutigen Paris sahen, lasen lächelnd seine Verse und merkten nicht, daß der Inhalt umwälzender war als die Pariser Naturwissenschaft. Er galt eben als ein weltfremder Dichter, dessen Worte man nicht auf die Goldwaage legen durfte. Seine Bücher stellte man neben Shakespeares Werke in den Bücherschrank, wo sie ungelesen verstaubten.

Erst ein Menschenalter später arbeitete sein Enkel Charles Darwin (1809–1882) die Lehre von der Entstehung der Arten aus und bewies damit wissenschaftlich, was der Großvater schöpferisch geahnt hatte.

Nicht etwa, daß Charles durch das Gedankengut des Großvaters beeinflußt worden wäre. Nein, der längst Verstorbene war eine Art Alpdruck für den Jungen, denn dauernd wurde er ihm als leuchtendes Vorbild vor Augen gehalten. Der Vater war ebenfalls ein erfolgreicher Arzt geworden, und er hämmerte seinen beiden Söhnen fast täglich ein, daß sie eine Tradition zu wahren, Großvater und Vater nachzueifern hätten, anders ausgedrückt: Arzt werden müßten! Das dünkte Charles schrecklich, denn ihm wurde schon schlecht, wenn er nur Blut sah. »Sei nicht so zimperlich!« fuhr ihn dann der Vater an, und mit sechzehn Jahren schickte er ihn zum Studium der Medizin nach Edinburgh.

Bei seiner tiefeingewurzelten Abneigung gegen die Medizin war es nicht verwunderlich, daß er mit seinem Studium nicht recht weiterkam. Von den Vorlesungen interessierten ihn nur die naturwissenschaftlichen Fächer. Für Vogelkunde begeisterte er sich regelrecht; er konnte es nicht verstehen, daß es Menschen gab, die Vögel nicht liebten.

Zwei Jahre lang betrieb er so das medizinische Studium mehr schlecht als recht. Dann endlich sah der Vater ein, daß kein rechter Arzt aus dem Jungen werden würde. Ungehalten und enttäuscht gab er zum Wechsel des Studiums sein Einverständnis.

Aber nicht etwa, daß Charles nun seiner Neigung hätte leben, Naturwissenschaft hätte studieren dürfen. Nein, der gestrenge Vater bestimmte ihn für das Theologiestudium, und Charles war viel zu froh, daß er von der verhaßten Medizin abkam, als daß er sich gegen diese neue Vergewaltigung seines Geistes groß gewehrt hätte; im Vergleich zum Arzt dünkte ihm die Aussicht, Landpfarrer zu werden, geradezu tröstlich. Zeitweise dachte er auch daran, Missionar zu werden, sicher nicht ohne den Nebengedanken, in fremden Ländern auch deren Natur kennenzulernen.

Jedenfalls beschäftigte er sich auf dem Christ College in Cambridge mit der Gottesgelehrsamkeit nur so weit, um die Examina bestehen zu können. Ansonsten war er mehr in den naturwissenschaftlichen Gesellschaften zu Hause, und hier wurde ihm der Botaniker Henslow nicht nur zu einem begeisternden Lehrer, sondern auch zu einem väterlichen Freund. Der Professor schätzte Darwins scharfe Beobachtungsgabe und unermüdliche Ausdauer, aber auch seine Achtung vor der lebenden Kreatur. Als sein junger Freund gar eine bisher unbekannte Insektenart entdeckte, beschwor er ihn, die Theologie an den Nagel zu hängen und endgültig Naturwissenschaftler zu werden.

Natürlich lockte das den Studenten sehr, aber er dachte an den strengen Vater, dachte daran, wie den ein neuer Berufswechsel kränken und aufregen würde. So lehnte er blutenden Herzens das Angebot ab und teilte weiterhin seine Zeit zwischen dem Brotstudium und der Naturwissenschaft. Er las viel, besonders die Werke des großen Naturforschers Alexander von Humboldt und des Südsee-Entdeckers James Cook; daneben begleitete er seinen verehrten Lehrer Henslow auf dessen vielen Wanderungen durch die heimatliche Natur. Als er 1831 mit 22 Jahren das theologische Examen bestanden hatte und sich nun Bachelor of Arts nennen durfte, untersuchte er in den Ferien mit dem bekannten Geologen Professor Sedgewick den komplizierten Aufbau der alten Gesteinsformationen von Nord-Wales.

Endlich gönnte sich Charles die nun in jeder Hinsicht wohlverdienten Ferien.

Als er ins Vaterhaus heimkam, fand er dort zwei Briefe vor, Briefe mit ungeheuer aufregendem Inhalt. Der eine war von Professor Henslow, der ihm mitteilte, daß Seiner Britischen Majestät Vermessungsschiff »Beagle« eine mehrjährige Reise um die Welt machen solle und daß man an ihn herangetreten sei, an dieser Reise als Naturforscher teilzunehmen. Und nun kam die große Überraschung: »Leider mußte ich ablehnen, doch habe ich auf Sie verwiesen und gesagt, daß ich Sie von allen, die sich möglicherweise auf ein solches Unternehmen einlassen würden, für den am besten geeigneten Mann halte.«

Charles mußte sich setzen, als er so weit gelesen hatte. Das war doch nicht möglich: Er, der 22jährige Theologe ohne naturwissenschaftliche Verdienste, ohne bekannten Namen, sollte an einer Forschungsreise um die Welt teilnehmen, an einer Forschungsreise, wie er sie sich so oft in glühenden Farben ausgemalt, sich sehnsüchtig erträumt hatte? Nein, nein, das konnte nicht wahr sein! Sicher war es nur ein wohlgemeinter Vorschlag des lieben Henslow.

Aber im nächsten Augenblick zeigte es sich, daß die Sache doch durchaus real war. Der zweite Brief kam nämlich von dem Professor für Astronomie und Mathematik George Peacock in Cambridge, der allein über die Ernennung der Naturforscher für die Vermessungsschiffe der Königlichen Marine zu entscheiden hatte. Und er enthielt die offizielle Frage, ob Darwin bereit sei, an der Fahrt der »Beagle« teilzunehmen.

Das war zuviel des Aufregenden! Charles stürmte nach draußen, lief stundenlang durch die Umgebung der lieben kleinen Stadt, aber der Aufruhr in seinem Innern legte sich nicht. Welch eine Gelegenheit bot sich ihm hier, die ferne Welt kennenzulernen, ihre Meere, Länder und Völker! All das Schöne und Seltsame, von dem die berühmten Seefahrer und Forscher berichteten, mit eigenen Augen zu sehen! Es nicht nur zu sehen, sondern auch zu sammeln, zu erforschen, geheimnisvolle Schleier der Natur zu lüften, Antworten auf viele, viele Fragen zu finden! Nein, eine solche Gelegenheit durfte er sich nicht entgehen lassen! Niemals würde sie sich wieder bieten!

Aber der Vater? Was würde der Vater dazu sagen? Sicher würde er die ganze Sache verrückt finden und kurzerhand die Zustimmung verweigern! Davon war Charles fest überzeugt. Hatte sich der Vater nicht immer entschieden dagegen gewandt, wenn er auch nur Andeutungen machte, die damals als Brotstudium kaum in Betracht kommende Naturwissenschaft als Lebensberuf zu wählen? Nein, nein, der Vater war bestimmt dagegen, stellte Charles niedergeschlagen fest.

Und konnte er ohne die Zustimmung des Vaters fahren? Nun, das würde bedeuten: gegen den Vater!

Charles war ehrlich genug, sich nichts vorzumachen: Gegen den sicher wohlmeinenden, aber despotischen Vater kam er nicht an; er war keine Kämpfernatur. Ganz abgesehen davon, daß er die finanzielle Unterstützung des Vaters brauchen würde, denn Reisen kostet Geld, auch wenn man im Dienste des Königs steht.

Aber war das Angebot nicht auch eine Ehre? Setzte man nicht ein hohes Vertrauen in ihn? Vielleicht würde das den Vater beeindrucken und ihn zugänglicher machen. Etwas getröstet marschierte Charles nach Hause und beschloß, den Vater sobald wie möglich um Erlaubnis zur Teilnahme an dieser Forschungsreise zu bitten.

Leider kam dieser am Abend erst spät heim, so daß Charles sich bis zum nächsten Morgen gedulden mußte und daher eine schlaflose Nacht verbrachte. Um die Entscheidung nicht noch länger hinauszuzögern, stellte er den Vater schon beim Frühstück.

»Hallo, Charles! So früh schon aufgestanden?« begrüßte der den Sohn aufgeräumt. Er war offenbar gut gelaunt. Schon gestern bei der Ankunft hatte Charles es angenehm empfunden, daß der Vater herzlicher war als sonst. Offenbar freute er sich über das bestandene Examen des Sohnes. Um so mehr scheute sich dieser, ihn erneut zu ärgern, doch tapfer fing er an: »Ja, Vater! Ich möchte gern etwas mit dir besprechen.«

»Sooo?« Erstaunt hob der Vater die Augenbrauen und sah den Sohn an. »Na, dann schieß mal los, Junge!«

»Ich habe hier diesen Brief von Professor Henslow vorgefunden; lies ihn doch bitte, Vater!«

Doktor Darwin nahm den Brief; halb neugierig, halb widerstrebend fing er an zu lesen. Charles sah an des Vaters Gesicht deutlich, wie seine Überraschung sich in Unbehagen wandelte, als er zu dem Weltreise-Angebot kam. Doch brauste er nicht auf, wie Charles befürchtet hatte, sondern er sagte nur: »Schön, mein Junge. Der Professor Henslow scheint ja große Stücke auf dich zu halten.«

»Ja, Vater, ich bin selber überrascht«, erklärte der Sohn eifrig. »Professor Henslow ist ein großartiger Mensch.«

»Ja, er scheint recht vernünftig zu sein, denn er hat ja das Weltreise-Angebot für sich glatt abgelehnt. Außerdem ist er wohl ein guter Diplomat, denn dadurch, daß er dich in den Vordergrund geschoben hat, ist er aus der Diskussion, obwohl du als Ersatzmann für ihn doch wohl ernstlich nicht in Frage kommen wirst.«

»Doch, doch, Vater. Sieh, ich habe schon die offizielle Anfrage von Professor Peacock, dem Beauftragten der Royal Navy.«

Hurtig reichte er ihm den zweiten Brief, den der Vater aber nur mit spitzen Fingern anfaßte, um ihn dann rasch zu überfliegen. Als er ihn zurückreichte, meinte er leichthin: »Wird dem ehrenwerten Professor schwerfallen, einen geeigneten Mann zu finden. Die Unterbringung auf so einem kleinen

Vermessungsschiff ist höchst unbequem, die Verpflegung ist schlecht und das Schiffsvolk roh und gottlos. Na, du hast ja zum Glück einen stichhaltigen Grund zum Ablehnen, denn schließlich bist du ja Gottesgelehrter und kein Naturwissenschaftler.«

Charles schluckte aufgeregt. Das war nun der entscheidende Augenblick, die befürchtete Ablehnung. Er riß sich zusammen und bat: »Ach, Vater, ich möchte aber doch so gern die Reise machen! Sieh mal, niemals wieder werde ich eine solche Gelegenheit finden, die Welt kennenzulernen. Das Angebot ist doch ein einmaliger Glücksfall ...«

»Es ist eine einmalige Verrücktheit«, unterbrach ihn der Vater schroff, »und eines zukünftigen Pfarrers einfach nicht würdig! Keine vernünftige Gemeindevertretung wird dich jemals zu ihrem Pastor wählen, wenn du dich jahrelang in der Welt herumgetrieben hast!«

»Ja, aber ...«

»Kein aber mehr, Charles! Praktisch würde eine solche Reise einen erneuten Berufswechsel bedeuten, und ich sehe nicht ein, weshalb und warum. Nach deiner Rückkehr würdest du dich sicher nicht mehr in ein geregeltes Leben zurückfinden. Darum sage ich dir: Schluß mit solchen Träumereien! Schreibe dem Professor ab!«

Das war die endgültige Ablehnung! Charles wußte, daß er dem Vater nicht mehr mit Einwendungen kommen durfte, wenn er in einem solchen Tone sprach. »Ja, Vater!« sagte er verzagt.

Der Doktor sah, wie hart dem Sohn der Verzicht ankam, und so sagte er versöhnlich: »Nimm es nicht so schwer, Charles. Sieh mal, kein vernünftiger Mensch würde es verstehen, wenn du jetzt deine Laufbahn aufs Spiel setzen würdest.«

Als der Sohn ihn daraufhin nur unglücklich ansah, ohne zu antworten, setzte er spontan hinzu: »Wenn du auch nur einen Menschen mit gesundem Menschenverstand findest, der dir zurät, dann gebe ich dir meine Zustimmung.«

Was sollte Charles darauf sagen? Die Sache war eben hoffnungslos, und so schrieb er gehorsam einen Brief an Professor Peacock, in dem er diesem die Gründe für seine Absage darlegte.

Nach einigen Tagen fuhr er nach Maer Hall, dem Landsitz der Familie Wedgewood. Onkel Josiah Wedgewood war der Besitzer großer Porzellanfabriken, ein Mann, der mit beiden Beinen im Leben stand. Von jung an hatte Charles einen Teil seiner Ferien in Maer Hall verlebt, und die etwa gleichaltrige Kusine Emma war seit jeher seine liebste Gespielin gewesen.

Auch jetzt zog es ihn unwiderstehlich zu ihr hin, und natürlich erzählte er ihr von dem mißglückten Weltreiseplan. Sie war entsetzt und sagte zu ihrem Vater: »Denke nur, Charles wäre beinahe für viele Jahre in die weite Welt gefahren.«

»Wieso? Wolltest du Missionar werden, Charles?«

»Nein, Onkel Josiah, ich sollte als Naturforscher das Vermessungsschiff ›Beagle‹ auf einer Weltreise begleiten. Schau hier, die Einladungen.«

Der Onkel las die Schreiben der Professoren – und war begeistert. »Emma, Mädchen, habe ich nicht immer gesagt, daß Charles ein tüchtiger Junge ist, wenn er auch nicht viel schwatzt und herumschwadroniert? Hier hast du den Beweis. Glaube nur, dein Vater sieht, was in einem Menschen steckt! Dich, Charles, wird so eine Reise zu einem richtigen Mann machen, zu einem Mann, der weiß was er will.«

Charles war verblüfft über diese unerwartete Begeisterung des Onkels, verblüfft und unglücklich zugleich. »Ach, Onkel, Vater will aber nicht, daß ich reise; er fürchtet, daß ich meine Laufbahn dadurch gefährde.«

»So ein Dickkopf!« polterte der Onkel. »Erst wollte er einen Arzt aus dir machen, obwohl er am besten wußte, daß du dich nicht dafür eignest. Jetzt sollst du im Geschwindschritt Pastor werden. Weiß Gott, ich habe nichts gegen Geistliche, aber du kannst noch lange genug Pastor sein, wenn du zurückkommst – falls du dann noch willst. Ein Pastorenamt verschaffe ich dir immer noch, das soll der Vater mir nur überlassen. Aber erst sollst du zeigen, was in dir steckt, erst sollst du die Welt kennenlernen.«

»Aber Onkel, ich habe doch schon abgeschrieben«, wandte Charles mit kläglicher Stimme ein.

»Dann ist Eile geboten, Junge. Gleich morgen fahren wir beide zu deinem Vater; ich werde ihm schon den Kopf zurechtrücken.«

Und so geschah es. Der Onkel bearbeitete den Vater so lange, bis dieser nachgab und die Erlaubnis erteilte. Charles war glücklich.

Als aber Josiah Wedgewood seiner Tochter von dem Erfolg seiner Überredungskünste erzählte, da lief Emma auf ihr Zimmer und weinte. Josiah schüttelte den Kopf darüber, aber unzufrieden war er nicht.

Am 27. Dezember 1831 verließ H.M.S. »Beagle« (sprich »Biegel«, zu deutsch: »Spürhund«), eine Brigg von nur 242 Tonnen, den Hafen von Plymouth zu ihrer Rundfahrt um die Erde.

Es war nur ein kleines Schiff, ganze 27 Meter lang. Darum ging es auch recht eng darauf zu, und was das Schlimmste war, das Schiffchen schaukelte

H.M.S. »Beagle«, die 242-Tonnen-Brigg, an deren großer Forschungsreise Darwin teilnahm

gewaltig bei bewegter See. Kein Wunder, daß eine solche Landratte wie Charles Darwin bei jeder leichten Brise seekrank wurde. Kapitän Fitzroy (1805–1865), ein Anhänger der Charakterdeutung aus den Gesichtszügen, dachte geringschätzig: So ein wehleidiger Bursche! Na ja, man kann es ihm ja an der Nase ansehen, wes Geistes Kind er ist!

Nun, Darwin gab sich alle Mühe, gegen die körperlichen Beschwerden anzukommen, sich Seebeine wachsen zu lassen, wie man so schön sagt. Ganz ist ihm das nie gelungen, aber trotz aller gesundheitlicher Behinderung war er unermüdlich tätig, beobachtete Wind und Wellen, Wolken, Vögel und Delphine, kurz alles, was einem auf einer ersten Seereise Bemerkenswertes vor Augen kommt.

Daneben las er fleißig in den mitgenommenen naturwissenschaftlichen Büchern. Kurz vor der Abreise hatte Henslow noch einmal in die Entwicklung seines Lieblingsschülers eingegriffen, indem er ihm den soeben erschienenen ersten Band von Lyells »Prinzipien der Geologie« an Bord sandte. »Es ist ein sehr interessantes Buch«, schrieb er dazu, »aber glauben Sie nicht alles, was darin steht.«

Nun, für Darwin war das Buch eine Offenbarung, vor allem der Nachweis, daß die Kräfte, die heute unseren Planeten formen, ausreichen, um alle Wandlungen der erdgeschichtlichen Vergangenheit zu erklären. Alles, was er auf der Reise an Erdformationen sah, seien es Küstenlinien, Gebirge, Täler oder Inseln, sah er mit den Augen Lyells, und alles, was er sah, paßte in das System des großen Geologen. Der zweite, für Darwin noch wichtigere Band der »Prinzipien« wurde ihm 1835 nachgesandt. Inzwischen hatte sich der junge Anfänger, der grüblerische Jüngling, in einen kühldenkenden Mann, einen gereiften Naturforscher gewandelt. Was Lyell über die Erdgeschichte schrieb, mußte Darwin innerlich, ob er wollte oder nicht, auf die Lebewesen anwenden. So sehr er sich auch gegen die Erkenntnis sträubte, tiefinnerlich wuchs in ihm die Überzeugung, daß die Gestalt der Lebewesen nichts Fertiges sei, sondern daß sich die Formen und Arten in sehr langen Zeiträumen auf natürliche Weise verändert haben und sich noch immer verändern.

Aber so weit sind wir noch nicht.

Noch füllte der Wind die Segel der kleinen Brigg auf der Fahrt über die Azoren und die Kapverdischen Inseln nach der Ostküste Brasiliens. Nach knapp zweimonatiger Fahrt ging die »Beagle« in Bahia erstmals für längere Zeit vor Anker.

Zum erstenmal auch betrat Darwin hier tropisches Land, und das Erlebnis überwältigte ihn beinahe. »Selbst das Wort Entzücken ist ein nur schwacher Ausdruck für das Gefühl eines Naturforschers, der erstmals den brasilianischen Urwald durchwandert. Die Eleganz der Gräser, das Ungewöhnliche der Schmarotzerpflanzen, die Schönheit der Blüten, das blanke Grün des Laubwerks, vor allem aber die Üppigkeit der Vegetation erfüllten mich mit Bewunderung. Eine seltsam widerspruchsvolle Mischung von Lärm und Stille herrscht in den schattigen Teilen des Waldes. Das Geräusch der Insekten ist so laut, daß es selbst noch auf einem Schiff zu hören ist, das mehrere hundert Meter von der Küste entfernt vor Anker liegt. In den Tiefen des Waldes aber scheint völliges Schweigen zu herrschen.

Einem Freunde der Naturwissenschaften bereitet ein solcher Tag größere Freude, als er je wieder zu empfinden hoffen kann.«

Kein Wunder, daß Darwin so begeistert war von der Schönheit und dem tausendfältigen Leben, das er hier sah, den vielen Säugetieren und Vögeln, den massenhaft auftretenden Insekten, begeistert und gefesselt zugleich, denn von allen Lebensräumen auf Erden ist ja der Tropenurwald der reichste. Darwin glaubte sich in ein Paradies des Lebens versetzt. Er prüfte und sam-

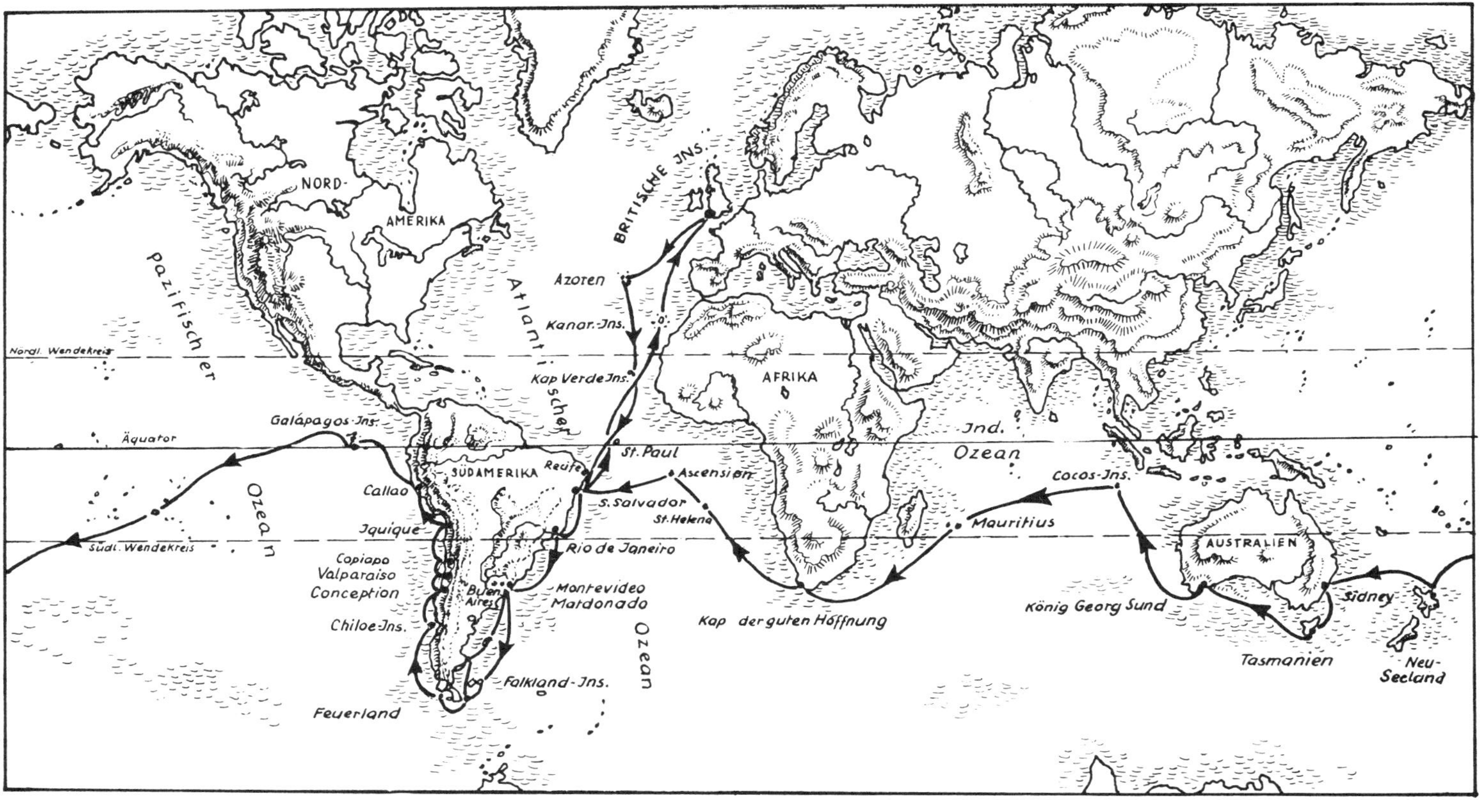

Der Reiseweg der »Beagle«

melte alles, Tiere, Pflanzen und Steine. Vor allem natürlich Tiere, und da er auch in der Heimat ein eifriger Käfersammler gewesen war, brachte er schon in den ersten Tagen Unmengen Insekten an Bord. Prompt hatte er bei der Besatzung seinen Spitznamen weg: Der Fliegenfänger!

Aber die Frucht dieser Tage waren nicht nur die Sammelgegenstände, die er heimbrachte, es waren auch die vielen Notizen, die er sich machte, es war vor allem die unmittelbare Anschauung, das Erleben des vielfältigen Lebens. Immer wieder wunderte er sich, wie sehr Pflanzen und Tiere zu ihrer Umgebung paßten. Er bekam einen Blick, einen Sinn für die innere Ordnung der Natur, der ihn befähigte, die große Harmonie in der doch scheinbar unübersehbaren Vielfalt zu entdecken. Einerseits erlebte er die ganze Dramatik des unerbittlichen Kampfes um das Dasein, um das Überleben inmitten zahlloser Feinde, andererseits die wunderbare Anpassung an die Umwelt in Farbe und Form zum Schutz vor diesen Feinden. In dem riesigen grünen Meer hat die Natur, hat das Leben selbst alle Künste der Täuschung und Tarnung zur höchsten Vollkommenheit entwickelt, weil der kleinste Fehler tödlich wirkt.

Darwin sah alle diese Wunder des Lebens mit staunenden Augen, und seine Gedanken kreisten um das Geheimnis: Warum diese ungeheure Verschwendung des Lebens? Warum diese großartige Erfindungsfülle der Natur?

Das Schiff führte umfangreiche Vermessungsarbeiten längs der Küste Südamerikas aus, und während derselben konnte Darwin oft wochen- und monatelang an Land bleiben und weite Reisen ins Innere unternehmen. Er ritt mit den Gauchos, den einheimischen Viehhirten, in die weite Pampa hinaus, in die baum- und strauchlose Grasebene. Oft schlug hartes, übermannshohes Silbergras über ihnen zusammen, dann wieder sah man weite Strecken weichen, zartgrünen Grases, das die großen Rinderherden bevorzugten. Darwin dachte, verschiedenartige Bodenbeschaffenheit sei die Ursache für das unterschiedliche Wachstum, doch die Viehzüchter belehrten ihn: »Die Einführung des Rindes hat die frühere, naturgegebene Ordnung zerstört; seine Freßweise und der Dung haben das Silbergras teils verdrängt, teils gewandelt.«

Auf anderen Stellen hatte sich die Stachelkarde, die man auch Spanische Artischocke nennt, weite Strecken erobert. Dieser Eindringling aus Europa erstickte alles übrige Wachstum und machte das eroberte Gebiet für Mensch und Tier unpassierbar.

In beiden Fällen war durch einen Wechsel – das Erscheinen der Rinderherden und die Einführung der Karde – das bisherige Gleichgewicht verschoben

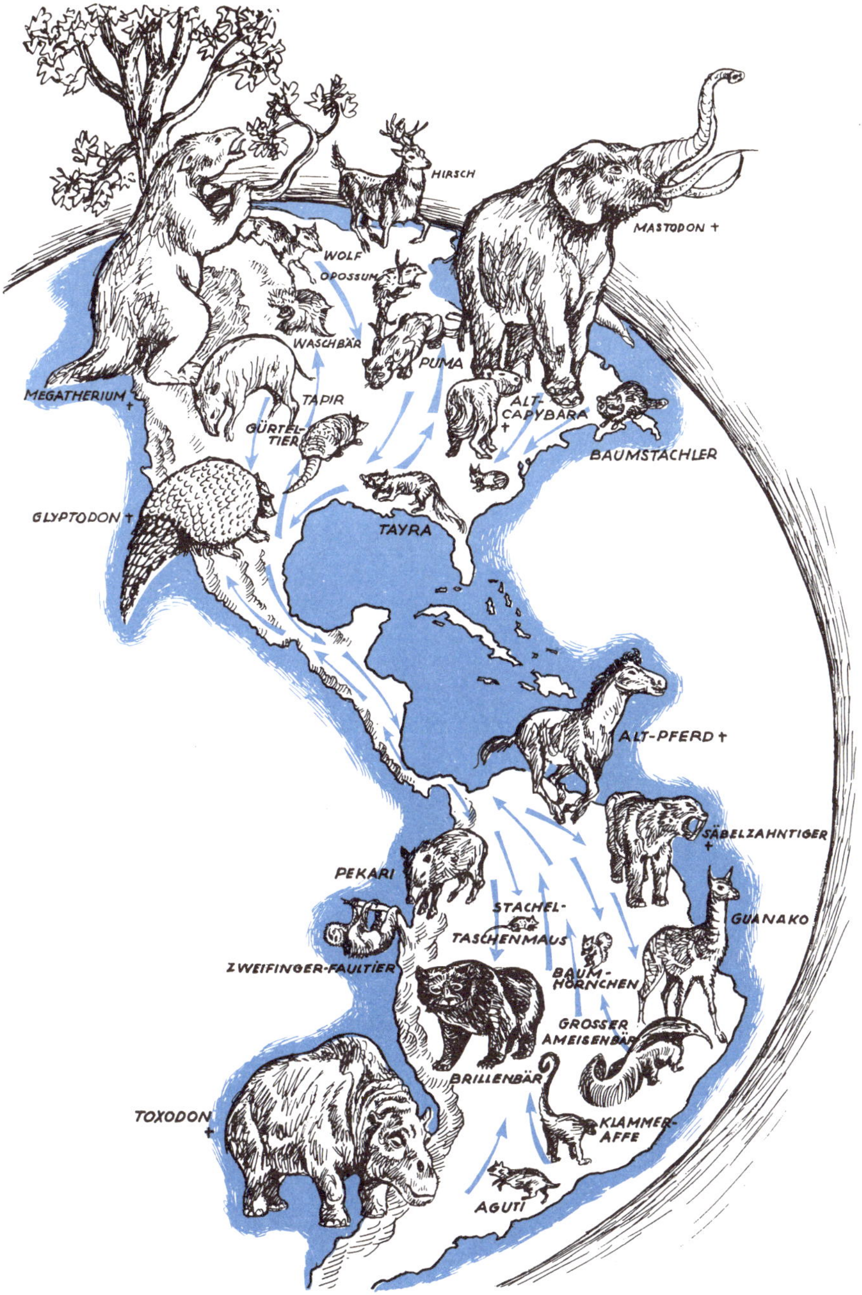

Die heutige Tierwelt Südamerikas ist entstanden aus den Folgen einer der größten Wanderbewegungen der Tiere auf unserer Erde. Viele der einstigen Wanderer sind seit der großen Eiszeit ausgestorben (†). Andere aber leben noch heute in den Räumen, die sie sich einst erschlossen.

worden; das Alte war im Ringen um den Lebensraum dem Neuen erlegen. Also auch hier ein Kampf ums Dasein, eine Anpassung an veränderte Verhältnisse.

Nicht nur lebende Tiere studierte und sammelte unser junger Naturforscher – er fand auch riesige Knochenüberreste von Urwelttieren. Seltsame Tiergestalten mußten einmal in Massen auf dem südamerikanischen Festland gelebt haben und dann ausgestorben sein. »Nur mit Staunen kann man über die Wandlungen in der Tierwelt Südamerikas nachdenken«, schrieb er in sein Tagebuch. »Früher muß dieser Kontinent von Riesentieren gewimmelt haben.«

Warum waren diese Urwelttiere ausgestorben?

Anscheinend war dem Aussterben in der Regel ein Seltenwerden vorausgegangen. Das deutete darauf hin, daß sich die Lebensverhältnisse allmählich verschlechtert hatten.

Wodurch wohl?

Nun, Darwin wußte, daß sich die Kontinente heben und senken; durch eigene Küstenmessungen hatte er Hebungen bis zu 120 Meter festgestellt. Er vermutete daher, daß die Landenge von Panama zeitweise unterbrochen war und sich damals diese seltsame, altertümliche Tierwelt im Südteil Amerikas entwickelt hatte.

Spätere geologische Untersuchungen haben bestätigt, daß etwa 70 Millionen Jahre lang Südamerika eine Insel war, auf der sich die Tierwelt isoliert entwickeln konnte – wie im Paradiese, denn Raubtiere gab es praktisch nicht. Als sich dann vor etwa einer Million Jahren die Landenge von Panama aus dem Meere hob, setzte über diese Landbrücke eine Wanderung der Tiere in beiden Richtungen ein. Doch bald kamen die großen Vereisungen im Norden. Die Tierwelt floh vor der Kälte, eine ungestüme Wanderung von Nord nach Süd setzte ein. Über die Landbrücke hinweg ergoß sich ein machtvoller Flüchtlingsstrom nach Südamerika hinein. Die lebenskräftigen Eindringlinge aus dem Norden nahmen den seltsamen Geschöpfen Südamerikas, die des Lebenskampfes entwöhnt waren, den Lebensraum. Ein großes Sterben setzte unter ihnen ein. Was sich nicht den verschlechterten Lebensbedingungen anpassen und verlorene Fähigkeiten zurückgewinnen konnte, ging für immer unter. Nur die Starken, Tauglichen, Anpassungsfähigen überlebten – eine grausame Auslese der Natur.

Wie sehr sich auch der Mensch schwierigen Lebensverhältnissen anpaßt, anpassen muß, wenn er überleben will, spürte Darwin am eigenen Leibe. Als er Ende August 1833 von Bahia Blanca über Land nach Buenos Aires reiste, schrieb er in sein Tagebuch: »Da unsere Pferde müde wurden, waren wir gezwungen, auf der Ebene zu übernachten. Am Morgen fingen wir ein Gürteltier, das zwar einen ausgezeichneten Leckerbissen abgibt, wenn es in seinem Knochenpanzer geröstet wird, aber als Frühstück und Mittagessen zugleich für zwei hungrige Männer doch nicht ganz ausreicht. Der Boden war an der Stelle, wo wir die Nacht zugebracht hatten, mit einer Kruste von schwefelsaurem Natron überzogen und enthielt natürlich kein Wasser. Unsere Pferde, höchst armselige Kreaturen, waren am Morgen aus Mangel an Wasser bald so erschöpft, daß wir zu Fuß gehen mußten. Gegen Mittag rissen die Hunde ein Hirschkalb, das wir brieten. Ich aß etwas davon, bekam danach aber geradezu unerträglichen Durst, der mich um so mehr peinigte, als die Straße infolge eines kürzlich gefallenen Regens voll klaren Wassers stand, von dem aber kein Tropfen trinkbar war. Zwar war ich kaum zwanzig Stunden ohne Wasser und nur einen Teil dieser Zeit in der Sonnenhitze gegangen, doch machte mich der Durst ganz schwach. Wie man zwei oder drei Tage unter solchen Umständen leben kann, vermag ich mir nicht vorzustellen; auch muß ich gestehen, daß mein Führer durchaus nicht litt und erstaunt war, daß mir schon die Entbehrungen eines einzigen Tages so viel Beschwerden machten.«

Wer von den beiden überlebt hätte, wenn es hart auf hart gegangen wäre, die Frage erübrigt sich hier wohl.

Die »Beagle« setzte ihre Fahrt an der argentinischen Atlantikküste entlang fort. Ziel waren die damals noch wenig bekannten Inseln vor der Südspitze Amerikas. Der portugiesische Seefahrer Magellan (1480–1521) entdeckte sie bei seiner Weltumseglung 1520. Weil er nachts an der Küste zahlreiche Lagerfeuer der dort hausenden Indianer sah, taufte er die wie eine zerklüftete Landspitze aussehende Inselgruppe Feuerland. Die Durchfahrt zwischen den Inseln und dem Festland, die er unter schwierigen Bedingungen erzwang, trägt seinen Namen: Magellan-Straße.

Es ist ein sturmumtostes, unwirtliches Land. »Ein einziger Blick auf die Landschaft genügte, mir zu zeigen, wie gänzlich verschieden sie von allem war, was ich bisher gesehen hatte«, schrieb Darwin, und als er zum erstenmal Kap Hoorn erlebte: »Wir sahen dieses berüchtigte Vorgebirge in seiner charakteristischen Gestalt, nämlich von Nebel verschleiert, seine Umrisse nur undeutlich erkennbar vor Sturm und Wasser. Dicke schwarze Wolken wälzten sich über den Himmel dahin; Regen- und Hagelschauer stürzten mit solcher Heftigkeit auf uns herab, daß der Kapitän beschloß, in eine enge

Ein Feuerland-Indianer vor seiner primitiven Hütte. Trotz des sehr rauhen Klimas liefen die Feuerländer das ganze Jahr fast unbekleidet herum. – Die Darstellung stammt von einem Mitglied der »Beagle«-Expedition.

kleine Bucht nicht weit von Kap Hoorn einzulaufen. Hier ankerten wir am Heiligen Abend.«

Tief beeindruckte Darwin die Begegnung mit den Ureinwohnern dieses trostlosen Landes. »Die armen Unglücklichen waren kümmerlich gewachsen, ihre häßlichen Gesichter mit weißer Farbe beschmiert, ihre Haut schmutzig und fettig, ihr Haar zerzaust, ihre Stimmen mißtönend und ihre Bewegungen heftig. Wenn man sie betrachtet, vermag man kaum zu glauben, daß sie unsere Mitmenschen sind und Bewohner derselben Welt ...

Nichts vermag mehr Erstaunen hervorzurufen als der erste Anblick eines Wilden in seinem ursprünglichen Zustand – eines Menschen auf niederster Stufe und in primitivstem Dasein. Die Gedanken eilen durch die Jahrhunderte zurück, und man fragt sich, ob unsere Vorfahren Menschen gewesen sein können wie diese, Menschen, die scheinbar keine menschliche Vernunft besitzen oder zum mindesten Fähigkeiten, die aus dieser Vernunft entspringen. Ich glaube, daß es nicht möglich ist, den Unterschied zwischen einem solchen primitiven und einem zivilisierten Menschen zu beschreiben oder zu schildern.«

Trotz des naßkalten, stürmischen Wetters, das dort beinahe immer herrscht, gingen die Feuerländer ganz oder fast nackt; nachts schliefen sie wie Tiere zusammengerollt auf der nassen Erde. Ihre Nahrung bestand vorwiegend aus Muscheln und kleinen Fischen, die sie mühsam genug sammelten und fingen.

Fürwahr ein hartes und elendes Leben! Doch die Natur hat die Feuerländer offenbar dem Klima und den schlechten Ernährungsverhältnissen durch eine scharfe Auslese angepaßt; erbarmungslos wurde ausgelöscht, was sich nicht voll bewährte. Über viele Generationen fortgesetzt, schuf so der Daseinskampf ein hartes, tierisch-grausames Geschlecht, das allen Unbilden zum Trotz hier leben konnte.

Übrigens diente die Reise der »Beagle« nicht nur der Forschung, sondern auch der Rückführung von drei jungen Feuerländern in ihre Heimat – eine absonderliche Geschichte.

Kapitän Fitzroy war nämlich nicht zum erstenmal mit der »Beagle« im Feuerland. 1826 bis 1830 hatte er schon eine solche Reise unternommen. Dabei ärgerte er sich sehr über die Eingeborenen, die Jaghan-Indianer. Jung und alt, Männer, Weiber und Kinder wiederholten andauernd das Wort »Jammerschkuner«, das in ihrer Sprache »Gib mir« bedeutet. Sie konnten einfach alles gebrauchen, und was ihnen nicht geschenkt wurde, das nahmen sie sich ungefragt, wenn sich eine Gelegenheit dazu bot. Der Kapitän hatte

Zeitalter	Geologischer Name	Unterteilung	Dauer in Jahren	Beginn vor etwa ... Jahren	Was geschah in dieser Zeit?
Neuzeit (Känozoikum, Neozoikum)	Quartär	Holozän (Alluvium)	10000	10000	Die Entwicklung der Metalle führte zum technischen Zeitalter Aufkommen von Töpferei, Ackerba und Haustierzucht Jung- und Mittel-Steinzeit
		Pleistozän (Diluvium)	1Mill.	1 Mill.	Alt-Steinzeit; Eiszeit Vereisung großer Teile Europas Regenzeiten in den Tropen
	Tertiär	Pliozän	11 Mill.	12 Mill.	Bildung von Flachmeeren und Kli zonen
		Miozän	16 Mill.	28 Mill.	Vulkanische Eruptionen
		Oligozän	12 Mill.	40 Mill.	Ausgestaltung der heutigen Flußtäl Zurückweichen der Meere
		Eozän	10 Mill.	50 Mill.	Auffaltung der großen Gebirge:
		Paläozän	10 Mill.	60 Mill.	Alpen, Himalaja usw.
Mittelzeit (Mesozoikum)	Kreide	Ober-Kreide Unter-Kreide	60 Mill.	120 Mill.	Starkes Vordringen der Meere
	Jura	Malm Dogger Lias	50 Mill.	170 Mill.	Entstehung der Mittelgebirge
	Trias	Keuper Muschelkalk Buntsandstein	40 Mill.	210 Mill.	Ablagerungen in flachen Meeren (germanisches Triasbecken)
Altzeit (Paläozoikum)	Perm (Dyas)	Zechstein Rotliegendes	40 Mill.	250 Mill.	Große Vergletscherungen auf der Südhalbkugel Trockenheit im Norden
	Karbon	Ober-Karbon Unter-Karbon	100 Mill.	350 Mill.	Gebirgsbildung in West- und Mitte ropa. Feuchtschwüles Klima läßt ei mächtige Pflanzenwelt entstehen (Steinkohlenwälder)
	Devon	Ober-Devon Mittel-Devon Unter-Devon	70 Mill.	420 Mill.	Gebirgsbildung in Nordeuropa setzt sich fort Meerespflanzen besiedeln das Festland
	Silur	Gotlandium Ordovizium	100 Mill.	520 Mill.	Beginn der Gebirgsbildung im Nor (kaledonische Faltung)
	Kambrium	Olenus Paradoxides Olenellus	80 Mill.	600 Mill.	Das Meer überflutet weithin die alt Festländer Mehrere kleine Gebirgsbildungen
Urzeit	Präkambrium	Algonkium	500 Mill.	1100 Mill.	Erste Ablagerungen Gebirgsbildungen in Skandinavien Nordamerika
		Archaikum	1500 Mill.	2600 Mill.	Das Wasser sammelt sich zu Ozea Die Gashülle der Erdkugel kühlt sic ab; es entsteht Wasser, das als Nie schlag zur Erde fällt
	Sternzeit		1700 (?) Mill.	4300 (?) Mill.	Durch Wärmeabgabe bildet sich be an den Weltenraum. Die Temp Die Erde wird ein selbständiger Wel

)ewesen	Charakteristische Bilder
ɟenwärtige Tier- und Pflanzenwelt	
cheinen des Menschen, Eissteppen-Pflanzen und tegewohnte Tiere, wie Riesenhirsch und Rentier, hlenbär, wollhaariges Nashorn und Mammut	
:scheidende Periode der Menschwerdung. Pflanzen d Tiere nähern sich den Formen der Gegenwart men, Sumpfzypressen und Mammutbäume te Menschenaffen in Afrika, bald darauf auch Europa und Asien sche Entwicklung der Landsäuger und ubbäume	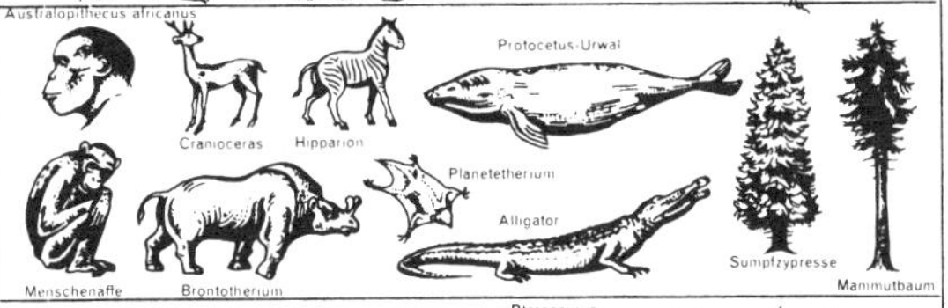
ıtenpflanzen ssterben der großen Reptilien sches Vordringen der Säuger und Vögel ginn der Laubbäume te Vögel ıtezeit der Riesen-Saurier 'scheln, Schnecken und Korallen ssterben der Riesenfarne und Schachtelhalme ste Dinosaurier ste Säugetiere und Schildkröten ebse und Lungenfische	
ste Nadelhölzer twicklung der Wirbeltiere ste Kopffüßer, verschiedene Fische rlapp- und Schachtelhalm-Wälder ste geflügelte Insekten ste Reptilien ste Bäume (Urfarne) geflügelte Insekten ɔßte Mannigfaltigkeit der Fische ste Amphibien ste Landpflanzen ste Fische als Vorläufer der Wirbeltiere lypenartige Meerestiere, Korallen, Skorpione ben nur im Meer ere: alle Stämme der Wirbellosen nzige Pflanzen: Algen	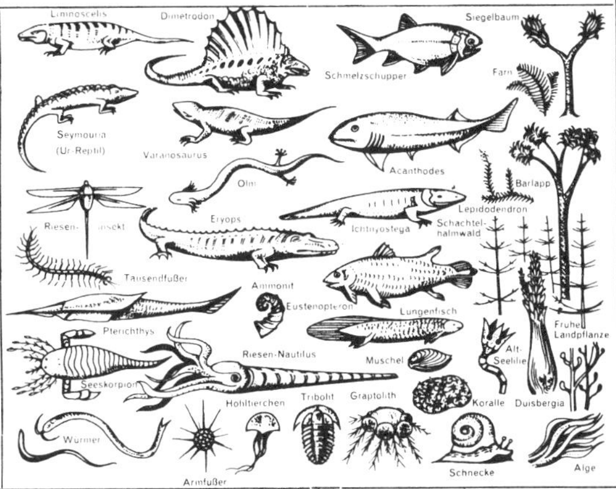
ginn des Lebens: Strahlentierchen, Armfüßer d sonstige Weichtiere, Urtierchen, Algen	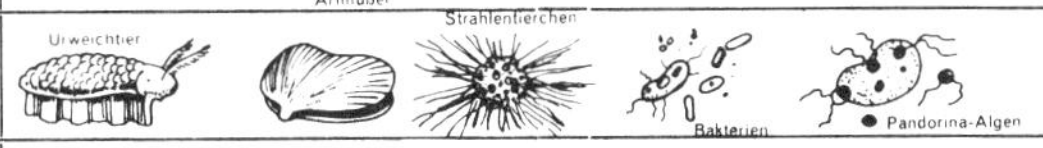
ine Lebensmöglichkeit auf Erden, da die Tempe- ur noch zu hoch ist	**Zeittafel mit Lebensübersicht**
ste Erdkruste. Ungeheuer groß ist die Wärmeabga- der Erde sinkt ab, liegt aber noch bei ca. 1000° C. rper, ist feuerflüssig und selbstleuchtend.	

oft genug Anlaß, über die diebische Bande zu wettern, und er widerstand nur mit Mühe der Versuchung, mit der neunschwänzigen Katze dazwischenzufahren.

Schließlich kam in der Bucht von Wulaia kurz vor der Heimfahrt sogar ein Boot abhanden. Das war dem Kapitän zu bunt; obwohl er ein guter Christ war, fluchte er in allen Tonarten, schickte seine Matrosen an Land, ließ drei der Indianer aufgreifen – zwei junge Männer und ein neunjähriges Mädchen – und sie als Geiseln an Bord bringen. Das beeindruckte aber deren Angehörige nur wenig. Eine Frau, die auf einen Perlmuttknopf ganz versessen war, verkaufte für diesen sogar noch ihren vierzehnjährigen Jungen dazu.

So hatte Kapitän Fitzroy vier Eingeborene an Bord, als die »Beagle« klar zur Heimfahrt war. Das gestohlene Boot war nicht gefunden worden. Was sollte er nun mit den Geiseln machen?

Da er, wie schon gesagt, ein guter Christ war, entschloß er sich, sie mit nach England zu nehmen und da auf seine Kosten christlich erziehen zu lassen. Seine Matrosen freuten sich darüber, hatten sie doch dadurch auf der langweiligen Reise einige Unterhaltung. Für sie waren die Indianer so etwas wie gelehrige Affen, die man als Reiseandenken mitbringt, und sie gaben ihnen phantasievolle Namen: Der älteste und zugleich klügste wurde einfach zum Boat Memory, »Andenken an das gestohlene Boot«, den zweiten, einen Zwanzigjährigen, der ausgesprochen mürrisch war, tauften sie nach einem ähnlich finsteren Berg in seiner Heimat York Minster, das Mädchen erhielt den klangvollen Namen Fuegia Basket, und der Vierzehnjährige, nun, der wurde schlicht nach seinem Kaufpreis Jemmy Button, also Jemmy Knopf, genannt.

Bald nach der Ankunft in England starb Boat Memory an den Pocken. Die drei anderen lebten auf des Kapitäns Kosten bei einem Pastor. Es wurde bestens für sie gesorgt. Nicht nur in christlichen, auch in allerlei weltlichen Kenntnissen wurden sie unterwiesen, beispielsweise in Zimmermanns- und Gärtnerarbeiten. Sie entwickelten sich befriedigend, und offenbar fühlten sie sich ganz wohl in England.

Trotzdem bekam Kapitän Fitzroy durch seine Schützlinge Ärger. Diese gerieten nämlich ganz ohne ihr Zutun zwischen die Mühlsteine der Politik.

Durch die Entdeckung Amerikas hatte der Sklavenhandel einen großen Aufschwung genommen. Viele Millionen Negersklaven wurden nach Europas überseeischen Kolonien geschafft, vor allem als Plantagenarbeiter nach Amerika. Allein Engländer verkauften über zwei Millionen Farbige nach

Fuegia Basket

York Minster

Jemmy Button

dort. Ende des achtzehnten Jahrhunderts verstärkte sich in England jedoch mehr und mehr der Widerstand gegen die Sklaverei, und 1807 wurde ein Verbot des Sklavenhandels in den englischen Kolonien durchgesetzt. Die für die Freiheit des einzelnen eintretenden Liberalen waren damit noch nicht zufrieden und kämpften verbissen für eine Freilassung aller Sklaven.

Als nun die »Beagle« 1830 mit den vier Eingeborenen an Bord heimkam, hatte der Kampf für und wider die Sklavenbefreiung gerade einen Höhepunkt erreicht. Prompt zog man die Feuerländer in die stürmischen Auseinandersetzungen hinein. Hatte man sie nicht gegen ihren Willen aus ihrer Heimat entführt? War der kleine Jemmy Button nicht regelrecht gekauft worden?

Also Sklaverei, ganz und gar Sklaverei! Und das auf einem Schiff der Royal Navy, der königlichen Marine! Ein Skandal sondergleichen!

Kapitän Fitzroy wußte nicht, wie ihm geschah. Er wurde als ein brutaler Sklavenjäger in Grund und Boden verdammt! Empört wandte er ein, daß er die Wilden doch nur in England ausbilden lasse, damit sie nach der Rückkehr in ihre Heimat die anderen Feuerländer der Missionsarbeit zugänglich machen, ihre Stammesbrüder zum Christentum bekehren, englische Kultur ins wilde Feuerland bringen sollten.

»Lügen, lauter Lügen und Ausreden!« schrie man ihm ins Gesicht, und die Regierung gab ihm strenge Anweisung: »Bringen Sie schleunigst ihre Wilden wieder dorthin, woher sie gekommen sind!«

So reisten nun 1831, zwei Jahre nach dem Verlassen ihrer Heimat, die drei Feuerländer an Bord der »Beagle« zurück. Richard Matthews, ein junger Missionar, begleitete sie und gab ihnen auf der Überfahrt weiteren Unterricht. Er wollte bei ihnen im Feuerland bleiben, um die dortigen Heiden zu bekehren.

Den drei Feuerländern war der Aufenthalt in England erstaunlich gut bekommen. Unser Freund Darwin war hocherfreut, daß er ein Jahr lang an ihnen die Auswirkungen der Zivilisation studieren konnte. Anschaulich hat er uns die drei geschildert:

»York Minster war ein voll erwachsener, untersetzter, dicker und kräftiger Mann. Er war zurückhaltend, schweigsam, mürrisch und wurde leidenschaftlich heftig, wenn man ihn reizte. Einigen an Bord war er sehr zugetan. Seine Intelligenz war gut.

Allgemeiner Liebling war Jemmy Button, doch war auch er leidenschaftlich. Sein Gesichtsausdruck ließ schon sein anziehendes Wesen erkennen. Er war vergnügt, lachte oft und hatte mit jedem, dem es schlecht ging, bemerkenswert viel Mitgefühl. Wenn rauhe See ging, war ich oft etwas seekrank. Dann kam er zu mir und sagte mit trauriger Stimme: ›Armer, armer Freund!‹ Jemmy war klein, dick und fett, aber sehr eitel auf sein Äußeres. Er pflegte stets Handschuhe zu tragen, hielt sein Haar hübsch geschnitten, und er war sehr unglücklich, wenn seine blank geputzten Schuhe schmutzig wurden. Gern bewunderte er sich in einem Spiegel.

Wenn ich an seine vielen guten Eigenschaften denke, so erscheint es mir unglaublich, daß er von derselben Rasse stammen und ohne Zweifel auch denselben Charakter haben soll wie die elenden, verkommenen Wilden, denen wir hier zuerst begegnet sind.

Fuegia Basket endlich war ein nettes, bescheidenes, zurückhaltendes junges Mädchen mit ziemlich angenehmem, manchmal allerdings verdrossenem Wesen. Sie lernte alles sehr schnell, vor allem Sprachen. Dies zeigte sich darin, daß sie während des nur kurzen Aufenthalts in Rio de Janeiro und Montevideo etwas Portugiesisch und Spanisch aufgeschnappt hatte, und in ihrer Beherrschung der englischen Sprache. York Minster war auf jeden eifersüchtig, der ihr nur eine kleine Gefälligkeit erwies. Offensichtlich war er entschlossen, sie zu heiraten, sobald sie sich an der heimatlichen Küste niedergelassen haben würden.«

Die »Beagle« ging bei der Insel Navarin vor Anker. Von hier aus brachte Kapitän Fitzroy seine Schützlinge in Booten nach Wulaia, ihrer Heimat. Die vielen Geschenke an Geräten, Werkzeugen, Kleidung und Saatgut, die sie aus England mitbekommen hatten, fanden kaum in den vier Booten Platz, so großzügig hatte man sie versorgt.

Darwin war mit von der Partie, und ich will den Verlauf der Fahrt nach seinem Tagebuch kurz schildern:

Am Nachmittag des 19. Januar 1833 fuhren die vier Boote in die östliche Mündung des Beaglekanals ein. Der damals noch unerforschte Kanal besteht aus einer langen Reihe von Seen und Fjorden. Vor dem Dunkelwerden fanden sie eine bequeme kleine Bucht; hier schlugen sie ihre Zelte für das Nachtlager auf. Nichts konnte idyllischer sein als dieses Lagerbild: Im klaren Wasser des kleinen Hafens spiegelten sich die vor Anker liegenden Boote und die Uferbäume, in deren Schutz die Zelte standen, rötlich überhaucht von den flackernden Lagerfeuern, deren blaugrauer Rauch das bewaldete Tal hinaufzog.

Am nächsten Tage kamen die Boote bald in eine bewohntere Gegend. Diese Eingeborenen hatten wohl kaum jemals einen weißen Mann gesehen. Nichts konnte ihr Erstaunen übertreffen als sie die Bootsflotte und deren weiße Besatzung sahen. Überall flammten Signalfeuer auf, um die seltsame Neuigkeit zu verbreiten. Einige Männer liefen mit den Booten meilenweit längs des Ufers mit. Als die Boote auf eine überragende Felsklippe zufuhren, erschienen dort oben plötzlich vier oder fünf Männer, eine der wildesten Gruppen, die unsere Freunde jemals sahen: Vollkommen nackt, mit langem, wehendem Haar, dicke Knüppel in den Händen, sprangen sie von einem Bein auf das andere, wild gestikulierend und die Arme über ihren Köpfen schwingend, wobei sie gellend und ohrenzerreißend kreischten.

Die Boote fuhren nun unter den Felsen, und damit verschwand der Höllenspuk.

Zu Darwins Füßen aber kauerte der kleine Jemmy, bleich und zitternd; er schlotterte förmlich vor Angst. Offenbar hatte er im Zusammenleben mit gesitteten Menschen ganz vergessen, wie es daheim aussah, und das schreckenerregende Bild eben brachte ihm die Erinnerung zurück, ließ ihn erkennen, daß seine Stammesangehörigen halbe Tiere waren, bei denen uneingeschränkt das Recht des Stärkeren galt. War es nicht sogar Sitte, kranke oder schwache Angehörige totzuschlagen und aufzufressen?

Jemmy packte das bleiche Entsetzen, und angstvoll umklammerte er Darwins Beine. Der strich ihm tröstend über das Haar und grübelte dabei: Stammte Jemmy wirklich aus der wilden Horde, die er eben gesehen hatte, war er vor zwei Jahren noch ein genau solch tierhaftes Wesen gewesen? Waren vielleicht sogar alle Menschen solche Tiere gewesen wie diese Feuerländer? Oder konnte es sein, daß die Entwicklung über lange Zeiträume hinweg vom gleichen Ursprung aus hier zu diesen naturhaft-wilden, vernunftlosen Tiermenschen, daheim unter glücklicheren Umständen aber zum naturbeherrschenden, humanen Kulturmenschen geführt hatte? Waren Vernunft und Kultur also nur umweltbedingt, rein durch Übung entwickelt? Konnte es sein, daß ein unüberschaubar langer Wandlungsvorgang vom Halbtier zum Menschen bei den drei Feuerländern im Umgang mit Kulturmenschen auf wenige Monate zusammengedrängt worden war?

Solche Gedanken bewegten Darwin, während die Boote unaufhaltsam dem Ziele, der engeren Heimat der drei Feuerländer, zustrebten. Vor allem machte er sich Sorge, was aus Jemmy und seinen Schicksalsgefährten in dieser wilden Umwelt werden sollte. Konnten sie ihren wilden Brüdern und Schwestern das weitergeben, was sie gelernt hatten, konnten sie diese Halbmenschen auf den Weg zum bewußten Menschsein bringen?

Darwin zweifelte daran, seit er die Wilden selber kennengelernt hatte, und er war sich klar darüber, daß es für die drei Rückkehrer beim Mißlingen ihrer Mission nur eine Möglichkeit zum Überleben geben würde: Rückverwandlung in Wilde!

Wie mochte dieser Versuch enden, dieser Versuch mit lebenden Menschen, entscheidend über Leben und Tod?

Mittags landeten die Boote unter einer Horde Wilder. Sie waren zuerst mißtrauisch und behielten ihre Schleudern in den Händen. Als man sie aber durch kleine Geschenke erfreute, ihnen rote Bänder um die Köpfe band, wurden sie zutraulich. So leicht man sie dadurch erfreuen konnte, so schwer war es aber, sie zufriedenzustellen. Jung und alt, alle, wie sie da waren, wiederholten ohne Unterlaß das berüchtigte »Jammerschkuner«. Als sie fast auf jeden Gegenstand gezeigt hatten, selbst auf die Knöpfe an der Kleidung ihrer Besucher, dabei ihr Lieblingswort in jeder Tonart wiederholend, deuteten sie listig auf ihre jungen Weiber oder kleinen Kinder, als wenn sie sagen wollten: »Wenn du mir nichts gibst, so wirst du doch sicher nicht so grausam gegen diese sein?«

Da sie abends keine unbewohnte Bucht finden konnten, schlugen sie in der Nähe eines Trupps Eingeborener ihr Lager auf. Die Wilden waren immer harmlos, wenn sie in geringer Anzahl waren. Als aber am anderen Morgen weitere hinzukamen, wurden sie feindselig.

Gegen Wilde wie diese, die nicht die geringste Vorstellung von der Gewalt der Feuerwaffen haben, ist ein Europäer sehr im Nachteil. Wenn er seine Flinte anlegt, so erscheint er dem mit Pfeil und Bogen, mit einem Speer oder auch nur mit einer Schleuder bewaffneten Wilden sehr machtlos. Dieser kann es einfach nicht begreifen, daß ein Körper wegen seiner Schnelligkeit unsichtbar sein kann. Einem wilden Tiere gleich kann man ihn von der Überlegenheit der Feuerwaffe nur überzeugen, indem man ihm eine tödliche Wunde damit beibringt. Kapitän Fitzroy feuerte einst seine Pistole zweimal dicht neben einem Eingeborenen ab, um einen kleinen Trupp von ihnen zurückzuscheuchen. Der Mann sah erstaunt auf und rieb sich verwundert seinen Kopf, dachte aber nicht ans Weglaufen. Er kannte den scharfen Knall eines Schusses dicht am Ohr nicht, wußte nicht einmal, ob es ein Ton oder ein Schlag war, und so rieb er sich in natürlicher Auswirkung den Kopf.

Es gelang, einen ernstlichen Zusammenstoß mit den Eingeborenen zu vermeiden. Unbehindert fuhren die Boote in dem Kanal weiter, in einer geradezu großartigen und unberührten Landschaft. Unmittelbar aus dem Wasser steigen hier die Berge etwa tausend Meter hoch, und ihre Gipfel sind wild zerrisen und gezackt. Vier- bis fünfhundert Meter hoch sind sie mit dunklem Wald bedeckt, der wie mit einem Lineal abgeschnitten endet. Aus der Entfernung gesehen, gleicht er dem Flutsaum angeschwemmter Meerespflanzen an der Küste.

Das Nachtlager wurde diesmal in einer Bucht aufgeschlagen, in der nur eine kleine Familie von Feuerländern wohnte, harmlose und ruhige Leute. Sie setzten sich bald mit um das Lagerfeuer, allerdings ziemlich weit davon entfernt. Obwohl sie nackt waren, zerflossen sie beinahe in Schweiß, während die dicht am Feuer hockenden Weißen trotz ihrer warmen Kleidung froren. Es waren vergnügte Leutchen, die munter den Chorgesang der Matrosen mitkrächzten – nur, sie setzten immer ein wenig zu spät ein, und die Weißen fanden das zum Kugeln.

Die Neuigkeit von der Ankunft der Fremden hatte sich nachts in der Umgebung verbreitet. Morgens in aller Frühe kamen weitere Feuerländer an. Einige waren so schnell gelaufen, daß sie aus der Nase bluteten, und sie sprachen so schnell, daß sie aus dem Munde schäumten. Mit ihren nackten Körpern, die überall schwarz, weiß und rot beschmiert waren, sahen sie aus wie Dämonen, wie böse Geister, die miteinander gekämpft hatten.

Endlich waren die drei Heimkehrer an Ort und Stelle. Sogleich nach der Ankunft auf heimatlichem Boden wurden York Minster und Fuegia Basket von Missionar Matthews getraut. Die Matrosen bauten drei Hütten, je eine für den Missionar, für das junge Paar und für Jemmy Button. Die vielen Geschenke, die sie aus England mitbekommen hatten, wurden in den Hütten untergebracht, und schließlich wurden noch zwei Gemüsegärten angelegt.

Darwin war besonders gespannt auf das erste Zusammentreffen der Rückkehrer mit ihren Angehörigen. Enttäuscht schreibt er darüber: »Am Morgen nach unserer Ankunft (24. Januar 1833) begannen die Feuerländer herbeizuströmen. Jemmy erkannte die Stentorstimme eines seiner Brüder schon aus weiter Entfernung. Die Begegnung war dann allerdings weniger interessant als das Zusammentreffen eines Pferdes, das auf die Weide gelassen wird, mit seinen alten Kameraden: Keinerlei Zeichen von Zuneigung war hier zu bemerken. Sie starrten sich nur eine Zeitlang an, und die Mutter ging sofort wieder weg, um nach ihrem Kanu zu sehen ...

Wir hatten bereits bemerkt, daß Jemmy seine Muttersprache fast völlig vergessen hatte. Ich möchte meinen, daß es kaum ein zweites menschliches Wesen mit einem so geringen Sprachschatz gegeben hat, denn auch sein Englisch war höchst unvollkommen. Es war zum Lachen und doch auch zum Erbarmen, wie er seinen wilden Bruder englisch anredete und ihn dann auf Spanisch fragte: ›no sabe?‹ – ob er ihn nicht verstehe.«

So stumpf verlief das erste Zusammentreffen des halbzivilisierten Jemmy mit seinen nächsten Angehörigen nach zweijähriger Abwesenheit; auf beiden Seiten war kaum eine Gemütsbewegung zu erkennen. Der Mutter war Jemmy wohl zu fein geworden, und dieser schämte sich seiner »wilden« Mutter, die er sicherlich ganz anders in Erinnerung hatte. Jemmys Bruder aber, den die Matrosen Tommy getauft hatten, interessierte sich nur für die Kleidung seines Bruders. Begehrlich fühlte er den Stoff des Mantels, und als er ihn anprobiert hatte, behielt er ihn gleich, obwohl er ihm zu klein war. Nun war er auf den Geschmack gekommen und drohend forderte er Jemmys Hose. Um einem Streit aus dem Wege zu gehen, gab Kapitän Fitzroy Tommy einen vollständigen Matrosenanzug, mit dem dieser alsbald durch das Lager stolzierte.

Am 28. Januar waren die Hütten fertig und auch sonst alles für die Bequemlichkeit der Rückkehrer geordnet. Mit den mehr als hundert Eingeborenen, die sich inzwischen hier versammelt hatten, war es zu keinen ernstlichen Zwischenfällen gekommen. So schickte Kapitän Fitzroy noch am Abend zwei Boote nach der »Beagle« zurück, übergab Matthews und den drei Heimkehrern ihre Hütten und unternahm selbst mit den beiden anderen Booten einen Vorstoß in den westlichen Teil des Beaglekanals, an dem auch Darwin teilnahm.

Er war begeistert von der Großartigkeit der Landschaft: »Die hohen Berge auf der Nordseite waren von einem Mantel ewigen Schnees bedeckt, und zahllose Wasserfälle ergossen ihr Wasser durch die Wälder in den engen Kanal. In manchen Teilen erstreckten sich ansehnliche Gletscher vom Bergeshang bis zum Rande des Wassers. Man kann nichts Schöneres sehen, als das Beryllblau des Gletschers, besonders wenn man es mit dem toten Weiß einer Schneefläche vergleicht. Fielen Stücke des Gletschers ins Wasser, so schwammen sie alsbald weg, und der Kanal mit seinen Eisbergen war ein Bild des Polarmeeres im Kleinen.« –

Nach zwölf Tagen kehrten die beiden Boote mit dem Kapitän und Darwin zu der neuen Ansiedlung zurück. Die Lage hatte sich hier gleich nach der Abfahrt der Boote unheilvoll verändert. Ständig waren Scharen von Eingeborenen gekommen, hatten erst gebettelt und dann geplündert. Matthews hatte alles verloren, was er nicht im Boden versteckt hatte; er war einem Nervenzusammenbruch nahe. Tag und Nacht war er von Wilden umgeben gewesen, die ihn mit Steinen und Knüppeln bedroht, ihm durch Zeichen angedeutet hatten, daß sie ihn nackt ausziehen und ihm alle Haare auf dem Kopfe und am Körper ausreißen würden. Am schlimmsten aber war die Übermüdung, denn mit raffinierter Grausamkeit hatte man ununterbrochen in seiner nächsten Nähe gelärmt und getobt.

Und seine Schützlinge? Waren sie ihm nicht zu Hilfe gekommen? Leider nein! York Minster, der kräftige Bursche, hatte sich zwar gegenüber seinen Landsleuten Respekt verschafft, indem er sie herzhaft verprügelte, aber den Missionar ließ er völlig im Stich. Als er seinen Kameraden Jemmy etwas abseits erwischte, zog er ihn roh bis auf die Haut aus, und dann verschwand er samt Fuegia mit Jemmys ganzer Habe.

Kapitän Fitzroy entschloß sich, den bis ins Innerste seiner Seele verwundeten Missionar wieder an Bord der »Beagle« zu nehmen; er ist dann später auf Neuseeland geblieben.

Über seinen jungen Freund Button aber schrieb Darwin: »Der arme Jemmy sah recht verzweifelt aus, und er wäre damals bestimmt froh gewesen, mit uns zurückkehren zu können. Er schimpfte tüchtig auf seine Landsleute: ›Alles schlechte Menschen! Verdammte Narren!‹

Ich fürchte, den drei Feuerländern hat ihr Besuch in England keinerlei Nutzen gebracht.«

Darwins Befürchtung hat sich nur zu sehr bewahrheitet. Als Kapitän Fitzroy ein gutes Jahr später nochmals nach seinen Schützlingen sah, fand er zunächst keine Menschenseele in Wulaia. Dann aber erschien ein Kanu mit einer kleinen flatternden Fahne in der Bucht. Einer der Insassen wusch sich die Farbe vom Gesicht: Es war der arme Jemmy – jetzt ein abgemagerter, kläglicher Wilder mit langem, wirrem Haar, nackt bis auf ein Stückchen

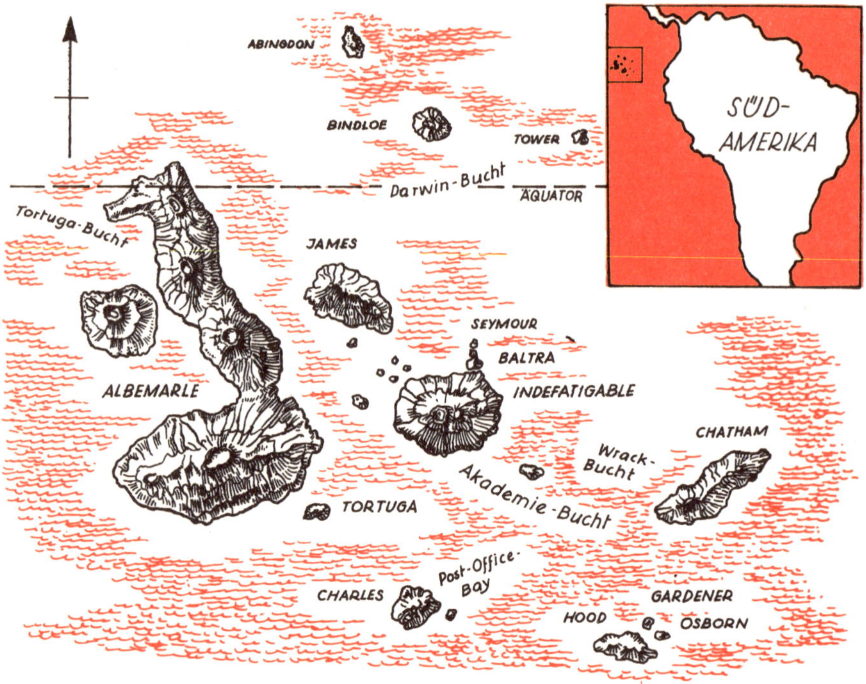

Geographische Übersichtsskizze und Karte des Galapagos-Archipels

Decke um die Hüften. Der Kapitän lud den so traurig veränderten Jemmy zum Essen ein. Dabei erzählte dieser munter, daß er genug zum Essen habe, nicht friere und daß seine Verwandten gute Leute seien. Sein Aussehen strafte zwar seine Worte Lügen, aber nein, nach England wolle er nicht zurück. Der Grund war einleuchtend: Im Kanu hockte ein junges, nett aussehendes Mädchen, das er stolz als »Jemmy Buttons Frau« vorstellte.

Herzlich war der Abschied. »Jedermann schüttelte ihm traurig zum letztenmal die Hand. Als Jemmy das Land erreichte, zündete er ein Feuer an, dessen Rauch uns ein letztes, langes Lebewohl sagte, während das Schiff Kurs auf das offene Meer nahm.«

Was aus den drei Heimkehrern zum Feuerland schließlich geworden ist? Nichts Gutes: Der gewalttätige York Minster wurde in Vergeltung eines von ihm verübten Mordes von seinen Landsleuten erschlagen, seine Frau Fuegia soll in den Armen noch gewalttätigerer Robbenfänger umgekommen sein. Und Jemmy? Nun, ein Vierteljahrhundert später, am 6. November 1859, wurden acht Missionare während des Gottesdienstes in der halbfertigen Kirche von Wulaia durch wilde Indianer überfallen und erschlagen. Anstifter dieses Gemetzels war der damals dreiundvierzigjährige Jemmy Button. Mit dieser Schandtat verschwindet der einst so nette und ach, so mitfühlende Jemmy aus der Geschichte.

Obwohl dieses abstoßende Nachspiel nicht zu erwarten war, als die »Beagle« um Kap Hoorn herum in die Wasserwüste des Stillen Ozeans hinausfuhr, war Darwin sich doch darüber klar, daß das Experiment mit den drei Feuerländern in humanitärer Hinsicht restlos mißlungen war. Die Umwelt prägt den Charakter der Lebewesen, nicht die Erziehung. Der Kampf ums Dasein ist der harte Prüfstein.

Am 15. September 1835 erreichte die »Beagle« die Galapagos-Inseln, so genannt nach den Riesenschildkröten, die darauf leben. Die alten Spanier nannten sie auch »Die verzauberten Inseln«, weil geheimnisvolle Meeresströmungen zwischen ihnen die Schiffe anziehen oder abstoßen. Für Darwin waren es wirklich verzauberte Inseln. Obwohl er nur 36 Tage darauf verbrachte, haben sie sein ganzes weiteres Leben bestimmt. Dabei war er damals erst 26 Jahre alt, aber 73, als er starb. Es waren entscheidende Tage und Jahre für die Wissenschaft aller Wissenschaften, der Lehre vom Werden des Menschen, denn auf diesen Inseln fand er das große Freiluft-Labor der Entwicklungslehre.

Die zehn einsamen Inseln der Galapagosgruppe liegen rund tausend Kilometer vom südamerikanischen Festland entfernt im Stillen Ozean, dem Pazifik. Politisch gehören sie zu Ecuador. Mitten durch die Inselgruppe verläuft der Äquator, aber umspült werden die Inseln vom Humboldtstrom, dessen Wasser etwa 10° C kälter ist als das umgebende warme Tropenmeer.

Dieser kühle Humboldtstrom hat zahlreiche Einwanderer aus kälteren Zonen auf die Klippen der Galapagos gespült, Seelöwen, Pelzrobben und Pinguine, die sich nun hier fern ihrer eigentlichen Heimat des Lebens freuen.

Das Zusammenwirken von kaltem Wasser und heißer Sonne ergibt ein eigentümliches Klima. Nur von Dezember bis März gibt es Stürme, Gewitter und Regen, während der übrigen Zeit des Jahres weht der Passat, der gleichmäßige, trockene Südostwind. So ist das lavabedeckte Unterland ein wüstenhaftes Trockengebiet mit Dorngebüsch und Kakteen, während die bis zu 1430 Meter hohen Berge in dichten Nebel gehüllt sind. An den ständig feuchten Berghängen wachsen hohe Bäume, die von Moosen und Farnen überwuchert werden.

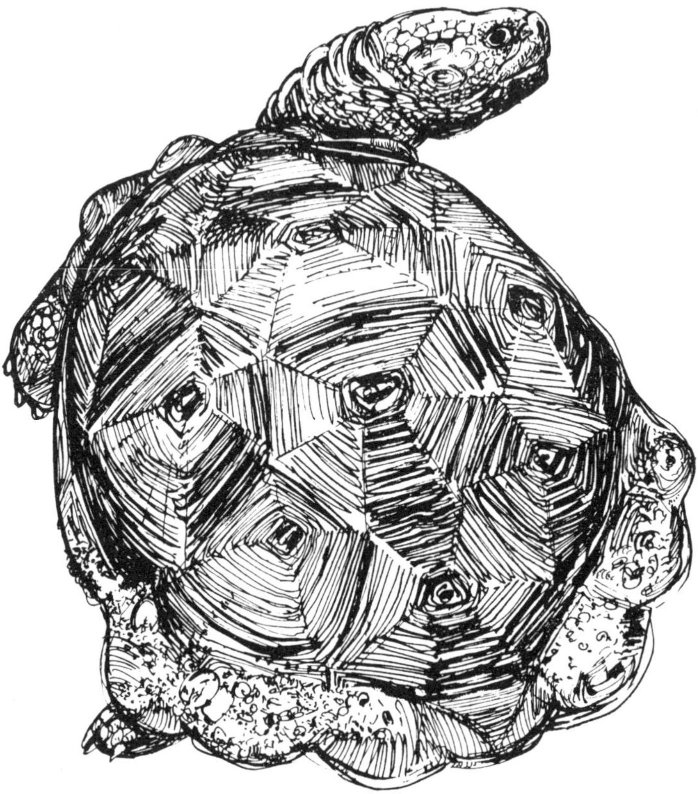

Nach der spanischen Bezeichnung galápago (= Riesenschildkröte) erhielt die ganze Inselwelt ihren Namen. Nur auf den Galapagos-Inseln im Stillen Ozean und auf den Seychellen-Inseln im Indischen Ozean lebt dieses uralte Tiergeschlecht noch.

Darwin meinte, die Landschaft sei etwa so, wie man sich die freundlicheren Teile der Hölle vorstelle. Anschaulich schrieb er: »Dieser Archipel besteht aus zehn Hauptinseln, von denen fünf größer sind als die andern. Alle bestehen sie aus vulkanischen Gesteinen. Einige der Krater sind mit 1000 bis 1200 Meter Höhe geradezu riesig; ihre Abhänge sind mit unzähligen kleineren Öffnungen übersät. Ich möchte behaupten, daß es auf dem ganzen Archipel wenigstens 2000 Krater geben muß. Sie bestehen entweder aus Lava und Schlacken oder aus schön geschichtetem, sandsteinartigem Tuff.

Am 17. September landeten wir an der Chatham-Insel. Eine Nacht schlief ich am Ufer ... Der folgende Tag war glühend heiß, und das Klettern über den rauhen Boden und durch das wirre Dickicht ermüdete sehr. Ich wurde aber durch das seltsam-großartige Bild reichlich dafür entschädigt. Auf meinem Wege begegnete ich zwei großen Schildkröten, deren jede wenigstens 200 Pfund schwer sein mußte. Die eine fraß an einem Kaktus; als ich herankam, starrte sie mich an und kroch dann langsam fort. Die andere stieß ein tiefes Zischen aus und zog den Kopf ein. Diese ungeheuren Kriechtiere inmitten der schwarzen Lava, der blattlosen Sträucher und großen Kakteen erschienen mir wie vorsintflutliche Geschöpfe.«

Vom Strande zu den Quellen im höher gelegenen Teil der Inseln führten breite, stark ausgetretene Pfade: Straßen der Schildkröten. »In der Nähe der Quellen bot das Treiben der riesigen Kreaturen ein seltsames Schauspiel: die einen mit langgestreckten Hälsen eifrig auf ihr Ziel losmarschierend, andere, die sich vollgetrunken hatten, auf dem Rückweg. Sobald eine Schildkröte bei der Quelle anlangt, taucht sie, ohne sich um etwaige Beobachter zu kümmern, ihren Kopf bis über die Augen ins Wasser und nimmt gierig große Schlucke, ungefähr zehn in der Minute.«

Angst vor Menschen? Nicht im geringsten, eher umgekehrt! Obwohl Darwin gewiß kein Angsthase war, klopfte ihm doch das Herz bis zum Halse hinauf, als er sich erstmals solch einem Koloß näherte. Doch merkte er schnell, daß die Tiere völlig harmlos waren, und da machte er sich das Vergnügen, einem von ihnen auf den Rücken zu steigen. Die Schildkröte verharrte dabei völlig regungslos. Als er ihr dann aber übermütig ein paar ermunternde Klapse auf das Hinterteil ihres Panzers gab, erhob sie sich gehorsam wie ein dressiertes Zirkustier und schritt davon. Der überraschte Darwin hatte alle Mühe, auf dem seltsamen Reittier das Gleichgewicht zu halten. Gründlich wie er war, maß er hinterher sogar die Geschwindigkeit seines »Rennpferdes«: 330 Meter in der Stunde, sechs Kilometer am Tag, kleine Futterpausen unterwegs eingerechnet.

Noch mehr Eindruck als die Riesenschildkröten machte auf Darwin die fast zwei Meter lange Meeresechse, die man nirgendwo sonst auf der Welt findet. Mit ihrer narbigen Haut, dem gezackten Rückenkamm, den Stacheln des massigen Kopfes und den scharfen Krallen der starken Beine mutete sie an wie ein Fabelwesen, wie ein Urwelttier. Sie ist schwarz wie die Lava, auf der sie umherkriecht, untermischt mit den grauen Farbtönen der Meeresbrandung, die sie zwar liebt, von der sie sich aber nicht ins Meer hinaustragen läßt, denn sie ist trotz ihres Namens ein Landtier. Darwin nannte sie schaudernd »Dämonen der Finsternis«, und doch sind diese so höllisch aussehenden Wesen völlig harmlos und träge. Ihr ganzes Dasein besteht darin, in der Sonne zu liegen und sich bei Ebbe den Bauch voll Meerestang zu fressen.

»Dämonen der Finsternis« nannte Darwin die Meerechsen (oben). Trotz ihres Namens sind diese Reptilien Landtiere.

Die große Landechse der Galapagos, der Drusenkopf (unten)

Eidechsen gab es auf den Inseln in solchen Mengen, daß Darwin kaum gehen konnte, ohne in eine ihrer Bauten zu treten. Der große Landleguan, der Drusenkopf, steht seinem Verwandten, der Meeresechse, in der Länge nicht viel nach. Auch er ist ein Pflanzenfresser und hat ein friedliches Temperament. Darwin erzählte, daß er einen Drusenkopf, der sich in den Boden grub, an seinem langen, runden Schwanz wieder herauszog. »Darüber war er sehr erstaunt, drehte sich um, zu sehen, was da vorgehe, und starrte mir ins Gesicht, als wolle er sagen: ›Was fällt dir eigentlich ein, mich am Schwanz zu ziehen!‹«

Sechsundzwanzig Landvögel sammelte Darwin auf den Inseln. Abgesehen von einem lerchenähnlichen, weitfliegenden Finken waren es sämtlich Arten, die er nirgendwo anders angetroffen hatte. Eine ungewöhnliche Finkengruppe, die mit 13 Arten vertreten war, fand sein besonderes Interesse, weil er bei ihnen einen vollkommen schrittweisen Übergang in der Größe ihrer Schnäbel feststellte. Obwohl sie sich auch in ihrem sonstigen Aussehen und in ihren Lebensgewohnheiten stark unterschieden – ihre Farben waren lavaschwarz, grau und grün, einige Arten waren Insektenfresser, andere pickten Pflanzensamen auf, wieder andere fraßen Blätter, Blüten, Beeren oder Früchte –, vermutete Darwin schon damals, daß sie alle von einem einzigen Finkenpärchen abstammten, welches sich vor langen Zeiten auf die Inseln verirrt hatte und deren Nachkommen sich allmählich den verschiedenen Lebensverhältnissen, die sie hier vorfanden, anpaßten.

Wie gesagt, es war eine Vermutung, die er während des Aufenthaltes auf den Inseln nicht zu erhärten vermochte, denn während dieser 36 Tage mußte er sammeln, sammeln, sammeln. So sammelte er nicht weniger als 185 Pflanzenarten, von denen 100 bisher unbekannt waren. Nur Säugetiere gab es kaum; er fand lediglich eine Maus und eine Ratte.

Wir haben Darwin immer wieder als einen sehr scharfen Beobachter kennengelernt, und doch hätte er bei der Fülle des Neuen und Interessanten beinahe etwas sehr Wichtiges übersehen. Eines Tages erzählte ihm der Vizegouverneur – so einen Beamten gab es trotz der wenigen Menschen auf den Inseln! –, daß die Riesenschildkröten auf den Galapagos so viele Unterschiede aufwiesen, daß er die auf den einzelnen Inseln heimischen genau auseinanderhalten könne.

Nein, Darwin wäre nicht auf den Gedanken gekommen, daß Inseln, die nur 50 bis 60 Meilen (75 bis 90 Kilometer) voneinander entfernt liegen und die das gleiche Klima, die gleiche Bodenart besitzen, von verschiedenartigen Lebewesen besiedelt sein könnten. Und doch war es so. Wieder und wieder stellte er fest, daß die Arten von Insel zu Insel Unterschiede aufwiesen. Andererseits entdeckte er die wirklich wunderbare Tatsache, daß von den 38 nur auf den Galapagos vorkommenden Pflanzen 30 Arten nur auf der einen Insel James zu finden waren.

Er stellte fest, daß die Tier- und Pflanzenwelt der Galapagos im großen und ganzen der des südamerikanischen Festlandes ähnelt, ihr aber nicht gleicht. Jede Insel besaß ihre eigenen Arten, die von denen der anderen Inseln ein bißchen und von denen des Festlandes stärker abwichen. Offenbar waren nur wenige Pflanzen und Tiere oder deren Samen und Eier durch oder über die 1000 Kilometer breite Meeresrinne vom Festland zu den Galapagos-Inseln gelangt. Nachdem sie einmal eine Insel erreicht hatten, schafften sie nicht mehr den Weg zu anderen Inseln der Gruppe. Schwere Stürme, die Vögel, Insekten oder Samen von einer Insel zur anderen hätten wehen können, gibt es dort nicht; lediglich die Meeresströmungen konnten die Lebensformen zu anderen Inseln spülen. Abgeschieden von der übrigen Welt hatten sich die wenigen Einwanderer auf den einzelnen Inseln ganz auf ihre Weise entwickelt, bis schließlich neue Arten gebildet waren. Da die Lebensverhältnisse auf den einzelnen Inseln einander ähnlich sind, ist es verständlich, daß die Entwicklung auf diesen Inseln nicht grundlegend voneinander abwich und daher einander ähnliche, aber nicht gleiche Arten entstanden.

So erhielt Darwin auf den Galapagos-Inseln einen Einblick in die Werkstatt der Natur, in ein Freiluft-Labor der Lebensentwicklung. Es ist nicht sicher, daß er damals schon die Grundzüge seiner Entwicklungstheorie im Geiste aufgestellt hat, aber grundlegende Erkenntnisse waren ihm auf jeden Fall zuteil geworden. Er schrieb, daß er »dem Geheimnis aller Geheimnisse – dem ersten Erscheinen neuer Lebewesen auf Erden – nahe gekommen sei«.

Nun folgte eine interessante Fahrt durch die Inselwelt der Südsee, Besuche auf Tahiti, den Kokosinseln, Australien und Neuseeland. Er lernte die Korallenriffe und Atolle kennen, deren Entstehung er klärte, bevor er sie gesehen hatte.

Dann machte sich die »Beagle« zur Heimfahrt auf; am 2. Oktober 1836 langte sie in England an. Für den grüblerischen Jüngling Charles Darwin waren inzwischen nicht nur fünf Jahre, für ihn war eine Welt vergangen. Er war ein kühldenkender, erfahrener Naturforscher geworden, durch seine Berichte und Sammlungen trotz seiner Jugend ein berühmter Mann. Was er darüber hinaus erkannt hatte, »das Geheimnis aller Geheimnisse«, behielt er noch für sich.

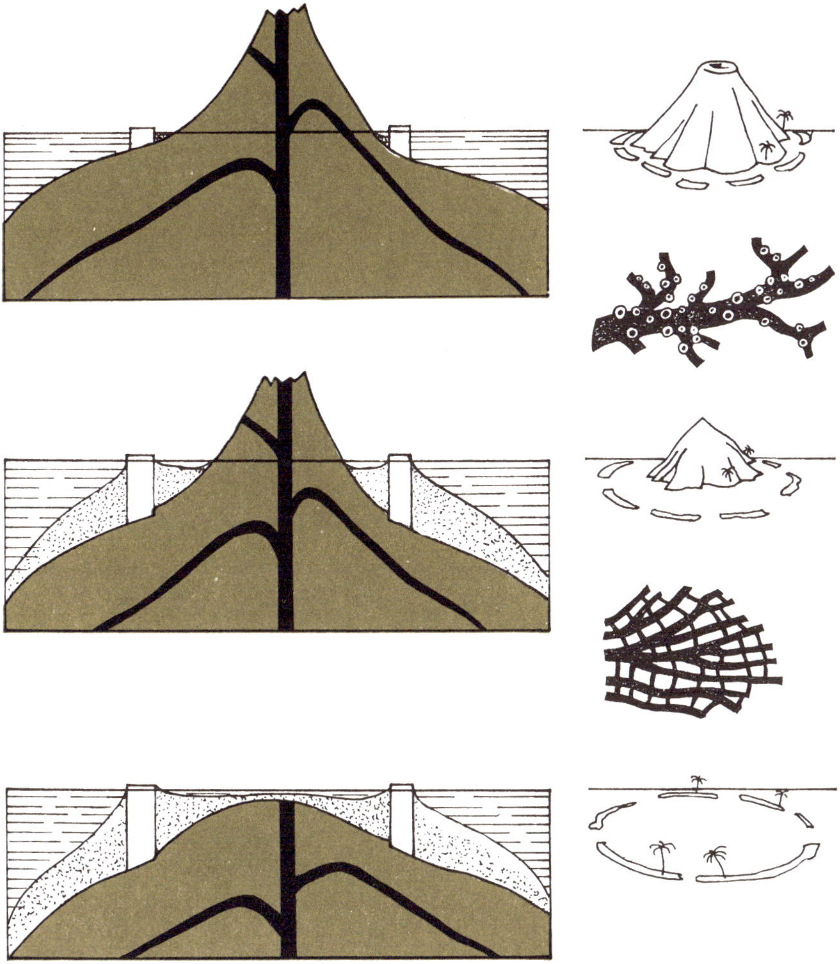

Die Entstehung eines Atolls beginnt damit, daß sich im Flachwasser rund um die Küstenlinie einer vulkanischen Insel, getrennt durch den »Strand-Kanal«, Saumriffe bilden (oben). Die braunen Kanäle sind Lavagänge. – Der erloschene Vulkan versinkt allmählich ins Meer; dadurch werden aus den Saumriffen Wallriffe (Mitte). Gleichzeitig benutzen die Korallenpolypen (oben rechts) die unter Wasser befindlichen Berghänge, um an ihnen das Riff weiter aufzubauen. Auf dem Riff haben sich Pflanzen angesiedelt. Rifftrümmer, die Schalen von Weichtieren und andere Ablagerungen häufen sich außerhalb des Riffs, dessen Korallenbänken die Brandung ständig neue Nahrung zuführt. – Der Vulkan ist abgesunken, das Atoll entstanden (unten). Nur noch der mehr oder minder geschlossene Ring des Korallenriffs umgibt die Lagune. Die Riffaußenseite fällt steil zum Meeresgrund ab, denn jetzt, nach etwa 1 Million Jahre, wachsen die lebendigen Korallenstöcke (Mitte rechts) nahezu 1500 Meter über dem ursprünglichen Felsengrund. – Die Klärung der Entstehung von Riffen ist vor allem Darwins Verdienst.

Schlüssel zu allen Geheimnissen?

»Seht, seine Kopfform hat sich verändert«, das waren die ersten Worte seines Vaters, als Charles Darwin von seiner Weltreise nach Hause zurückkehrte. Der scharfsichtige Arzt merkte bald, daß sich nicht nur die Kopfform seines Sohnes gewandelt hatte, nein, daß auch aus dem unsicheren Jüngling ein gefestigter Mann geworden war. Vom Pfarrerwerden wurde hinfort nicht mehr gesprochen, die Weltreise hatte die Berufswahl des jungen Gelehrten endgültig entschieden: Er war und blieb Naturforscher, auch wenn er keine großen Reisen mehr unternahm.

In Maer Hall wurde der junge Gelehrte liebevoll aufgenommen. Mit glänzenden Augen sah Kusine Emma zu ihm auf, wenn er von seinen Erlebnissen erzählte. Sie war seine aufmerksamste Zuhörerin, und mit ihr diskutierte er manchmal Fragen, die er sonst ängstlich in sich verschloß.

Erschreckt hörte sie von seinen Zweifeln an der biblischen Schöpfungsgeschichte, dem Zwiespalt zwischen seinem Christenglauben und der aus ahnungsvollem Suchen zur Überzeugung gewordenen Entwicklungslehre, dem Wissen, daß die gegenwärtigen Lebensarten von anderen Arten abstammten und nicht unveränderlich erschaffen worden waren. Das stand im schärfsten Gegensatz zu den damaligen Vorstellungen von einem Schöpfergott, der die Natur, so wie sie war, in jeder Einzelheit selber erschaffen, ewig unveränderlich. Emma war tief religiös, und daher fiel es ihr doppelt schwer, die Tatsächlichkeit der Entwicklung alles Lebenden zu erkennen, das anzuerkennen, was im Gegensatz stand zu den landläufigen Anschauungen des Christentums. Voller Sorge sah sie voraus, daß Charles mit seinen Ansichten auf die Dauer in offenen Konflikt mit der Kirche geraten mußte. In süßer Verwirrung spürte sie eine tiefe Liebe zu dem Jugendfreund und empfand gleichzeitig Angst und Schrecken vor der neuen Lehre, mit der Charles rang. In diesem Zwiespalt der Gefühle fand sie Trost in der ihr wohlvertrauten Bibel, die da sagt: »Nun aber bleiben Glaube, Hoffnung, Liebe, diese drei; aber die Liebe ist die größte unter ihnen.«

Mit knapp dreißig Jahren heiratete Charles seine etwa gleichaltrige Kusine. Es wurde eine lebenslange, glückliche Ehe.

Die ersten Jahre verlebte das junge Paar in London. Materielle Sorgen drückten es nicht, denn Emma entstammte einer reichen Familie, aber leider ließ Darwins Gesundheit viel zu wünschen übrig. Es entwickelte sich bei ihm ein nervöses Magenleiden, vielleicht als Folge der Reiseanstrengungen und der häufig überstandenen Seekrankheit, vielleicht aber auch aus dem bedrückenden Widerstreit von Glaube und Wissen. Heftige Kopfschmerzen, Gliederzucken, Schwindel und Brechreiz quälten ihn; kein Arzt vermochte ihm zu helfen. Nur Ruhe und ein geregeltes Leben übten einen guten Einfluß aus. Daher kaufte er sich in der Grafschaft Kent, 30 Kilometer von London entfernt, den Landsitz Down, den er nur noch zu kurzen Reisen verließ.

Hier lebte Darwin still und zurückgezogen ganz seiner Forschung und seiner wachsenden Familie. Er hatte zehn Kinder, von denen drei in jungen Jahren gestorben sind. Die Kinder lebten hier in der freien Natur beneidenswert ungebunden. Als sie erwachsen waren, lobten sie den Vater immer ob seiner Kameradschaftlichkeit, die in jener patriarchalischen Zeit entschieden ungewöhnlich war.

Er war überhaupt ein selten rücksichtsvoller und gütiger Mensch, der sich unglücklich fühlte, wenn er nur befürchtete, einen Menschen gekränkt zu haben. Die schlichten Leute seiner Umgebung empfanden diese ungewohnte Rücksicht voller Dankbarkeit. Als jemand einer einfältigen alten Frau seiner Kirchengemeinde sagte, Herr Darwin komme bestimmt wegen seiner verderblichen Lehre nicht in den Himmel, da sagte diese erschrocken: »Der freundliche Herr Darwin soll nicht in den Himmel kommen? Das kann doch nicht sein! Da muß ich dem lieben Herrgott bei meinem nächsten Nachtgebet doch mal sagen, wie sehr er sich bei seiner Beurteilung irrt.«

»Ein Mensch, der es wagt, eine Stunde seines Lebens zu vergeuden, hat den Wert des Lebens nicht erkannt«, äußerte sich Darwin einmal auf seiner Weltreise. Er selbst vergeudete wahrlich keine Minute, doch mußte er sehr mit seinen Kräften haushalten.

Die ersten Jahre nach seiner Rückkehr ordnete er mit viel Ausdauer seine Reisenotizen zu dem Weltreise-Tagebuch. 1839 erschien es erstmals als dritter Band des wissenschaftlichen Reisewerkes der »Beagle«-Expedition. Es wurde gern und viel gelesen; 1845 wurde es daher als volkstümliche Einzelausgabe herausgegeben und ist seitdem in viele Sprachen übersetzt worden.

Schon im Juli 1837, ein halbes Jahr nach seiner Rückkehr, legte Darwin eine Anzahl von Notizbücher an, in denen er seitdem unermüdlich alles erreichbare Tatsachenmaterial darüber sammelte, daß alle Lebewesen dieser Erde, der Mensch nicht ausgenommen, auf gemeinsame Vorfahren zurückzuführen sind. Die körperliche Ähnlichkeit zwischen Mensch und Tier fand er verblüffend: Alle Menschenknochen ließen sich mit den entsprechenden bei Affe, Fledermaus oder Seelöwe vergleichen, Krankheiten lassen sich von Mensch auf Tier übertragen, und beide werden von gleichen Parasiten gepeinigt. Am unheimlichsten aber ist dieser Beweis: Menschen und Säugetiere durchleben im Mutterleib den ganzen Werdegang ihrer Art, beginnend mit einer einzigen Zelle wie beim Urbeginn allen Lebens.

Daß sich das Leben auf Erden seit Urzeiten gewandelt hat und daß es sich fortlaufend weiter entwickelt, darüber bestand bei ihm kein Zweifel mehr. Noch aber konnte er nicht sehen, wie in der Natur der unaufhaltsame Entwicklungsdrang wirksam ist.

Den Schlüssel zu diesem »Geheimnis aller Geheimnisse« fand er eines Tages ganz zufällig: Im Oktober 1838 las er zu seinem Zeitvertreib eine damals schon vierzig Jahre alte Streitschrift des wenige Jahre zuvor gestorbenen Landpfarrers und späteren Professors Thomas Robert Malthus (1766–1834), und dabei stieß er auf die Behauptung, daß alle Lebewesen den Drang hätten, sich uferlos zu vermehren. Dem arbeite in der freien Natur der Kampf ums Dasein entgegen, indem er den weitaus größten Teil der Lebewesen vernichte, bevor er sich fortpflanzen könne. Darwin dachte an seine Beobachtungen im brasilianischen Urwald, an die ungeheure Verschwendung des Lebens, über die er sich genauso gewundert hatte wie viele andere Naturforscher, die diese Verschwendung sogar zahlenmäßig belegten. Ein Beispiel für viele: Ein einziger Hecht verschlingt alljährlich etwa 7000 Weißfische, jedem Weißfisch fallen während seines Lebens durchschnittlich eine Million Wasserflöhe zum Opfer, diese wiederum vertilgen eine ungeheuer große Zahl allerkleinster Lebewesen. Wenn also ein glücklicher Angler einen zehnjährigen Hecht fängt, dann sind in diesem einzigen Geschöpf, das er auslöscht, direkt oder indirekt siebzig Milliarden andere mehrzellige Tiere und eine unausdenkbar große Zahl von Einzellern aufgegangen.

Daß der Daseinskampf in der Natur als Regulator wirkt, daß er die mengenmäßige Zunahme der Lebewesen steuert, war also bekannt. Aber hier nun blitzte in Darwin der Gedanke auf, daß damit seine Funktionen nicht erschöpft sein können. Wurde nicht durch den Kampf ums Dasein das Schwache und Untaugliche ausgemerzt, während das Starke und Passende überlebte? Mußte eine solche Auslese der Natur nicht auch eine qualitative Wirkung haben, eine Entwicklung zu größerer Lebensfähigkeit herbeiführen?

Darwin im Alter von 31 Jahren nach einem Porträt von George Richmond 1840, vier Jahre nach der Weltreise mit der »Beagle«

Down House, Darwins stiller Landsitz, wo er die »Entstehung der Arten« schrieb

Ja, das war der Schlüssel des Geheimnisses: Der Daseinskampf steuert über die natürliche Auslese die Entwicklung alles Lebenden! Damit bekam die bisher unbegreifliche Verschwendung des Lebens plötzlich einen tiefen Sinn. Aufatmend schrieb Darwin: »Hier nun hatte ich endlich eine Theorie gefunden, mit der sich arbeiten ließ.«

Und wie er mit ihr arbeitete! Er war überzeugt, daß er mit dieser, die ganze Weltanschauung seiner Zeit umstürzenden Theorie erst an die Öffentlichkeit treten dürfe, wenn er sie in allen Einzelheiten durch nachprüfbare Beobachtungen belegen könne. So wurde Darwin zum Tier- und Pflanzenzüchter, zum Experimentator des Lebens. Sein stiller Landsitz wurde zu einer Tierfarm voller Tauben, Hühner, Kaninchen und Hunde. Alte Züchter verrieten ihm ihre Geheimnisse, und bald konnte er beweisen, daß es leicht ist, neue, stark voneinander abweichende Rassen zu erzielen, planmäßig bestimmte Typen herauszuzüchten. Das Wandlungsvermögen der Tiere und Pflanzen war überraschend groß, viel größer, als er je gedacht hatte.

So sammelte er ganze Berge von Tatsachenmaterial, mit dem er seine Theorie sauber und standfest untermauerte. Längst schon hätte er seine Enthüllungen beweiskräftig der Welt vorlegen können, aber immer wieder schreckte er davor zurück. Statt mit der ganzen, allumfassenden Natur befaßte er sich in seinen ersten Arbeiten mit Einzelheiten, mit Korallenriffen und Regenwürmern, Schlingpflanzen und Orchideenbefruchtung. Allein acht Jahre lang studierte er die Rankenfüßer, meerbewohnende niedere Krebse, die auf der Weltreise sein Interesse erregt hatten. Die Ausbeute war ein vierbändiges Werk, das die Wissenschaftler entzückte.

Alle diese Arbeiten kreisten um sein Hauptwerk, die »Entstehung der Arten«, an dem er volle zwanzig Jahre arbeitete. Zwar hatte er schon 1842 eine 35 Seiten starke Zusammenfassung seiner Entwicklungstheorie geschrieben, aber nicht veröffentlicht. Fünfzig Jahre später fand man diese kostbare Urschrift zwischen altem Gerümpel unter einer Treppe seines Hauses. 1844 schrieb er eine auf 23c Seiten erweiterte Darstellung, die aber auch nur wenigen vertrauten Freunden zugänglich wurde. Sein Zaudern, mit diesem Thema vor die Öffentlichkeit zu treten, wirkte beinahe krankhaft.

Seine Freunde, vor allem der große Lyell, mit dem er in einem lebhaften Briefwechsel stand, und Dalton Hooker (1817–1911), der den Botanischen Garten in Kew zum größten der Erde gemacht hatte, drängten ihn immer wieder, seine Erkenntnisse zu veröffentlichen. 1854 endlich begann er mit der Niederschrift seines großen Werkes, das er auf vier dicke Bände berechnete; nur darin könne er die Unmenge seines Materials unterbringen, meinte er.

Aber es ist niemals erschienen, denn an einem schönen Sommermorgen des Jahres 1856 erlebte Darwin den größten Schock seines wissenschaftlichen Lebens, einen so heftigen Schock, daß er die Arbeit an seinem Riesenbuch aufgab.

Der Tag begann wie alle anderen seines strenggeregelten Lebens: Früh im Morgendämmer war er aufgestanden, hatte einen kleinen Spaziergang durch den Park gemacht, dann allein gefrühstückt und Punkt sieben Uhr fünfundvierzig mit der Arbeit begonnen. Gegen halb zehn Uhr war er so erschöpft, daß er sich ins Wohnzimmer begab, um sich ein Stündchen auf dem Sofa auszuruhen. Der Briefträger brachte einige Briefe, und seine Frau las sie ihm vor. Geruhsam besprachen sie die Familiennachrichten. Schließlich sagte Frau Emma: »Hier ist noch ein Brief von dem jungen Wallace aus Borneo. Soll ich ihn dir auch vorlesen?«

»Laß nur, Emma, ich nehme ihn gleich mit in mein Arbeitszimmer«, antwortete Darwin leichthin, denn noch ahnte er nichts von dem Inhalt des Briefes.

Alfred Russel Wallace (1823–1913) war ein Mittelding zwischen Abenteurer und Naturforscher. Nachdem er sich in seinen jungen Jahren als Landmesser, Ingenieur und Schullehrer sein Brot verdient hatte, trieb ihn die Abenteuerlust übermächtig in die Ferne. Mit 25 Jahren ging er als Tierfänger nach Südamerika, und jahrelang durchstreifte er die grüne Hölle des Amazonas. Auf der Heimfahrt hatte er Pech: Feuer im Schiff vernichtete fast alle seine Tiere, mit beinahe leeren Händen kehrte er in die Heimat zurück. Der schwere Schlag entmutigte ihn jedoch nicht. Voll unbeugsamer Energie suchte und fand er Sammler und sonstige Gönner, die eine zweite Expedition finanzierten. Diese führte ihn nach Indonesien, und auf dieser Fahrt wurde er der große Lebensforscher der Sunda-Inseln. Darwins »Weltreise« begeisterte ihn, und das hatte er diesem vor einem halben Jahr geschrieben. Darwin hatte freundlich geantwortet und um einige Auskünfte über die dortige Tier- und Pflanzenwelt gebeten. Diese waren nun wohl in dem jetzigen Briefe enthalten.

Ja, in der Tat, aber darüber hinaus enthielt der Brief die Hauptgedanken von Darwins Theorie der natürlichen Auslese!

Auch Wallace kannte Malthus und seine Bevölkerungslehre, wonach unter verwandten Lebewesen immer ein Kampf ums Dasein ausbrechen muß, sobald infolge starker Vermehrung der Lebensraum zu eng wird. Auch er hatte immer wieder beobachtet, daß im Lebenskampf die den Verhältnissen am besten angepaßten Arten überleben, sich fortlaufend neue Formen bilden, wobei das »Zweckmäßige« über das »Unzweckmäßige« den Sieg davonträgt. So sind zwar unzweckmäßige Formen vorhanden, doch werden diese immer wieder ausgemerzt. Durch dieses Auslese- und Bewährungsprinzip entsteht eine ständige Entwicklung aller Lebewesen in Richtung auf die Vervollkommnung hin.

Darwin war es, als habe er einen Schlag vor den Kopf bekommen: Kein Zweifel, das waren seine Gedanken, das war seine Theorie! Ein anderer hatte ausgesprochen, was er seit achtzehn Jahren durch Versuche zu beweisen bemüht war. Gewiß, es war noch nicht alles klar durchdacht, noch nicht mit Tatsachen belegt, aber es gab nichts daran zu deuteln, daß ihm ein anderer zuvorgekommen war, um Veröffentlichung »seiner« Theorie gebeten hatte. Müde stützte Darwin seinen Kopf in die Hände.

So fand ihn seine Frau, die leise eingetreten war, um nach ihm zu sehen, wie sie das oft tat. »Mein Gott, Charles, was ist geschehen?« fragte sie erschrocken. »Ist dir nicht gut?«

Langsam hob der Forscher seine Augen, schüttelte den Kopf und fand sogar die Kraft zu einem Lächeln, als er Emma den Inhalt des Briefes erzählte. Seine Frau erblaßte. Wenn sie sich auch nur unter schweren inneren Kämpfen zu einer Anerkennung der Gedankengänge ihres Mannes durchgerungen hatte, so empfand sie es jetzt doch als eine Ungerechtigkeit, daß ein anderer, der auch zu diesen gleichen Schlüssen gekommen war, den Ruhm davontragen sollte, nur weil er früher darüber schrieb. Für Darwin aber gab es kein Schwanken: »Es geht doch hier nicht um mich, Emma«, erklärte er fest, »es geht ganz allein um die Sache, und da muß ich froh sein, daß einer auf anderen Wegen zum gleichen Schluß gekommen ist.«

Seine Freunde aber waren nicht seiner Meinung. Sie fanden, es sei nicht mehr als recht und billig, daß die beiden Forscher ihre Arbeiten gleichzeitig veröffentlichten. Nur mit Mühe konnten sie Darwin zu dieser Lösung bereden. Schließlich schrieb er aber doch an Wallace und bat um eine ausführliche Darstellung seiner Gedanken, die zusammen mit einer Zusammenfassung seiner eigenen Arbeiten auf diesem Gebiete vor der berühmten Linné-Gesellschaft verlesen werden solle.

Wallace war inzwischen weitergereist. Getreulich folgte ihm der Brief von Ort zu Ort, bis er ihn endlich nach fast zwei Jahren auf der Molukkeninsel Ternate erreichte. Der Forscher war erschüttert, als er den Brief las. Man sagt, daß er geweint habe ob der unerwarteten Anerkennung durch einen bekannten Naturwissenschaftler. Jedenfalls setzte er sich flugs hin und schrieb eine Abhandlung »Über die Tendenz der Varietäten, unbegrenzt von den

Originaltypen abzuweichen«. Darwin fand sie gut, fügte eine eigene handschriftliche Ausarbeitung hinzu und schickte beides an Lyell. Dieser veranlaßte zusammen mit Professor Hooker die Verlesung vor der Linné-Gesellschaft. Das geschah am 1. Juli 1858; noch im gleichen Jahre wurden die Aufsätze in der Zeitschrift der Gesellschaft gedruckt.

Eine wissenschaftliche Revolution war damit eingeleitet, eine die ganze Menschheit bewegende Angelegenheit ins Rollen gekommen.

Und wie reagierte die wissenschaftliche Welt darauf? Ganz einfach: überhaupt nicht! Man hatte wohl die weltbewegende Bedeutung nicht erkannt.

Darwins Freunde drängten nun um so mehr darauf, daß er die Entwicklungslehre in einem Buche ausführlich darlege. In knapp vierzehn Monaten vollendete der Forscher daraufhin sein Hauptwerk: »Die Entstehung der Arten durch natürliche Auslese oder die Erhaltung der begünstigten Rassen im Ringen um die Existenz.«

Es war ein gut durchdachtes, wissenschaftliches und daher trockenes Buch, dem man kaum einen großen Erfolg voraussagen konnte. Darwin wollte daher die Auflage auf 500 Stück beschränken, doch druckte der Verleger 1250 Exemplare. Am 24. November 1859 kam es heraus – am Abend des gleichen Tages schon war die gesamte Auflage verkauft.

Wie kam es zu diesem überraschenden Erfolg? Nun, das Thema lag in der Luft, und die Gemüter erhitzten sich daran!

Die Ausgrabungen der letzten Jahre hatten die Gewißheit gebracht, daß es eine weit ältere Menschheitskultur gab, als aus dem Schöpfungsbericht der Bibel hervorging. Der Fund des Neandertalers brachte wenn auch umstrittene Beweise dafür. Was sollte nun aber an die Stelle der biblischen Schöpfungslehre treten?

Etwa die Abstammung des Menschen vom Affen?

Nun, was diesen Punkt anbelangte, war Darwin sehr vorsichtig gewesen. Im ganzen Buche hatte er immer nur von Pflanzen und Tieren gesprochen. Erst im letzten Kapitel, das die mutmaßlichen Folgerungen aus der neuen Lehre behandelt, steht der geheimnisvolle Satz: »Licht wird fallen auf den Ursprung des Menschen und seine Geschichte.«

Auf diesen einen Satz nun stürzten sich alle Feinde der neuen Lehre, und das waren vor allem die Theologen. Mit beißender, unsachlicher Kritik fielen sie über den Forscher her. Seine Enkelin Nora Barlow sagte später treffend: »Darwin war seiner Sache sicher, sobald wissenschaftliche Fragen zur Diskussion standen, aber er brauchte Schutz gegen menschliche Feindschaft und Gehässigkeit.«

Nun, diesen Schutz gaben ihm die Naturwissenschaftler. Die Gelehrten waren überwältigt sowohl von der Fülle der Tatsachen, die er in dem Buche brachte, als auch von der gründlichen gedanklichen Verarbeitung derselben. Darwin selbst war sachlich sein schärfster Kritiker. Ein Zeitgenosse sagte: »Wenn man die wichtigsten Einwände gegen Darwins Lehre kennenlernen will, dann muß man bei ihm selber nachlesen: Er bringt sie alle.«

Wenige seiner Feinde befolgten diesen guten Rat, und die Folge war ein unsachliches Geschwafel der großen Mehrzahl, ein leeres Gerede, das leicht zu widerlegen war, das andererseits aber auch zu persönlichen Angriffen führte.

Auf dieser Stufe verlief auch ein Streitgespräch vor der hochangesehenen »Britischen Vereinigung für den Fortschritt der Wissenschaft«.

Die angesehensten Gelehrten Englands hatten sich am 30. Juni 1860 zu einer Tagung in Oxford versammelt, die ganz der neuen Lehre gewidmet war. Für und Wider prallten hart aufeinander. An der Spitze der Gegner stand der ehrgeizige Bischof Wilberforce von Cambridge, der schon vorher erklärt hatte, er werde Darwin zerschmettern. Darwin selbst war nicht erschienen, denn er war körperlich solchen Aufregungen nicht gewachsen, und er war ja auch seinem ganzen Wesen nach keine Kämpfernatur. Das aber war um so mehr sein Freund Thomas Huxley (1825–1895), den man bald »Darwins Bulldogge« nannte. Huxley und Hooker waren in England die Hauptverteidiger der so scharf angegriffenen neuen Lehre. Die Gegner bewegten sich dabei auf der Ebene: »Darwin leugnet, daß der Mensch als Gottes Ebenbild erschaffen wurde. Das ist Ketzerei!«

Leider ist der genaue Wortlaut des Streitgesprächs nicht erhalten, doch heißt es in einem Bericht: »Der Bischof beherrschte die Situation und sprach eine volle halbe Stunde mit unnachahmlicher Lebendigkeit, Leerheit und Unbilligkeit. Aus seiner ganzen Art ging hervor, daß er zwar bis an den Hals mit Opposition vollgestopft war, aber nichts aus erster Hand wußte. Er machte Darwin in schlimmer, Huxley in wütender Weise lächerlich. Vom Strom seiner eigenen Beredsamkeit fortgerissen, wandte er sich an Huxley direkt: ›Und so gestatte ich mir die Frage, ob Sie, hochverehrter Herr Professor, wirklich glauben, daß Sie von einem Affen abstammen? Wenn ja, interessiert es mich noch, ob Sie von seiten Ihres Großvaters oder Ihrer Großmutter mit einem Affen verwandt sind?‹

Des Bischofs Anhänger lachten pflichtschuldig, doch den meisten der angesehenen Gelehrten war die geschmacklose Frage ein Ärgernis. Alle aber waren gespannt, wie Huxley auf diesen Keulenschlag antworten werde. Nun, dieser führte zunächst die wichtigsten Argumente auf, die für die angegriffene Lehre sprachen. Er war dabei streng sachlich. Zum Schluß aber sagte er: ›Ich habe behauptet und wiederhole es hier in aller Öffentlichkeit, daß die Menschen keinen Grund haben, sich ihrer Affenahnen zu schämen.‹ Und dann wandte er sich direkt an den Bischof: ›Was aber die Menschen anbetrifft, Hochwürden, gibt es für mich nur einen einzigen, ganz bestimmten Mann, dessen ich mich als Vorfahren schämen würde, einen Mann von rastlosem und beweglichem Verstande, der – nicht zufrieden mit den fragwürdigen Erfolgen auf seinem eigenen Tätigkeitsgebiet – in wissenschaftliche Dinge hineinredet, von denen er nichts versteht, und das nur, um sie durch sinnloses Gerede zu verdunkeln, und der die Aufmerksamkeit seiner Zuhörer von dem wirklich zur Debatte stehenden Punkte durch redegewandte Abschweifungen und geschicktes Ansprechen religiöser Vorurteile ablenkt.‹«

Ja, ja, die »Bulldogge« konnte beißen!

Freund Hooker hieb in dieselbe Kerbe und wies nach, daß der Bischof die grundlegenden Gedanken der neuen Lehre niemals begriffen habe. Hochwürden hatte einen hochroten Kopf, verzichtete auf eine Erwiderung, und so schloß die Versammlung 2:0 für Darwin.

Wir können uns heute kaum noch vorstellen, wie heftig Darwins Lehre und ihre Anhänger damals bekämpft wurden. Im Mittelpunkt der Auseinandersetzungen stand regelmäßig die »Affenfrage«, obwohl Darwin selbst nie die Abstammung der Menschen von den jetzt lebenden Affen behauptet hatte. Für das Volk, das in den »Vettern aus dem Urwald« gewissermaßen einen Spiegel des eigenen Ichs sah, das sich einerseits geheimnisvoll von ihnen angezogen fühlte, andererseits aber durch das »äffische« (manchmal ach so menschliche!) Benehmen abgestoßen wurde, war »Darwinismus« und »Affenabstammung« längst zu *einem* Begriff geworden, zu einem sehr volkstümlichen Begriff in Witzblättern und auf der Straße.

Für die meisten Menschen war Darwin und seine Lehre ein bißchen gruselig, und damit hatte er schon halb gewonnen. Vollends siegte er durch eine ganz abseitige Zufallsentdeckung: Einige Jahre nach seinem weltbewegenden Buche über die Entstehung der Arten hatte er seine Studien über die Orchideen in einem Buche zusammengefaßt und darin vermutet, es müsse auf der Afrika vorgelagerten Insel Madagaskar ein Lebewesen geben, das einen besonders geformten Apparat für die Befruchtung der dortigen großen Orchideen besitze. Niemand kannte ein solches Geschöpf, und man tat Darwins Prophezeiung mit der Bemerkung ab: »Pure Phantasie!« Da wirkte es wie

Darwin und sein Ahn, eine boshafte deutsche Karikatur aus der zweiten Hälfte des 19. Jahrhunderts, gerichtet gegen Darwins Theorie von der Abstammung des Menschen vom Affen

eine Sensation, als aus Madagaskar die Nachricht kam, man habe dort tatsächlich einen riesigen Schmetterling gefunden, dessen langer Rüssel genau in den Kelch dieser Orchideen passe. Jetzt sah man mit scheuer Bewunderung zu Darwin auf. Er gelangte durch diese Bestätigung in den Geruch der Unfehlbarkeit, und das wiederum kam dem ganzen Darwinismus zugute.

Die Wissenschaft hatte inzwischen gefunden, daß die Entwicklungslehre auf allen Gebieten, selbst in der Geisteswissenschaft, fruchtbar anzuwenden war. Die neue Wissenschaft vom Leben erklärte Darwin zum größten Biologen aller Zeiten, und die Theologen fanden sogar, daß sich die neue Lehre auch mit dem biblischen Schöpfungsbericht vereinbaren lasse.

Konnte ein Gottesleugner sprechen wie Darwin im letzten Absatz seiner »Entstehung der Arten«: »Wie interessant ist es, ein mit Pflanzen verschiedenster Art bewachsenes Ufer zu betrachten, mit singenden Vögeln im Gebüsch, mit allerlei Insekten, die darüber schweben, mit Würmern, die im feuchten Erdreich kriechen, und dabei daran zu denken, daß alle diese so vollendet gebauten Formen, untereinander so verschieden und auf so mannigfache Weise voneinander abhängig, durch Gesetzmäßigkeiten entstanden sind, die noch immer rings um uns wirken. Diese Gesetze, im weitesten Sinne genommen, heißen: Wachstum und Fortpflanzung; Vererbung, die geradezu verbunden ist mit der Fortpflanzung; Veränderlichkeit infolge mittelbarer oder unmittelbarer Einwirkung der äußeren Lebensbedingungen oder durch Gebrauch oder Nichtgebrauch; eine Vermehrungsrate, so hoch, daß sie zum Kampf ums Dasein führt und damit zur natürlichen Auslese, die auf ihre Art wieder dafür sorgt, daß sich abweichende Eigenschaften fest vererben und weniger angepaßte Formen aussterben. So folgt aus dem Kampf in der Natur, aus Hunger und Tod, unmittelbar das Erhabenste, das wir uns vorzustellen vermögen, nämlich die Entstehung immer höher entwickelter Lebewesen. Es ist wirklich etwas Erhabenes in dieser Betrachtungsweise des Lebendigen, daß der Schöpfer den Keim allen Lebens mit all seinen so verschiedenen Möglichkeiten rings um uns nur wenigen Formen oder vielleicht gar nur einer einzigen eingehaucht hat und daß, während unser Planet, dem beständigen Gesetz der Schwerkraft folgend, auf seiner Bahn dahinrollt, sich aus einem so einfachen Anfang eine unübersehbare Reihe der schönsten und wunderbarsten Gestalten entwickelt hat und sich noch immer entwickelt.«

Niemals hatte Darwin erwartet, daß ihn sein Volk so ehren werde, wie es geschehen ist, als er seine Augen am 19. April 1882 für immer schloß. Das englische Parlament beantragte, »daß unser berühmter Landsmann Mr. Darwin in der Westminster-Abtei beigesetzt werden möchte«. Und so fand Charles Darwin seine letzte Ruhestätte unter den Großen der Insel, unmittelbar neben Isaac Newton, den er so sehr verehrt hatte.

Das war die Anerkennung dafür, daß Darwin ein solch vollendeter Wahrheitssucher gewesen war, zugleich aber auch kirchlicherseits ein Beispiel jener Toleranz, die Darwin immer gepredigt und praktisch bekundet hatte.

Ich meine, daß dies ein sehr tröstliches Beispiel ist!

Der »Affenprofessor«

Was Huxley für Darwins Lehre in England, das war Ernst Haeckel (1834–1919) für sie in Deutschland. Ja, man hat gesagt, daß vorwiegend durch ihn Deutschland zum eigentlichen Vaterland des Darwinismus geworden sei.

Haeckel stammte aus einer preußischen Beamtenfamilie. Auf Wunsch des Vaters studierte er zunächst Medizin, obwohl er brennend gern Naturforscher geworden wäre. Besonders interessierte ihn damals die Botanik, und als er ein Buch mit besonders schönen Bildern tropischer Pflanzen gesehen hatte, schrieb er den Eltern: »Ich bin wirklich ganz verliebt in diese Pracht der Tropenpflanzen. Mein größtes Glück kann ich mir nur darin denken, sie einmal von Angesicht zu Angesicht zu genießen, und diese fixe Idee ist der feste Angelpunkt, um den sich alle meine Wünsche für die Zukunft drehen ... Da mir mein Verstand sagt, daß ich nicht die Mittel habe, eine solche Reise auf eigene Kosten, und nicht die Talente, um sie auf Staatskosten zu machen, habe ich folgenden Plan entworfen (lacht nicht darüber!): Ich studiere jetzt notdürftig meine Medizin fertig, suche dann eine Stelle als Schiffsarzt zu bekommen, um freie Überfahrt nach irgendeinem Tropenlande zu erhalten, wo ich mich dann mit meiner Frau (nämlich meinem Mikroskop) in einen beliebigen Urwald hineinsetze ... Nahrungsmittel findet man hinreichend im Urwald. Ein kleines Stückchen Land, mit Bananen bepflanzt, genügt für die Erhaltung eines einzelnen Menschen. Nötigenfalls werde ich mir etwas durch Quacksalberei unter den Indianern verdienen. Habe ich mich dann ein paar Jahre lang an der herrlichen Flora und Fauna der Tropen sattgegessen und studiert, so versuche ich, auf dieselbe Weise zurückzukommen ...«

Ein phantastischer Plan, nicht wahr? Aber auch in diesem Falle bewahrheitete sich das Wort des alten Pastors Linnäus: »Wozu man ernstlich Lust hat, dazu hat man auch Glück!«

Nach drei Semestern Medizinstudium in Würzburg kam ein Wendepunkt in Haeckels Leben: Er ging nach Berlin und geriet hier in den Bannkreis von

Johannes Müller (1801–1858), wohl dem universellsten Geiste der neuen Wissenschaft vom Leben.

Wenige Jahre zuvor erst war erkannt worden, daß Pflanzen und Tiere sich aus mikroskopisch kleinen Zellen aufbauen, daß diese Zellen Bausteine allen Lebens sind – eine naturwissenschaftliche Sensation ersten Ranges. Müller entwickelte daraus die neuzeitliche Heilkunde, die Lehre von der erkrankten Zelle. Seine Vorlesungen waren geistreich und anregend. Sie fesselten Haeckel so sehr, daß er ihn um die Erlaubnis bat, in seinem großartigen Museum der vergleichenden Anatomie die Skelette und Präparate studieren und abzeichnen zu dürfen. Müller hatte nun die Gewohnheit, jeden Sonntagnachmittag im Museum zuzubringen. Er ging dann oft stundenlang in den weiten Sälen auf und ab, die Hände auf den Rücken gelegt. Dann und wann wandte sich der große Meister zu dem kleinen Tisch in der Fensterecke, an dem unser Studiosus Haeckel saß und gewissenhaft die Schädel von Säugetieren, Reptilien, Amphibien und Fischen abzeichnete. Dabei erklärte der Meister seinem Schüler manchmal schwierige anatomische Verhältnisse, und dieser durfte auch Fragen an ihn stellen.

Schüchtern fragte er nun eines Tages: »Stammen vielleicht doch alle diese Wirbeltiere, deren Skelettbau trotz der äußeren Verschiedenheit so ähnlich ist, von einer gemeinsamen Urform ab?«

Gedankenvoll wiegte der Professor sein Haupt und sagte dann bedächtig: »Ja, wenn wir das wüßten! Sollten Sie dies Rätsel einmal lösen können, dann haben Sie das Höchste erreicht!«

Diese Antwort seines verehrten Lehrers bewegte Haeckel sehr, und er bewahrte sie in seinem Herzen.

Im August 1854 begleitete der junge Student seinen Lehrer nach Helgoland. Dort lernte er unter seiner Anleitung die Wunder des Meerlebens kennen. Mit einem feinen Netz fischten sie die Oberfläche des Meeres ab, und in seinem ganzen Leben hat Haeckel nicht das Erstaunen vergessen, mit dem er zum ersten Mal des Gewimmel der Kleinlebewesen sah, als Müller den Inhalt des Netzes vorsichtig in ein Glas Wasser entleerte. Nicht nur Erstaunen, auch Bewunderung und Entzücken erregte das bunte Durcheinander von zierlichen Medusen und schillernden Hohltieren, pfeilschnellen Würmern und durchsichtigen Kleinstkrebsen, dazwischen unzählige Larven von Würmern und Stachelhäutern. Nie mehr ist er von diesen Meerwundern losgekommen; Johannes Müller hatte nun leichtes Spiel, ihn ganz von der Botanik zur Zoologie herüberzuziehen.

Großen Einfluß übte auch Rudolf Virchow (1821–1902) auf ihn aus. Der noch jugendliche Gelehrte war durch den Ausbau der Zellenlehre berühmt geworden, und eine Zeitlang war Haeckel sein Assistent. Von ihm lernte er die Kunst der feinsten Beobachtung und der schärfsten Kritik des Beobachteten; alles, was nicht einwandfrei durch Beobachtung bewiesen werden konnte, galt für ihn nicht.

Im März 1857 baute Ernst Haeckel seinen Doktor der Medizin. Seine Doktorarbeit »Über die Gewebe des Flußkrebses« ist dem »genialen Lehrer Johannes Müller in tiefster Verehrung« gewidmet.

Zur weiteren medizinischen Ausbildung ging Haeckel nach Wien, kehrte aber bald nach Berlin zurück, bestand sein medizinisches Staatsexamen und ließ sich sogar als praktischer Arzt nieder. Ganz ernst muß es ihm damit aber nicht gewesen sein, denn er legte seine Sprechstunde auf 5 bis 6 Uhr früh. Überfüllt war sein Wartezimmer infolgedessen nie, und er fand genügend Zeit zu weiterer wissenschaftlicher Arbeit, vor allem bei Johannes Müller. 1858 starb dieser plötzlich – ein schwerer Schlag für unseren jungen Forscher.

Über den Tod hinaus wirkte der Lehrer auf das Leben seines Schülers ein. Seine Forschungen über die Kleinstlebewesen des Meeres waren noch nicht abgeschlossen; Haeckel übernahm sie gewissermaßen als Vermächtnis. Mit Mikroskop, Gazenetz und Zeichenbuch ausgerüstet ging er im Januar 1859 für ein Jahr nach Italien.

Noch gab es kein Schließnetz, mit dem man in beliebiger Meerestiefe fischen konnte, und die Lebewesen der Tiefsee waren daher noch weitgehend unbekannt. In der Meerenge von Messina aber steigen aus den benachbarten großen Meerestiefen Strömungen hoch – viel Leben der Tiefe wird ans Licht gespült. Monatelang fischte Haeckel mit dem feinmaschigen Gazenetz das Plankton, die im Wasser schwebenden Kleinlebewesen. Von der großartigen Ausbeute interessierten ihn vor allem die Radiolarien, jene seltsamen Strahlentierchen mit dem vielgestaltigen Kieselskelett aus Hohlkugeln, Urnen- und Glockengebilden oder strahlig angeordneten Stäben, die man so häufig als Versteinerungen findet, also als Zeugen lange vergangener Erdzeiträume. Er entdeckte nicht weniger als 144 neue Arten, zeichnete ihre Formenschönheit und untersuchte ihre Lebensweise.

Die Fachgelehrten waren von seiner Arbeit begeistert. Sie beschworen ihn, die akademische Laufbahn einzuschlagen. Sein Freund Gegenbaur (1826–1903) war inzwischen nach Jena gegangen; er holte Haeckel nach. Am 29. April 1861 hielt er dort seine erste Vorlesung, und ein Jahr später wurde er, erst 28 Jahre alt, Professor der Zoologie. Fast sechzig Jahre lang hat er in dem lieben thüringischen »Universitätsdorf« gelebt und gearbeitet, nur unterbrochen durch weite Reisen in alle Welt, die seine Jugendträume mehr als erfüllten. Der große Entwicklungsforscher und begeisternde Lehrer hat Jena in der Geisteswelt der ganzen Erde berühmt gemacht.

Der Anfang von Haeckels wissenschaftlicher Laufbahn fällt zusammen mit dem ersten Erscheinen von Darwins »Entstehung der Arten«. Als er im Frühjahr 1860 von Messina nach Berlin zurückkehrte, wußte er noch nichts von Darwins Theorie. Seine Berliner Freunde erzählten ihm aufgeregt von dem merkwürdigen Buch eines verrückten Engländers, das großes Aufsehen erregt habe. Inzwischen hatte der Heidelberger Vorgeschichtsforscher Heinrich Bronn (1800–1862) das Buch ins Deutsche übertragen. Bronn war noch vorsichtiger als der Alte von Down und strich jenen einzigen Satz, der auf die Abstammung der Menschen anspielte, einfach weg.

Als Haeckel das Buch las, war er begeistert. »Ich habe das merkwürdige Buch wieder und wieder gelesen, und bei jeder neuen Durchsicht eröffneten sich neue und überraschende Einsichten und Fernsichten. Entwicklung ist das Zauberwort, durch das wir alle uns umgebenden Rätsel lösen oder doch auf den Weg zu ihrer Lösung gelangen können. Dieser glänzende Sieg des erkennenden Verstandes über das blinde Vorurteil wird mehr als alles andere nicht allein zur geistigen Befreiung, sondern auch zur sittlichen Vervollkommnung der Menschen beitragen.« Allerdings wunderte er sich, daß über die Herkunft des Menschen nichts in dem Buche stand. Im Gegensatz zu Darwin und Bronn meinte er, daß gerade darüber gesprochen werden müsse.

So meldete er sich am 19. September 1863 auf dem Stettiner Naturforscherkongreß zu Worte und erklärte unumwunden: »Was uns Menschen selbst betrifft, so haben wir konsequenterweise unsere Vorfahren in affenähnlichen Säugetieren, weiterhin in känguruhartigen Beuteltieren, noch weiter zurück in eidechsenartigen Reptilien, in niedrig organisierten Fischen und endlich in einzelligen Urformen zu suchen, die durch Urzeugung aus toter Materie entstanden sind.«

O je, was hatte der junge Professor da angerichtet! Seine Worte waren für die meisten seiner Kollegen mehr als ein Skandal, sie waren Schwindel und Gotteslästerung zugleich.

Haeckel kam aus einer ausgesprochen frommen Familie, aber er unterschied scharf zwischen Wissen und Glauben. Die naturwissenschaftlichen Erkenntnisse, insbesondere die Entwicklungslehre, hatten seine durchaus christliche Grundeinstellung in keiner Weise beeinträchtigt. Aber er konnte es nicht verstehen, daß weite Kreise mit aller Gewalt an Bibeldarstellungen festhielten, die aus der Frühzeit der menschlichen Kultur stammten und die daher zwangsläufig aus dem damaligen Wissen geschöpft sein mußten. Nachdem durch mehrtausendjähriges Forschen ein höherer Erkenntnisstand erreicht worden war, *konnten* die Schilderungen der Bibel, beispielsweise der Schöpfungsbericht, kein Beweismittel gegen die Entwicklungslehre sein. Andererseits mußte deswegen die Bibel durchaus nicht ihren Rang als »Buch der Bücher« verlieren; lediglich ein Umdenken der Menschheit war erforderlich.

Der junge Professor wurde durch die ihm nun entgegengebrachte Feindschaft erst recht zu einem leidenschaftlichen Wahrheitssucher. Er beschloß, diese verwickelten Dinge zu klären und die Wahrheit zu künden. Als er bald darauf dem Großherzog von Sachsen-Weimar, der ihm sehr wohlwollte, von seiner Absicht erzählte, ein Buch über die Abstammungslehre zu schreiben, warnte der: »Mein lieber Professor, so etwas denkt man wohl, aber man läßt es nicht drucken!«

Doch Haeckel war wie einer der Propheten des Alten Testaments: Er mußte »verkünden«! 1866 erschien seine »Generelle Morphologie«, ein dickleibiges Buch über die Entwicklungslehre, naturphilosophisch angehaucht. Er kümmerte sich nicht im geringsten um menschliche Vorurteile und stellte gleich einen vollständigen Stammbaum des Menschen mit 22 Ahnenstufen auf, angefangen mit dem Einzeller und endigend mit dem Homo sapiens, dem Menschen der Gegenwart. Zwischen der Ahnenstufe Nr. 20: Menschenaffen (Anthropoides) und Nr. 22: Menschen (Homines) fügte er als Nr. 21 die Affenmenschen (Pithecanthropi) ein.

Dieser noch sprachlose Urmensch, das Zwischenglied zwischen dem Affen und dem Menschen, war ein reines Phantasiegebilde Haeckels, aber mit ihm hatte er den Funken in ein Pulverfaß geworfen. Die Reporter in aller Welt bemächtigten sich des Affenmenschen, machten ihn zum Objekt und zum Opfer sensationeller Schlagzeilen. In den angelsächsischen Ländern wurde das Wort »missing link« geprägt, das soviel wie »fehlende Übergangsform« bedeutet und bei uns einfach mit »Zwischenglied« übersetzt wurde.

Niemand konnte sich rühmen, dieses berüchtigte »missing link« gesehen zu haben; es waren ja damals kaum fossile Menschen bekannt (der Neandertaler Fuhlrotts war noch nicht anerkannt!), geschweige denn fossile Affenmenschen. Über etwas, das keiner kennt, kann man wundervoll streiten, und so erhitzten sich die Gemüter gewaltig. Noch war es ein Kampf unter den Wissenschaftlern, die meist sehr böse auf ihren mutigen Kollegen waren.

»Verhöhnung der Menschenwürde«, »Verrat an der heiligen Wissenschaft«, »Attentat auf Moral und Sittlichkeit«, so tönte es von den Kathedern.

Das brachte Haeckel nun vollends auf die Palme. Waren die Fachgelehrten zu engstirnig, um die Wahrheit zu erkennen, dann mußte er sie ins Volk tragen!

Im Winter 1867 rief er die Bürger und Studenten Jenas zu seinen Vorträgen über die natürliche Schöpfungsgeschichte und alle, alle kamen. Noch nie hatte es in Jena bei wissenschaftlichen Veranstaltungen so volle Säle gegeben. Das Seltsamste aber war: Was die Gelehrten nicht verstehen konnten, was sie nicht erkennen wollten, das war für das unverbildete Volk die natürlichste Sache von der Welt; der Mann von der Straße ging mit fliegenden Fahnen zum Darwinismus über. Als »Affenprofessor« wurde Haeckel der volkstümlichste Mann Jenas.

Weltberühmt wurde Haeckel, als 1868 seine »Natürliche Schöpfungsgeschichte« in Buchform herauskam. Sie wurde in alle Kultursprachen übersetzt und trug die Ideen Darwins und Haeckels um die ganze Erde. In aller Welt wurde sie gelesen und leidenschaftlich diskutiert. Selbst in der Sahara ging sie um.

Als Haeckel 1890 von Algier aus die Oase El Kantarah besuchte, traf er in dem dortigen kleinen Gasthaus eine französische Malerin sowie einen polnischen und Schweizer Maler. Haeckel verlebte mit den Künstlern einen vergnügten Abend. Der Pole entpuppte sich dabei als ein eifriger Naturfreund und Anhänger der Entwicklungslehre. »Herrschaften!« rief er aus. »Da ist von einem deutschen Professor ein Buch geschrieben worden über die Schöpfungsgeschichte, einfach wunderbar! In volkstümlicher Sprache erklärt er darin die ganze Schöpfung als einen natürlichen Ablauf der Entwicklung, ganz ohne Wunder. Das Buch müssen Sie lesen!« Haeckel, der seinen Namen nicht genannt hatte, konnte es sich nicht verkneifen, ein wenig gegen sein Geisteskind zu sprechen, und alsbald war ein hitziger Disput im Gange. »Man kann sich denken«, sagte Haeckel lächelnd, als er dieses Erlebnis erzählte, »wie diese zufällige Begegnung im ›Fum es Sahara‹ meiner Autoreneitelkeit geschmeichelt hat.«

Auf seinen Auslandsreisen wurde Haeckel begeistert gefeiert als die erste Autorität auf dem Gebiete der Abstammungslehre. Darwin, mit dem ihn nun schon seit langem eine herzliche Freundschaft verband, war allerdings voll böser Ahnungen und schrieb ihm: »Manchmal macht mich Ihre Kühnheit zittern ...«

Der »sprachlose Urmensch«, den Haeckel als Zwischenglied zwischen Affe und Mensch erdachte, beschäftigte nicht nur die breite Öffentlichkeit, sondern auch die Künstler. So stellte ihn sich der Maler Gabriel Max vor.

Schließlich hatte Haeckels Kreuzzug für die Wahrheit erreicht, daß sich in den letzten Jahrzehnten des neunzehnten Jahrhunderts jeder gebildete Mensch mit der Abstammungslehre auseinandersetzen mußte, und so tauchte auch die Frage auf, ob Darwins Theorie in den Schulen gelehrt werden solle. Auf der Münchener Naturforschertagung 1877 forderte Haeckel, daß als Vorstufe zunächst einmal die Lehrer mit den Grundzügen der Entwicklungslehre vertraut gemacht werden sollten.

Dagegen sprach sich mit großer Entschiedenheit der damals bekannteste deutsche Gelehrte Rudolf Virchow aus. Als geborener Zweifler wandte er sich gegen alles, was nicht eindeutig bewiesen werden konnte, seien es nun die Neandertal-Menschen, die Mikroben oder die Entwicklungslehre. »Es ist möglich, daß wir Menschen vom Affen abstammen«, rief er den Naturforschern zu, »doch ist es keineswegs bewiesen. Lehren aber, die noch nicht so sicher sind, daß man sie beschwören kann, gehören nicht in die Schule.«

Gut, das konnte man gelten lassen, aber nun kam in Virchow der Politiker zum Durchbruch, der liberale Fortschrittsmann, der gerade damals in erbittertem Kampfe mit der aufstrebenden Sozialdemokratie stand. Er warf die wissenschaftliche Frage auf den politischen Karren und warnte: »Stellen Sie sich vor, wie sich die Entwicklungstheorie im Kopfe eines Sozialisten darstellt! Ja, meine Herren, das mag manchem lächerlich erscheinen, aber es ist sehr ernst, und ich will hoffen, daß die Entwicklungstheorie für uns nicht alle die Schrecken bringen möge, die ähnliche Lehren einst wirklich in Frankreich angerichtet haben. Wir müssen uns das ganz klarmachen!«

Unglücklicherweise verübten bald darauf die Anarchisten Hödel und Nobiling ein Attentat auf Kaiser Wilhelm I., der dabei durch Schrotkörner verletzt wurde. Obwohl die beiden Attentäter niemals etwas von der Entwicklungslehre gehört hatten, stürzte sich nun die ganze politische Meute auf Haeckel und bezichtigte ihn unter Berufung auf Virchows Rede der geistigen Urheberschaft des Attentats. Das wurde dem streitbaren »Affenprofessor« zu dumm, und er wandte sich nun mit aller Schärfe gegen den alten Virchow, obwohl er ihn als Fachgelehrten schätzte und früher mit ihm befreundet gewesen war.

»Freie Wissenschaft und freie Lehre« nannte er die Streitschrift, in der er die Verdienste, aber auch die Fehlurteile Virchows sachlich aufzählte und es dann beklagte, daß dieser mittlerweise zu alt geworden sei, um die Zusammenhänge des Lebens zu verstehen, sich aber noch immer ein entscheidendes Urteil anmaße. Bitterböse schrieb er: »Virchow druckt zwar in seiner Münchener Rede mit gesperrter Schrift den Satz: ›Das, was mich ziert, ist eben die Kenntnis meiner Unwissenheit.‹ Allein ich bedauere, daß ich gerade diese Zierde ihm entschieden absprechen muß. Virchow weiß nicht, wie unwissend er ist, sonst würde er nicht jene vernichtenden Urteile gefällt haben.«

Diese harten Worte ließen die Wogen des Streites erneut hoch aufbranden. Das geistige Leben der damaligen Zeit kreiste sowieso zu einem guten Teil um die Entwicklungslehre, volkstümlich gesagt: um die Affenabstammung des Menschen. Der laute Streit zwischen den Gelehrten führte viele an das Problem heran, die sonst vielleicht achtlos daran vorbeigegangen wären.

Zu diesen gehörte der junge holländische Arzt Eugène Dubois (1858–1940). Als er 1886 Lektor für Anatomie wurde, hatte er sich im Streit der Meinungen eindeutig für Darwin und Haeckel entschieden. Besonders interessierte ihn Haeckels Affenmensch, den niemand gesehen, von dem niemand etwas gefunden hatte und der doch logischerweise einmal existiert haben mußte.

Wo mochte er wohl gelebt haben? Nun, am wahrscheinlichsten dort, wo auch heute noch Menschenaffen leben: in Afrika, der Heimat von Gorilla und Schimpanse, oder in Indonesien, wo noch heute der Orang-Utan lebt.

Das Verlangen, Überreste dieses Affenmenschen, des geheimnisvollen »missing link«, zu finden, um so die in nebelhaftes Dunkel gehüllte Herkunft der Menschen aufzuhellen, wurde übermächtig in ihm. Er überlegte, daß Niederländisch-Ostindien, das heutige Indonesien, im Eiszeitalter nicht unter Eis begraben lag und daß daher dort besonders günstige Forschungsaussichten bestehen müßten. Solcher Forschungen halber gab er schließlich die sichere akademische Laufbahn auf und ließ sich als Militärarzt nach Sumatra anwerben.

Als er 1887 in Padang an Sumatras Westküste seinen Dienst aufnahm, begann er mit großem Eifer, die Umgebung nach Wohnstätten des Vorzeitmenschen abzusuchen. In Europa findet man Fossilien vor allem in Höhlen oder an sonstigen Schutzstätten. Der Grund dafür ist leicht einzusehen: Die Kälte der Eiszeit trieb alle Lebewesen in solche Zuflucht. Auf Sumatra hat es keine Eiszeit gegeben. Mensch und Tier konnten immer im Freien leben, und daher wurde Dubois bei seiner Nachsuche in Höhlen und Grotten schwer enttäuscht.

Es gibt übrigens noch einen Grund, der die Menschen Indonesiens seit eh und je veranlaßte, die Höhlen und Grotten zu meiden: Sie sehen in ihnen die Wohnstätten böser Geister.

Als ich in den dreißiger Jahren selbst das Padangsche Bergland durchstreifte, konnte ich meinen sonst so mutigen Führer Akup niemals dazu bereden, solche Grotten zu betreten. »Herr, gehe nicht hinein!« warnte er mich immer eindringlich. »Die bösen Geister werden dir den Hals umdrehen.«

Einladend sind solche Höhlen in den Tropen übrigens nicht. Meist sind sie die Schlafstätte unzähliger Fledermäuse, die tagsüber unbeweglich an den Wänden und unter der Decke hängen, während der Boden hoch mit ihrem Kot bedeckt ist. Obwohl mich Akups Warnungen nicht davon abhielten, in die Höhlen einzudringen und er doch sah, daß ich immer unbeschädigt herauskam, ließ er nicht von seinem Glauben an die bösen Geister. »Vielleicht trauen sie sich an einen ›Orang blanda‹ (weißen Menschen) nicht heran«, meinte er treuherzig. Auf keinen Fall würde er sich todkrank in eine Höhle verkriechen, und seine Ahnen und Urahnen haben das sicher ebensowenig getan.

Nebenbei bemerkt: Für Akup war es klar, daß die noch vereinzelt in Sumatras Urwäldern hausenden Orang-Utans wirkliche Menschen sind, Waldmenschen, wie ihr Name besagt. »Sie sind sehr klug«, sagte er bewundernd, »darum sprechen sie niemals, denn sie wissen, daß sie sonst arbeiten müssen.«

Nun, Dubois fand bald heraus, daß man in den Tropen an anderen Stellen nach Fossilien suchen muß als in Europa. Unerschütterlich blieb trotz der anfänglich geringen Ausbeute seiner Suche die Überzeugung, daß der Übergang vom Tier zum Menschen in den allzeit warmen Gebieten der Erde vor sich gegangen sein müsse. »Da alle Affen – und unter ihnen vor allem die Menschenaffen – Tropenbewohner sind und weiterhin die Vorfahren des Menschen, als sie allmählich ihr Haarkleid verloren, sicherlich warme Gegenden bewohnt haben, so werden uns direkt die Tropen als das Gebiet angewiesen, in dem wir die fossilen Vorfahren des Menschen zu erwarten haben«, schrieb er 1888 in einem Artikel, der ihm den Auftrag der kolonialen Bergbaubehörde eintrug, auf Sumatra Vorzeitforschungen zu treiben.

Die behördliche Förderung seiner Arbeit war wertvoll für ihn. Er fand zahlreiche fossile Knochen von allerlei Tieren, auch ausgestorbenen, aber nicht das, was er suchte: den Urmenschen. Trotzdem blieb er fest überzeugt, daß er in der Urheimat des Menschen weile, und als er hörte, daß auf der Nachbarinsel Java ein versteinerter Schädel gefunden worden sei, suchte er schleunigst um die Erlaubnis nach, seine Forschungen auch auf Java ausdehnen zu dürfen. Am 14. April 1890 erhielt er die Genehmigung, schiffte sich alsbald nach Java ein, begab sich stracks zur Südküste und fand dort im Steinbruch von Wadjak Teilstücke eines zweiten Schädels.

Endlich also hatte sich seine Sehnsucht erfüllt: Er hielt fossile Menschenreste in den Händen. Urmenschen-Reste? Nein!

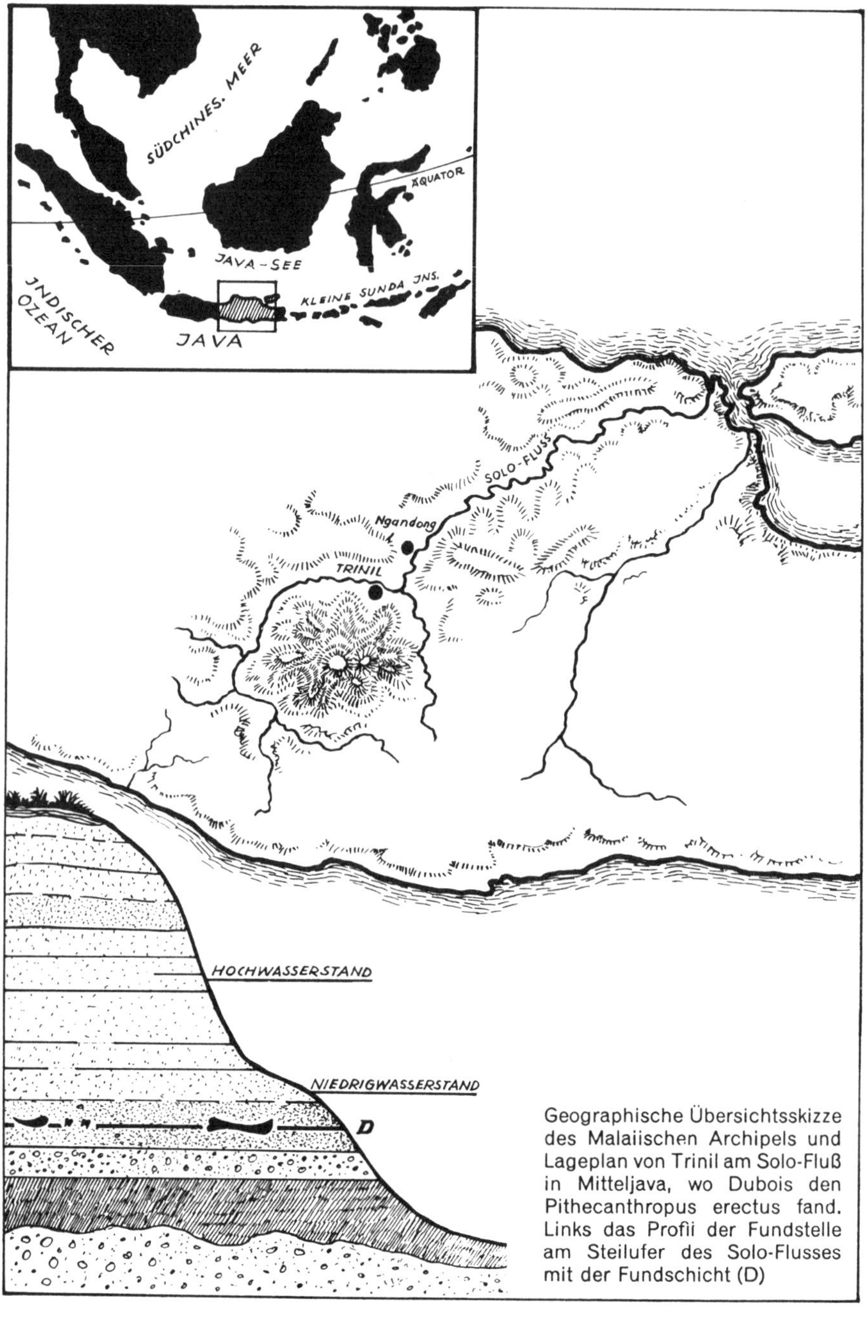

Geographische Übersichtsskizze des Malaiischen Archipels und Lageplan von Trinil am Solo-Fluß in Mitteljava, wo Dubois den Pithecanthropus erectus fand. Links das Profil der Fundstelle am Steilufer des Solo-Flusses mit der Fundschicht (D)

Dubois hatte ja Anatomie studiert, und wenn die Bruchstücke auch mangelhaft waren, so erkannte er doch klar, daß der Schädel nicht von einem ausgestorbenen Menschentyp stammte, aber auch nicht von der lebenden Javanenart. Eher konnte es sich um eine den Papuas verwandte Rasse handeln.

Dubois wußte daher nicht recht, ob er sich über seinen Fund freuen solle oder nicht. Was er suchte, war dieser Fund jedenfalls nicht, und so tat er ihn erst mal in eine große Kiste.

Da hörte er von der »Hölle Javas«, jener Landschaft inmitten der langgestreckten Insel, wo seit Urzeiten zahlreiche Vulkane Lava und Asche ausgespien haben, alles Leben unter sich begrabend. Nach dort machte er sich auf den Weg. Der Solo-Fluß wälzt sich hier träge durch dicke Ablagerungen von Tuffstein, den die benachbarten Vulkane ausgeworfen haben, vor tausenden, vielleicht vor Millionen von Jahren. Eingeborene hatten in diesen Ablagerungen uralte Riesenknochen gefunden. Knochen der Raksjasas seien es, jener schwerleibigen Nußknackergestalten, die als steinerne Wächter vor den Tempeln auf Java und Bali stehen, behaupteten sie. Ausgestorbene Elefantenarten, sagten die Gelehrten, die solche Knochen untersucht hatten. Gleichviel, hier könnte der sagenhafte Affenmensch gefunden werden, hier könnten seine Gebeine liegen, eingebettet in die Vulkanasche, die ihn einst lebend begrub.

Dubois hatte Glück. Gleich bei einer der ersten Grabungen fand er ein kleines Stück von einem menschlichen Unterkiefer. Leider war die Versteinerung schlecht erhalten, und die Zähne, die so viel auszusagen vermögen, waren abgebrochen. Aber unser Forscher nahm den Fund als ein gutes Omen. Er war jetzt wie ein Jagdhund, der eine Fährte aufgenommen hat: Er schnüffelte hier und schnüffelte da, in der Hauptrichtung auf den Solo-Fluß zu.

Vierzig Kilometer westlich der ersten Grabungsstelle stand er schließlich am hohen Uferrand. Tief unten strömte der Bengawan Solo. Braun und trüb war sein Wasser, und es stand sehr niedrig, denn es war ja August, also Ende der Trockenzeit. Deutlich waren an der steilen Uferwand die Erdschichten zu erkennen, das Stratum, wie die Geologen sagen. Weiche Ablagerungen waren vom Wasser weggespült worden, mancherlei harte Rückstände zurückgeblieben. Dubois durchstöberte die Ablagerungsschichten genau, und das ist bei der dort herrschenden brütenden Hitze durchaus nicht die angenehmste Sache. Aber er wurde für seine Ausdauer belohnt: Er fand einen rechten oberen Backenzahn.

Das sei doch keine Wichtigkeit, meint ihr? Oh, da seid ihr aber schief gewickelt: Aus einem Zahn braut mancher Forscher die ganze Lebensgeschichte dessen zusammen, dem er einst geschmerzt hat, samt Körpergröße und Körpergewicht!

Aber Spaß beiseite! Aus einem Zahn lassen sich wirklich viele Schlüsse ziehen, und der Fund war also schon wichtig. Eigentlich sah der Zahn recht menschlich aus, aber im Anfang neigte Dubois dazu, ihn einem Schimpansen zuzuschreiben.

Wieso einem Schimpansen? Leben diese, dem Menschen am nächsten stehenden Affen denn nicht ausschließlich in Afrika?

Heute ja, aber in Indien hatte man damals schon Fossilien von zumindest schimpansenähnlichen Affen gefunden, und also konnten sie in grauer Vorzeit auch auf Java gelebt haben.

Nun, ob Urmensch oder Schimpanse, in beiden Fällen war es wichtig, weitere Reste dieses Wesens zu finden, darüber war sich Dubois klar und handelte danach. Er stellte so viele Eingeborene ein, als er auftreiben konnte, die unter seiner Aufsicht die Uferwand mit größter Vorsicht Schicht um Schicht abheben mußten.

Viel Aufwand wegen eines alten Backenzahns, nicht wahr? Nun, der Aufwand lohnte sich. Nach einem Monat schon fanden seine Malaien eine in das Gestein eingebettete braune Knochenschale, eine versteinerte Schädeldecke, flach, mit starken Knochenwülsten über den Augen.

Schimpansenschädel, entschied Dubois.

Dann brach die Regenzeit herein, der Solo-Fluß führte Hochwasser, und die Grabungen mußten unterbrochen werden. Doch 1892 war er wieder da, nahm beharrlich die Grabungen wieder auf. Im August hatten seine Arbeiter schon eine zwölf Meter dicke Schicht von der Flußwand abgehoben, ohne jedoch mehr zu finden als die hier üblichen Fossilien: Zähne des riesigen Wasserbüffels und vom Banteng, dem wilden Rind, vom Flußpferd und vom Tapir, die beide in Indonesien ausgestorben sind, vor allem aber die kleinen Geweihe der Axis-Hirsche. Dubois machte sich darum schon langsam mit dem Gedanken vertraut, die Grabung hier aufzugeben, da erlebte er die größte Überraschung seines Lebens.

»Herr, hier sitzt ein großer Knochen fest«, rief ihm der Vorarbeiter zu. Richtig, aus der Tuffsteinwand ragte ein versteinerter Knochen hervor. Ein kräftiger Knochen, aber auch ein höchst sonderbarer. Ganz offensichtlich war es ein Oberschenkelknochen, aber von einem Geschöpf, das den aufrechten Gang des Menschen gehabt hatte. Der Fund stammte aus der Ablagerungsschicht, die schon den Schädel und den Backenzahn hergegeben hatte. Waren die drei Teile Reste des gleichen Geschöpfs?

Ein aufrechtgehender Schimpanse? Unmöglich, den gab es nicht!

Ein Mensch?

Dubois nahm sich den Schädel nochmals vor, maß ihn genau aus. Nach der Größe des Gehirns kann man Menschen und Affen eindeutig unterscheiden: Bei neuzeitlichen Menschen beträgt die Gehirnmasse 1300–1500 Kubikzentimeter, bei Menschenaffen 500, doch höchstens 650. Genaue Messungen der Schädelkalotte ergaben einen Rauminhalt von mindestens 800 und höchstens 1000 Kubikzentimeter; die Gehirngröße lag also in der Mitte zwischen Mensch und Affe – ein sensationelles Ergebnis! Also war der Affenmensch kein Phantasieprodukt Ernst Haeckels, sondern er hatte wirklich existiert!

Die Funde von Trinil (so hieß das kleine Dörfchen nahe der Fundstelle) waren nicht wegzuleugnen. Dubois gelangte immer mehr zur Überzeugung, daß er das berühmte »missing link«, die fehlende Übergangsform zwischen Affen und Menschen, eben den Affenmenschen, gefunden habe. Bewußt nannte er ihn nach Haeckel: Pithecanthropos (griechisch: Pithekos = Affe, anthropos = Mensch). Da der aufrechte Gang ihn am meisten überraschte, nachdem der Neandertaler doch stark vornübergebeugt gelaufen war, eben in Affenmanier, so fügte er noch »erectus« hinzu: Pithecanthropus erectus – aufrechtgehender Affenmensch.

Genauso nannte er seine Schrift, die er 1894 in deutscher Sprache von Batavia aus in die Welt hinausschickte, und als Untertitel fügte er hinzu: »Eine menschenähnliche Übergangsform aus Java.«

Das erste Exemplar sandte er Ernst Haeckel mit der Widmung: »Dem Erfinder des Pithecanthropus vom glücklichen Finder!«

Wie eine Bombe schlugen seine Mitteilungen ein. »Affenmensch« und »missing link« beherrschten wieder mal die Schlagzeilen der Weltpresse, und es rauschte nicht nur im Blätterwald, nein, es stürmte, blitzte und donnerte darin. Ruhte Darwin selbst auch schon ein rundes Dutzend Jahre in der Westminster-Abtei, so war der Kampf um den Darwinismus dank Huxley und Haeckel doch gerade im vollen Gange.

»Jetzt hat sich die Sachlage in dem großen Kampf um die Wahrheit gewaltig geändert«, jubelte Haeckel. »Die Entdeckung des fossilen Pithecanthropus erectus durch Eugène Dubois hat uns die versteinerten Knochen jenes Affenmenschen, den ich im Geiste konstruiert hatte, greifbar in die Hand gegeben. Für die Wissenschaft vom Menschen hat der Fund eine noch

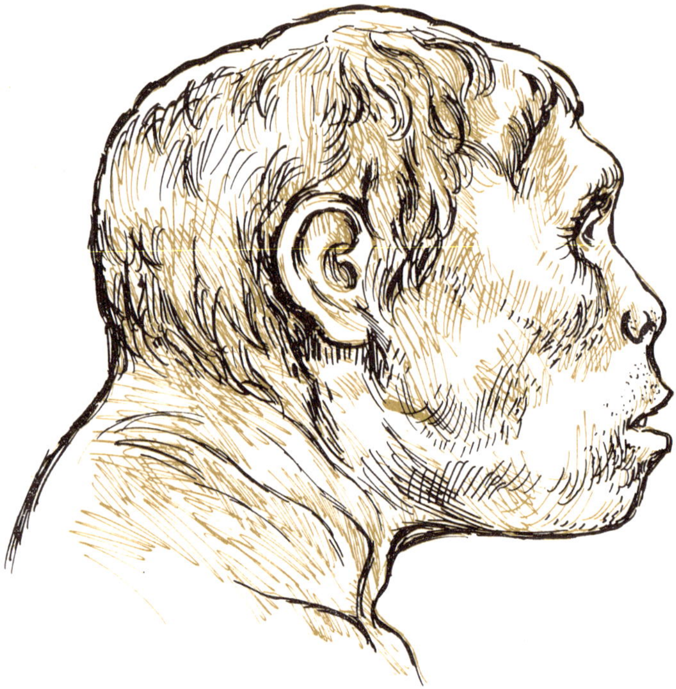

Eine möglichst getreue Rekonstruktion des Pithecanthropus erectus, des aufrechtgehenden Affenmenschen, in dem Dubois das berühmte »missing link«, die Übergangsform zwischen Affe und Mensch, gefunden zu haben glaubte

größere Bedeutung als die vielgepriesene Entdeckung der Röntgenstrahlen für die Physik.«

»Ausgerechnet am Ende der Welt, in einer so abgelegenen Gegend, daß kaum ein Fachgelehrter die Umstände nachprüfen kann, wird solch ein bedeutender Fund gemacht«, knurrten dagegen viele Wissenschaftler mißtrauisch. Auf diejenigen aber, die sowieso eine Verwandtschaft von Affe und Mensch ablehnten, wirkte der Fund wie das berühmte rote Tuch auf den Stier. So kam es, daß Dubois, als er 1895 nach Europa zurückkehrte, mehr angegriffen als gefeiert wurde.

Er zeigte die nun schon berühmt gewordenen Knochen auf dem Dritten Internationalen Menschenforscher-Kongreß in Leiden. Professoren aus aller Welt kamen angereist und hörten sich gespannt den Vortrag an, den Dubois über seinen umstrittenen Fund hielt. Er schilderte die Fundumstände, den Fundort, behauptete steif und fest, daß der Fund aus dem späten Tertiär stamme, also mindestens eine Million Jahre alt sei, und er stellte schließlich ein stammesgeschichtliches Gesetz auf, laut welchem sich das Hirngewicht, bezogen auf die Körpergröße, von einer Entwicklungsstufe zur anderen verdoppele.

Ja, und dann zeigte er die Knochen vor. Alles drängte heran um sie genau zu sehen, um alle Einzelheiten erkennen zu können. Gespannt wartete Dubois auf die Stellungnahme der Gelehrten. Würden sie seine Überlegungen anerkennen, ihm recht geben?

Nun, es erging ihm nicht viel anders als dem armen Fuhlrott seinerzeit mit dem Neandertaler: Es gab fast soviel verschiedene Meinungen wie Anwesende. Vom großen Gibbonaffen bis zum Menschen der Neuzeit reichte der Bogen ihrer Ansichten, vor allem aber wurde die Zusammengehörigkeit von Schädel und Oberschenkelknochen bezweifelt.

Wie vor fast vierzig Jahren beim Neandertaler erhob sich schließlich der jetzt alte Rudolf Virchow und erklärte bestimmt: »Der Schädel ist zweifellos von einem Affen, denn beim Menschen kommt die tiefe Einschnürung zwischen Schädeldach und Augenwulst nicht vor. Der Oberschenkelknochen dagegen ist weder von einem Affen noch von einem Urmenschen, sondern von einem Menschen der Neuzeit. Sehen Sie die krankhaften Wucherungen hier? Ich habe oft genug Patienten mit derartigen Wucherungen behandelt, und nur bei sorgfältiger Pflege heilten sie so aus wie diese hier. Also behaupte ich, daß Schädel und Oberschenkel von ganz verschiedenen Wesen stammen, daß sie nichts miteinander zu tun haben.«

Doch die Autorität des greisen Gelehrten war durch mancherlei Fehlurteile, die er sich geleistet hatte, erschüttert. Sie reichte nicht aus, um die Fachkollegen zu einer einheitlichen Meinung zu bekehren. Als schließlich unter den noch anwesenden zwölf Professoren eine Abstimmung veranstaltet wurde, waren drei der Ansicht, daß der Fund von einem Menschen, weitere drei, daß er von einem Affen stamme, während immerhin sechs Herren ihn einem Zwischenglied, also dem Affenmenschen, zuordneten.

Der deutsche Vorgeschichtler Dames (1843–1898), der hernach über den Streit der Gelehrten in der »Deutschen Rundschau« berichtete, schrieb nicht zu Unrecht: »Große Meinungsverschiedenheiten bringen sonst wohl Unsicherheit und Schwanken mit sich. Hier aber können sie geradezu als starke Stütze der Übergangsnatur des Pithecanthropus gewertet werden.«

Dubois hätte nach Lage der Dinge mit diesem Ergebnis wohl zufrieden sein können, doch er war es ganz und gar nicht. Als er auch bei weiteren Vorträgen in aller Welt die Zweifel der Gelehrten nicht ausräumen konnte,

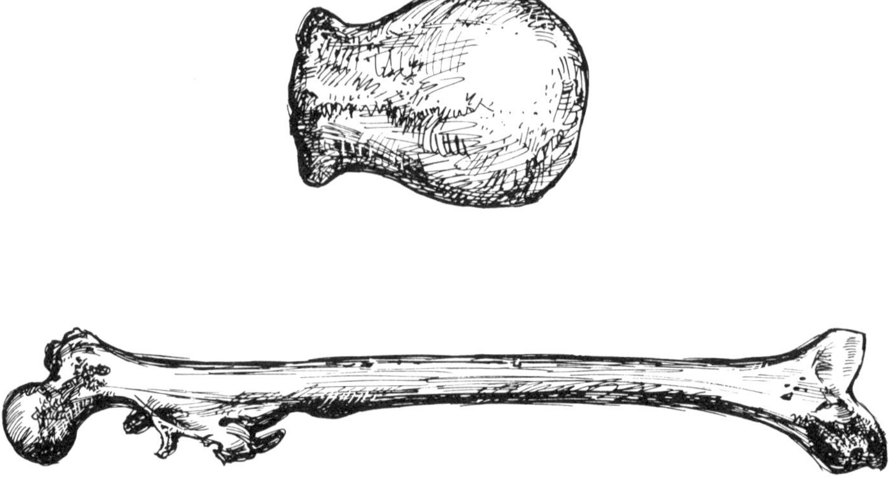

Das Schädeldach des Affenmenschen von Java – von oben gesehen – mit der tiefen Einschnürung hinter dem Überaugenwulst. Darunter der unbedingt menschliche Oberschenkelknochen des Pithecanthropus erectus mit den krankhaften Wucherungen

erboste er sich mehr und mehr. Seit Jahren hatte er für seinen Fund gelebt; er hatte den »Affenmenschen von Java« entdeckt und gedeutet. Wer mit seiner Deutung nicht einverstanden war, den betrachtete er als seinen persönlichen Feind, und so verfeindete er sich im Laufe der Zeit mit vielen seiner Fachkollegen: Der Pithecanthropus wurde ihm zum Schicksal. Grollend zog er sich in sein Haus zurück, die Kollegen kamen vor eine verschlossene Tür. Er wurde menschenscheu, wurde zum Menschenfeind. In schlaflosen Nächten hörte er Einbrecher um das Haus schleichen, die seine Funde stehlen wollten. Er schloß sie daher in eine diebessichere Kammer ein und zeigte sie niemandem mehr, fast ein Vierteljahrhundert lang.

So kam es, daß Haeckel, der an dem Kongreß von Leiden nicht hatte teilnehmen können, die Funde von Trinil niemals zu Gesicht bekommen hat, doch zweifelte er nicht an ihrer Echtheit. Sie wurden eine wesentliche Stütze seines Lehrgebäudes, das er rastlos weiter ausbaute. Immer neue Bücher wurden den Wahrheitssuchern in aller Welt zu Scheinwerfern ins Unbekannte. Eines seiner letzten Bücher, die »Welträtsel«, das kurz vor der Jahrhundertwende erschien, war auch nach heutigen Begriffen ein Bestseller. In kurzer Zeit war eine Auflage von 400 000 erreicht; es wurde in alle Kultursprachen übersetzt. Gelesen in aller Welt, erhoben es die einen zu ihrer Bibel, die anderen entsetzte sein Inhalt. »Die Haeckelschen Bücher wirkten wie eine Bombe, die in ein Pulverfaß geschleudert wurde«, schrieb der Däne Georg Brandes (1842–1927), einer der wenigen Neutralen im Gelehrtenstreit. »In schwungvoller Sprache, in poetischer Form und mit staunenswerter Belesenheit hat Haeckel die Lehre Darwins erschöpfend behandelt und die aus ihr resultierenden Konsequenzen mit einem an Märtyrertum grenzenden Freimut ausgesprochen.«

Ja, die begeisterte und begeisternde Verkündigung der Entwicklungslehre, seine kompromißlose Wahrheitssuche, ließ die Jugend nach Jena strömen, schaffte ihm Freunde in aller Welt, stille und tätige. Sie ermöglichten es ihm, als Krönung seines Lebenswerkes ein stammesgeschichtliches Museum in Jena zu bauen und einzurichten, einzigartig in der Welt.

Licht ohne Schatten gibt es nur im rein Geistigen. Ernst Haeckel war ein Mensch und stark umstritten. Seine »Welträtsel« wurden für viele zu einer Weltanschauung, aufbauend auf der Einheit von Natur und Gott. Ihre Bekenner fanden sich im »Monistenbund« zusammen, der später zu einem Sammelbecken der Freidenker wurde. Haeckels Name war mit dieser Bewegung unlösbar verbunden, und so konzentrierte sich auf ihn die Wut der Gegner, die Wucht ihres Angriffs, die Schärfe der Verleumdung. Seine Bitterkeit darüber wurde gelindert durch die treue Anhänglichkeit seiner Freunde und Schüler. Zu seinem 80. Geburtstag ließen sie ein zweibändiges Werk drucken, in dem mehr als hundert führende Wissenschaftler darlegten »Was wir Ernst Haeckel verdanken«.

Dies Buch ist mehr als ein Denkmal aus Stein und Erz.

Erbsen verraten ein Geheimnis

Am 22. Juli 1822 wurde dem Bauern Anton Mendel in Heinzendorf (Österr.-Schlesien) ein Sohn geboren, den er auf den Namen Johann taufen ließ.

Drei Tage jeder Woche mußte der Vater Frondienst beim Gutsherrn leisten; die dreißig Tagwerke eigenen Ackers zwangen ihn, von früh bis spät tätig zu sein. So blieb wenig Freizeit übrig, aber seinen Obstgarten hielt der Bauer Mendel trotzdem mustergültig in Ordnung, und seine Freude an der Gartenarbeit übertrug sich auch auf den Sohn. Der Dorfschullehrer gärtnerte ebenfalls, teils zum Vergnügen, teils um den Kochtopf zu füllen. Johann half ihm bei der Gartenarbeit, aber nicht nur deshalb war er sein Lieblingsschüler. Der Lehrer erkannte frühzeitig, daß in dem Jungen etwas Tüchtiges steckte, und er setzte es durch, daß er die höhere Schule in Leipnik und später sogar die weit bessere Realschule im 32 Kilometer entfernten Troppau besuchen durfte.

Den Eltern fiel es recht schwer, das Schulgeld aufzubringen, und 1838 wurde ihre Geldnot so arg, daß sie notgedrungen den Jungen von der Schule nehmen wollten. Dagegen wehrte sich der sechzehnjährige Johann, und er brachte es fertig, Schulgeld und Lebensunterhalt durch zahlreiche Nachhilfestunden selbst zu verdienen. Allerdings hungerte er sich regelrecht durch. Wiederholt wurde er vor Überanstrengung krank, so daß er nur schwer die Schule in Troppau abschließen konnte. Trotz aller Schwierigkeiten aber dachte er nicht daran, das Studium aufzugeben. Zwei Jahre lang schlug er sich mühsam als Philosophie-Student in Olmütz durch, dann kam eine Lebenswende. Sein Professor empfahl ihn an das Augustinerkloster St. Thomas in Brünn. Am 9. Oktober 1843 trat er dort als Novize ein. Damit war er der Sorge für den Lebensunterhalt enthoben, und mit 25 Jahren erhielt er die Priesterweihe.

Pater Gregor, wie er im Kloster hieß, machte sich bald als Lehrer nützlich. Die vielen Nachhilfestunden, die er als Schüler gegeben, hatten sein Lehrtalent entwickelt. Abt Cyrillus freute sich dessen und schickte den vielversprechenden jungen Priester auf die Wiener Universität. Seltsamerweise versagte er bei allen Prüfungen für das höhere Lehramt. So kehrte er nach Brünn zurück, wo er trotz der nicht bestandenen Prüfungen ein erfolgreicher Lehrer und Freund seiner Schüler wurde.

Manchmal nahm er sie mit in den kleinen Garten an der Klostermauer, nur sechs Meter breit und etwa vierzig Meter lang. Pater Gregor neigte zur Fülle des Leibes, und der Abt hatte ihm gerne das Stückchen Landes zugesprochen, damit er sich hier körperlich ausarbeiten konnte. Wunderschöne Blumen blühten in diesem kleinen Gärtchen, und sein ganzer Ehrgeiz ging dahin, immer neue Blütenfarben und -formen zu erzielen. Der Instinkt seiner bäuerlichen Ahnen und naturwissenschaftliche Kenntnisse ergänzten sich bei ihm in glücklicher Weise. Seine Zuchterfolge waren daher großartig. Anfangs waren es Zufallserfolge, doch mit Staunen erkannte er bald, daß bei den Kreuzungen verschiedener Arten und deren Nachkommen, die man Hybriden (griech. = Mischlinge) nennt, strenge Gesetze walten. Der Forschergeist erwachte in ihm, und er entschloß sich, die Entwicklung der Mischformen an den Nachkommen zu studieren, um so vielleicht die Gesetze der Entwicklung zu erkennen.

Das war 1854.

Im fernen England bemühte sich Charles Darwin zu dieser Zeit um ähnliche Probleme. Dabei erkannte er die natürliche Auslese, das Sichbehaupten und Obsiegen des Lebenstüchtigeren im Laufe der Jahrmillionen als entscheidenden Faktor der Artenentstehung. Gregor Mendel fand in der Stille seines Klostergartens die Gesetze der Erblichkeit, nach der sich die Arten entwikkelt haben.

Mendel wählte als Versuchsobjekt die Erbse, unsere ganz gewöhnliche Erbse. 34 verschiedene Arten brachte er zusammen, beobachtete ihre Entwicklung zwei Jahre lang und wählte dann 22 Arten mit 7 leicht erkennbaren Merkmalen für den Versuch aus; Hauptunterschied war die Form der Samen: rund oder eckig (runzlig).

Hunderte von Erbsenpflanzen rankten im Frühling 1856 im Klostergarten an Sprossengittern hoch, streng geordnet und mit Steckbrief-Schildchen versehen. Geruhsam bewegte sich dazwischen der trotz seiner Gartenarbeit immer rundlicher gewordene Pater Gregor. Aufmerksam verfolgte er das Wachstum seiner Lieblinge. Als aber das Blühen einsetzte, war es mit der Geruhsamkeit vorbei. Von früh bis spät öffnete er hurtig und geschickt mit einer feinen Zange die Blüten der Erbsen, hob behutsam die Staubbeutel ab, übertrug den Blütenstaub sorgsam mit einem Kamelhaarbürstchen auf die Narbe der Blüte einer anderen Erbsenart und umhüllte die so behandelten Blüten mit kleinen, dichten Tüten, um die Zuführung anderen Blütenstaubes zu verhindern.

Dann kamen Wochen des Wartens auf das Reifwerden der Erbsen, Wochen gespannter Erwartung.

Schließlich war es soweit. Behutsam öffnete er die Erbsenschoten, sorgsam untersuchte er die Samenkörner und trug das Ergebnis in ein Zuchtbuch ein. Je weiter er jedoch mit der Arbeit kam, um so unruhiger wurde er.

Was war hier passiert? Es waren ja überhaupt keine Kreuzungsmerkmale zu sehen! »Kinder« je eines runden und eckigen Elternteils waren allesamt rund; kein Zeichen von Eckigkeit war zu erkennen. Nachkommen von gelben und grünen Erbsenkörnern waren allesamt gelb; kein bißchen grün war zu sehen. Und entsprechend ging es mit den übrigen Arten.

Lange, lange grübelte Mendel über das seltsame Ergebnis. Eine Erklärung fand er nicht, doch geduldig wiederholte er den Versuch im nächsten Jahr mit der zweiten Generation seiner Erbsen.

Verblüfft stellte er jetzt ein ganz anderes Ergebnis fest: Die Paarung runder Mischlinge ergab runde und eckige Körner; immer waren Dreiviertel aller Körner rund, ein Viertel eckig. Die Eckigkeit, das Merkmal des einen Großelternteils, war also nicht verlorengegangen, es hatte nur während der einen Generation geschlummert und war jetzt bei einem Viertel der Enkel wieder aufgetreten.

Und das gleiche ergab sich bei den anderen Erbsenarten. Also ein Vererbungsgesetz?

Nun, es ist leicht verständlich, daß Mendel im nächsten Jahr mit doppelter Spannung das Reifwerden seiner Erbsen erwartete. Würde diesmal eine schlüssige Antwort kommen?

Ja, die Antwort war eindeutig: Sämtliche Nachkommen der eckigen Erbsen waren eckig, von einem Drittel der Runden gab es nur runde Kinder, aber die Hälfte aller Enkel, also der Rest der Runden, brachte gemischte Urenkel, und zwar wiederum Dreiviertel runde, ein Viertel eckige Körner. Die runde Form war also ein vorherrschendes (nach dem Lateinischen: dominierendes) Merkmal, das die eckige Form zurückgedrängt (sie rezessiv gemacht), jedoch nicht zum Verschwinden gebracht hatte.

Jetzt nahm Mendel die Spur auf, die er dann in jahrzehntelanger Arbeit verfolgte, viele tausend Mal überprüfte und die immer zum gleichen Ergebnis führte. Aus diesen Arbeiten entstanden seine Vererbungsgesetze:

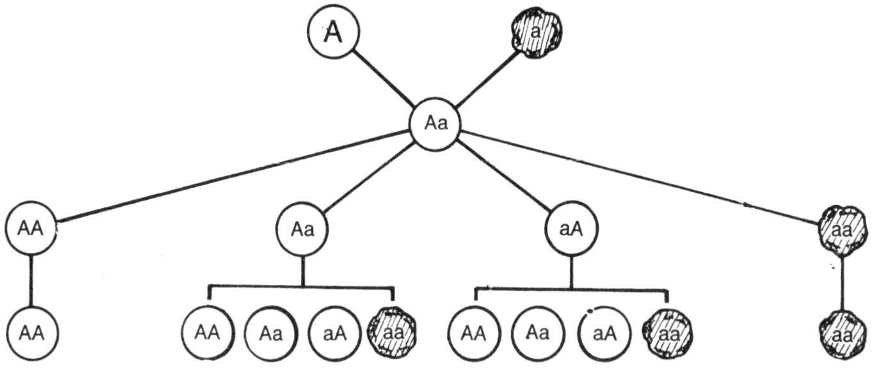

Schematische Darstellung von Mendels Kreuzungsergebnissen runder und eckiger Erbsen

1. Kreuzt man zwei Rassen der gleichen Art, so sind alle Einzelwesen der ersten Nachkommenschaft unter sich gleich.
2. Kreuzt man die Mischlinge der ersten Nachkommenschaft unter sich, so treten bei deren Nachkommen, also in der Enkelgeneration, die unterscheidenden Merkmale der Großeltern in einem bestimmten Zahlenverhältnis auf.
3. Alle Merkmale vererben sich unabhängig voneinander.

Am 8. Februar 1865 sprach Mendel vor der Naturwissenschaftlichen Gesellschaft in Brünn über das, was die Erbsen ihm verraten hatten. Nur wenige Botaniker waren unter den Zuhörern, und diese fanden seine Erbsenzuchtversuche nicht eben weltbewegend. Die anderen Herren wußten mit seinen runden und eckigen, gelben und grünen Erbsen schon gar nichts anzufangen. Ein mitreißender Redner war der Pater auch nicht, und so sahen die einen verstohlen nach der Uhr, die anderen nickten gar ein. Alle waren sie erleichtert, als Mendel endlich geendigt hatte. Höflich klatschten sie in angemessener Weise Beifall. Während sich der Redner den Schweiß von der Stirn wischte und auf eine angeregte Diskussion wartete, dankte ein Gymnasialprofessor in wohlgesetzten Worten Hochwürden für die interessanten Ausführungen. Dann erhoben sich die Zuhörer eilends, um die Kehle anzufeuchten. Bei einem gemütlichen Schoppen wurde über alles mögliche gesprochen, nur nicht über Vererbungsgesetze, deren Verkündigung sie soeben erlebt hatten; vermutlich hatte man sie überhaupt nicht begriffen.

Die Naturwissenschaftliche Gesellschaft pflegte die in einem Jahr gehaltenen Vorträge in ihren Jahresberichten zu drucken. So erschien Mendels Arbeit »Versuche mit Pflanzenhybriden« im Jahre 1866. Obwohl sie nach Wien, Berlin, Rom, Petersburg und Uppsala gesandt wurde, erkannte damals niemand ihre Bedeutung. Hatte man sie überhaupt gelesen? –

Zwei Jahre später wurde Pater Gregor zum Abt seines Klosters gewählt. Zwar war das für ihn persönlich ein Erfolg, für die Wissenschaft jedoch ein Verlust. Als Oberhaupt des großen und reichen Klosters fand er nur noch wenig Zeit für naturwissenschaftliche Studien und Versuche, zumal er einen erbitterten Streit mit dem österreichischen Steuerfiskus zu führen hatte. Sechzehn Jahre leitete er das Kloster mit Umsicht und Geschick. Nach langem Krankenlager starb er am 6. Januar 1884, und ein großes Trauergefolge geleitete ihn zur letzten Ruhe. Zahlreiche Nachrufe nannten ihn einen frommen Sohn der Kirche und einen guten Haushalter, doch von seinen Forschungen erwähnten sie nichts.

So schien Mendels einzigartige Forschungsarbeit endgültig verloren zu sein. Seine umfangreichen wissenschaftlichen Notizen wurden verbrannt, weil niemand ihre Bedeutung erkannte, seine »Versuche mit Pflanzenhybriden« verstaubten auf einigen Bücherregalen.

Ja, sie verstaubten, aber sie gingen nicht zugrunde! Dem Botaniker Focke waren sie eines Tages in die Hände gefallen, doch erkannte er ihre volle Bedeutung nicht. Immerhin erwähnte er die Arbeit in seinem Buche »Die Pflanzenmischlinge«. Mittlerweile rätselten Gelehrte in aller Welt an dem Problem der Erblichkeit herum, entdeckten mühselig von neuem die Erkenntnisse, die der Augustinermönch vor langer Zeit durch einen Genieblitz mit anschließender jahrzehntelanger Forschungsarbeit gefunden hatte.

1900 erst war die Zeit reif für Mendels Vererbungsgesetze. Ihre Wiederentdeckung erfolgte unabhängig voneinander fast gleichzeitig durch drei Gelehrte, den Holländer Hugo de Vries (1848–1935), den Deutschen Carl Correns (1864–1933) und den Österreicher Erich Tschermak (geb. 15. 11. 1871). Ein seltsames Spiel des Zufalls: Alle drei Gelehrten erarbeiteten die Vererbungsgesetze völlig selbständig auf verschiedenen Wegen, alle drei stolperten im letzten Augenblick über Fockes Hinweis, verschafften sich Mendels Schrift und fielen aus allen Himmeln, als sie erkennen mußten, daß schon ein Dritteljahrhundert früher die Erbsen im Klostergarten von Brünn eines der größten Geheimnisse des Lebens verraten hatten. Aber alle drei Gelehrten zeigten geistige Größe. Innerhalb dreier Monate kamen ihre Veröffentlichungen heraus, keiner jedoch hatte versäumt, dem unbekannten Mönch Gregor Mendel den Lorbeer der Unsterblichkeit zu reichen.

Mendels Erkenntnisse erwiesen sich als außerordentlich wichtig für die Wissenschaft vom Leben. Nach seinen Gesetzen wird die Erbsubstanz der Eltern an Kinder und Kindeskinder weitergereicht. Die Erbbiologie oder Genetik klärte den Ablauf der Vererbung, entdeckte die Chromosomen oder Kernschleifen, in denen die Gene, die Träger der Erbanlagen, liegen. Diese ergeben in ihrer Gesamtheit das Erbbild des betreffenden Lebewesens, die Mitgift unzähliger Generationen.

Ja, wie können dann aber völlig neue Lebensformen und Typen entstehen? Nun, das fand der schon als Wiederentdecker Mendels erwähnte Holländer Hugo de Vries heraus.

Er war von Kind an ein großer Blumenfreund, und so lag es nahe, daß er Botaniker wurde. Als Student erlebte er den Kampf um den Darwinismus, verehrte Darwin zwar, war aber der Ansicht, daß die natürliche Auslese nicht auf eine unbegrenzte Menge von Spielarten mit nur kleinen Abweichungen einwirke, sondern daß aus gewissen plötzlichen Veränderungen völlig neue Arten entständen. Wenn seine Vermutung stimmte, mußten solche »Wandelpflanzen« oder »Wandeltiere« doch in der Natur zu finden sein, nicht wahr? Also sperrte er seine Augen weit auf und suchte, suchte, suchte.

Viele Jahre lang suchte er vergeblich. Aber als er eines Tages den Advokaten Six besuchte, der sich in der Nähe von Hilversum den Gutshof Jagdlust gekauft hatte, zeigte der ihm ein schlecht zugängliches Stück Ackerland. Es lag seit Jahren brach, und so wucherte allerlei Unkraut darauf. Ein großer Teil des Feldes aber flammte im Schein der eben untergehenden Sonne in einem geradezu unglaublich leuchtenden Gelb.

»Oh, wie schön!« rief der für alle Blumen begeisterte Botaniker aus. »Es sind Nachtkerzen, nicht wahr?«

»Ja, ich habe sie vor Jahren im Park angepflanzt. Dann müssen Wind oder Vögel Samen auf das Brachland getragen haben. Ist es nicht toll, wie sie sich hier vermehren, alles andere überwuchern?«

»Das ist so ihre Art. Sicher ist es die Oenothera Lamarckiana; wie alle Nachtkerzen stammt sie aus Amerika. Kein Geringerer als der französische Naturforscher Lamarck hat sie erstmals beschrieben, und darum trägt sie seinen Namen.«

Mittlerweile hatten die beiden Männer das Feld betreten und sich der gelben Wildnis genähert. Sie bot einen wunderbaren Anblick: Soeben erst hatten die vielen tausend Blüten ihre Kelche geöffnet, und es schien, als wenn das goldene Blumenmeer den ganzen Glanz der Abendsonne in sich vereine. Fast mannshoch war das Dickicht der seltsamen Einwanderin, die ihren Namen völlig zu Recht trägt, denn sie blüht erst auf, wenn die Sonne untergeht.

Beide Männer freuten sich gleichermaßen der goldenen Pracht, doch schaute de Vries dabei unwillkürlich nach Abarten aus, nach der so lange gesuchten Wandelpflanze. Seine geschulten Augen erkannten viele kleine Unterschiede in Wuchs, Blatt und Blüte, doch offenbar waren alle Pflanzen von ein und derselben Art. Langsam ließ er seine Augen weiterschweifen; wirklich, nur ein Kenner konnte überhaupt Unterschiede bemerken.

Doch plötzlich stieß er einen Ruf des Erstaunens aus, seine Augen hafteten an einer einzelnen Pflanze, die sich deutlich von den Nachbarn abhob. Rücksichtslos brach de Vries in das Blumendickicht ein, stand vor der Pflanze, die seine Aufmerksamkeit erregt hatte. Aufgeregt betrachtete er sie genau: Gewiß, es war eine Nachtkerze, aber so abweichend in vielerlei Hinsicht von ihren gewöhnlichen Genossen, daß man sie als eine andere Art bezeichnen mußte.

Eine neue Art? Ja, aller Wahrscheinlichkeit nach, denn sie stand eingekeilt in der Menge der gewöhnlichen Nachtkerzen, von denen die meisten zweijährig waren, viele aber auch erst einjährig und nur wenige drei Jahre alt. Woher sollte da der Same einer anderen Art gekommen sein? Nein, hier mußte sich eine neue Art sprunghaft aus den gewöhnlichen Nachtkerzen entwickelt haben!

Der Zufall hatte de Vries einen Fingerzeig gegeben; was er daraus machte, war echte Forscherarbeit. In unermüdlicher Auslese, bei der alljährlich Zehntausende von Pflanzen gehegt und bis in kleinste Einzelheiten untersucht wurden, stellte er fest, daß die Lamarckiana von Hilversum innerhalb von dreizehn Jahren nicht weniger als sieben völlig neue Arten hervorbrachte: Arten, die ihre Merkmale rein vererbten!

Also mußten sprunghafte Änderungen der Erbanlagen eingetreten sein! De Vries schrieb darüber: »Eine Art hat unter Umständen die Kraft, eine ihr verwandte, aber grundlegend verschiedene neue Art plötzlich und ruckweise aus sich bei der Fortpflanzung entstehen zu lassen. Es handelt sich hierbei nicht um gewöhnliche Varietäten, um kleine individuelle Abweichungen, sondern um einen Entwicklungssprung, bei dem die Tochterpflanze oder das Tochtertier in ihrem tiefsten Wesen als Ganzes aufgerüttelt, neu fundiert, verwandelt erscheint. Dieser Akt der Neuschöpfung heißt Mutation.«

Gut und schön, der Mensch konnte jetzt also Neuschöpfungen beobachten, aber er wäre kein Mensch gewesen, wenn er nicht überlegt hätte, wie diese Neuschöpfungen zustande kommen konnten. Handelte es sich um Kinder des blindwaltenden Zufalls oder um die Auswirkung einer Ursache? Gab es eine Ursache, dann konnte man diese vielleicht beeinflussen, bewußt neue Lebensformen »schaffen«.

Der amerikanische Vererbungsforscher Thomas Hunt Morgan (1866–1945) widmete sein ganzes Leben diesem Problem, und er bediente sich dabei der Hilfe eines winzigen Insekts, der nur 2–4 Millimeter langen Taufliege Drosophila. An ihr konnte er in kurzer Zeit die Entwicklung einer langen Nachkommenkette beobachten, denn Taufliegen brauchen nur zehn Tage bis zur Geschlechtsreife.

In vierzig Jahren züchteten Morgan und seine Mitarbeiter mehr als 200 Millionen Fliegen in zehntausend Generationen, über die sorgfältig Buch geführt wurde. Dabei stellte sich heraus, daß Mutationen viel häufiger vorkommen, als man bis dahin angenommen hatte. Manchmal kam schon auf hundert Fliegen eine deutlich erkennbare Wandlung: Sie wurden größer oder kleiner, verloren Beine oder Flügel, wurden augenlos oder entwickelten Riesenaugen, oder ihre rötlichen Augen wurden farblos, oder die ganze Körperfarbe wandelte sich.

Aber wie kamen alle diese Änderungen zustande? Nun, offenbar handelte es sich um die Änderung von Erbanlagen; als Träger dieser Erbanlagen waren inzwischen die Gene ermittelt worden. Es lag daher nahe, bei diesen die Ursachen der Mutationen zu suchen.

Was man nicht erkennen kann, vermag man nicht zu beobachten. Erst als die Entwicklung der Mikroskope so weit fortgeschritten war, daß die Gene als winzigkleine flache Perlen sichtbar wurden, kam man der Sache näher. Die Gene hängen in fadenartigen Strängen, den Chromosomen oder Kernschleifen, zusammen. Nach der Befruchtung teilen sich diese und verschmelzen wieder miteinander – ein höchst komplizierter Vorgang. Verläuft dieser Vorgang normal, dann werden alle Gene, also alle Erbanlagen der Eltern, an das neu entstehende Wesen weitergegeben. Nach ungeheuer vielen Versuchen und Beobachtungen kam Morgan schließlich dahinter, daß der Vorgang nicht immer normal verläuft. Passen die Erbanlagen der Eltern nicht zusammen, dann kommt es vor, daß sich die Chromosomen bei der Teilung umschlingen und daß dabei die Perlenkette der Gene zerreißt, wobei Gene verlorengehen oder sich in anderer Reihenfolge wieder zusammenfinden. Die

Folge davon ist eine Mutation, die Entstehung einer neuen Art. Crossing-over, Erbfaktorenaustausch, nannte Morgan diesen Vorgang, für dessen Enträtselung er 1933 den Nobelpreis für Medizin erhielt.

Wären die Menschen wohl Menschen gewesen, wenn sie jetzt nicht versucht hätten, künstlich Mutationen hervorzurufen?

Der amerikanische Zoologe Hermann Joseph Muller (geb. 21. 12. 1890) ließ ultraviolettes Licht, Röntgen- und Gammastrahlen auf Taufliegen einwirken. Die Gene reagierten sehr empfindlich. Bestrahlte Generationen zeigten hundertmal mehr Mutationen als unbestrahlte, und die Mutationssprünge, das Ausmaß der sprunghaft eingetretenen Änderungen, waren viel größer als früher. Auch ergaben sich Mißbildungen und Riesenformen. Muller erhielt für seine grundlegenden Arbeiten auf diesem Gebiet 1946 den Nobelpreis für Medizin.

Kosmische Strahlen wirken seit eh und je auf alle Lebewesen ein. Sollten sie nicht auch die Erbanlagen beeinflussen, Mutationen hervorrufen? Es gibt Gelehrte, die gute Gründe dafür anführen, daß die Entwicklung des Lebens auf der Erde gewissermaßen aus dem Weltall ferngesteuert wird.

Dann ist also Darwins Entstehung der Arten durch natürliche Auslese, durch den Kampf ums Dasein, Unsinn?

O nein! Weder Mutation noch natürliche Auslese können allein für sich eine fortlaufende Entwicklung bewirken; beide arbeiten zusammen. Der amerikanische Biologe Haldane hat den Unterschied zwischen den beiden Wirkungsweisen an einem hübschen Beispiel klargelegt: Die natürliche Auslese vermag mit den der menschlichen Art jetzt innewohnenden Erbfaktoren Menschen mit dem hohen Verstand eines Shakespeare oder Goethe oder der Muskelkraft eines Primo Carnera zu züchten, kann jedoch aus ihnen keine Rasse von Engeln machen! Flügel und engelhafter Charakter können nur durch Mutation zustande gebracht werden.

Etwas wirklich Neuartiges kann also nur durch Mutation entstehen. Das Entstandene aber muß seine Existenzberechtigung vor dem Tribunal der natürlichen Auslese nachweisen.

Urmenschenheimat Europa?

Hu, wie kalt war es im Winter 1853/54! Wie kalt und trocken! Es fiel kaum Schnee, und die Flüsse der Schweiz führten daher nur wenig Wasser. Die Folge davon war, daß die Spiegel der Seen sanken, so tief absanken, wie es die ältesten Anwohner niemals erlebt hatten.

Im langgestreckten Züricher See sind seit Jahrhunderten alle ungewöhnlich hohen und niedrigen Wasserstände am Stein von Stäfa eingemeißelt worden. Neben der tiefsten Marke stand damals die Jahreszahl 1674; im Frühjahr 1854 aber wurde ein um mehr als dreißig Zentimeter tieferer Rekordstand verzeichnet. Weit wich das Wasser am Seeufer zurück; ein breiter Uferstreifen wurde trockengelegt. Eilends machten sich die anwohnenden Bauern daran, entlang der neuen Wasserlinie Dämme aus Steinen und Erde zu errichten. Das so umschlossene Gebiet wurde mit fruchtbarem Schlamm aus dem seichten Wasser aufgefüllt: Neuer Ackerboden war gewonnen!

Bei Obermeilen, kaum zehn Kilometer von Zürich entfernt, riegelten die landhungrigen Bauern auf diese Weise eine flache Bucht ab. Der Dammbau klappte vorzüglich, und die Bauern rieben sich vergnügt die Hände ob des so leicht gewonnenen neuen Landes. Als sie aber den Seeschlamm hinter den Damm schöpfen wollten, machten sie lange Gesichter. Wo sie ihre Hacken und Spaten auch ansetzten, überall stießen sie auf feste Holzpfähle, die in Abständen von zwanzig bis dreißig Zentimeter senkrecht im schlammigen Seegrund steckten. Bei einer näheren Untersuchung fanden sie einen wahren Wald solcher Pfähle: Zwei bis vier Meter lange Holzbalken waren mit der angespitzten Seite in den weichen Seeboden gerammt. Über die ganze Länge der Bucht erstreckte sich dieser Pfahlwald, und an die vierhundert Meter war er breit.

Welchem Zweck mochte er wohl gedient haben? Es mußte doch eine Heidenarbeit gewesen sein, die unzähligen Bäume zu fällen, herzurichten, an Ort und Stelle zu bringen und sie dort in den Seeboden zu rammen. Die Bauern waren erbost über diesen »Unverstand«, der ihnen ihre Landgewinnungsarbeit so erschwerte. Aber was half alles Schimpfen? Wenn Tauwetter einsetzte, mußte die Bucht aufgefüllt sein. Also spuckten sie in die Hände und schöpften den Schlamm mühselig genug zwischen den Pfählen weg.

Seltsam, wie viele Feuersteinbrocken, Knochen, Geweihstangen und Holzstücke in diesem Schlamm steckten! »So ein Mist!« murrten die Bauern. »Immer noch mehr Arbeit.« Und mit Schwung kippten sie ihre Schlammgefäße auf die andere Seite des Dammes.

Bis eines Tages der alte Baumlechner kopfschüttelnd zu seinem Nachbarn sagte: »Du, Köbi, heb mal, wie schwer der Brocken ist! Das kann doch kein Stein sein?«

Köbi wog prüfend das länglich-platte Ding in der Faust und meinte: »Wird halt ein eisernes Hackenblatt sein!« Damit wischte er das Stück an seiner schlammverkrusteten Hose ab. Ja, etwas Ähnliches wie eine Hacke war es; jedenfalls saß eine Schneide dran. Aber wo war das Öhr, das Loch, in dem der Hackenstiel befestigt wird? Nein, ein Loch war nicht da.

»Hat nicht mal ein Loch für den Stiel«, sagte Köbi da verächtlich und gab das platte Ding dem Nachbarn zurück.

Unschlüssig prüfte der zwischen Daumen und Zeigefinger die Schneide. Nein, scharf war sie nicht! Der alte Baumlechner hätte das nichtsnutzige Ding in den See zurückgeworfen, wenn nicht gerade noch rechtzeitig ein Stückchen der dünnen Schneide weggebröckelt wäre. Die Bruchstelle war seltsamerweise nicht rostbraun, sondern grünlich. Der alte Bauer brach noch ein Stückchen der Schneide weg; das ging ganz leicht und auch hier war das bröcklige Material grün.

»He, Köbi!« rief der Baumlechner seinen Nachbar erneut an. »Schau mal, das ist kein Eisen, die Schneide ist lauter Grünspan. Ob das nicht ein Faustbeil aus ganz alter, alter Zeit ist? Weißt du, der Schulmeister hat doch mal davon gesprochen, daß man damals das Beil ohne Stiel einfach in die Faust genommen hat.«

Köbi kam zurück und nahm das »Beil« prüfend in die Faust. Es lag gut darin. Da stieß er mit der Schneide hart gegen den Spatenstiel, auf den er sich stützte. Obwohl der Stiel aus weichem Weidenholz war, drang die Schneide nicht hinein, sondern rutschte ab, und ein talergroßes Stück brach aus. Da rümpfte der Köbi die Nase. »Magst recht haben, Baumlechner, aber gebrauchen kannst du das Ding nicht.«

Nein, zu gebrauchen war das Ding nicht! Das sah der Baumlechner ein, aber er hatte inzwischen einen Entschluß gefaßt: »Weißt du, Köbi, ich werde das Beil heute abend dem Schulmeister zeigen. Magst du mitgehen, Köbi?«

Der Nachbar brummte nur was vor sich hin, aber da er an diesem Tage selbst eine Art Armband aus dem gleichen grünlichen Metall fand, ging er abends mit zum Lehrer. Der Dorfschulmeister Johannes Äppli erkannte sofort, daß es sich um Geräte aus der Bronzezeit handelte. »Habt Ihr noch mehr solche Sachen gefunden?« fragte er eifrig.

»Aus Bronze nicht, aber spitze Feuersteine und zurechtgemachte Holzstücke. Ja, und Geweihstücke und Knochen, viele Knochen.«

»Tut mir den Gefallen und legt in den nächsten Tagen alles, was Ihr findet, sorgsam beiseite; ich komme vorbei und schaue es mir an.« Und da er seine Bauern kannte, fügte er augenzwinkernd hinzu: »Vielleicht fallen gar ein paar Fränkli dabei ab!«

Das zog. Als er nach wenigen Tagen die Bucht besuchte, konnte er schon in einem Haufen von Funden wühlen: Lanzenspitzen aus Bronze, Hirschhornmesser, Feuersteinbeile, Faustkeile, Nadeln aus Knochen und vielerlei bearbeitete Holzstücke, die sich unter Wasser tadellos erhalten hatten.

Der Lehrer Äppli war nun seiner Sache sicher, und er schrieb noch am gleichen Tage an die Gesellschaft der Altertumsfreunde in Zürich: »In der Nähe meiner Wohnung wurden im trockenliegenden Teil des Seebetts alte, von Menschenhänden bearbeitete Gegenstände gefunden, die vermutlich zur Aufklärung über die frühesten Bewohner unseres Landes dienen können.«

Als Professor Ferdinand Keller (1800–1881) diesen Brief bekam, alarmierte er alsbald seine jungen Freunde und schickte sie nach Obermeilen.

Von Amts wegen, meint ihr? O nein, Ferdinand Keller war kein »gelernter« Vorgeschichtsforscher, sondern Professor der englischen Sprache.

Vater und Großvater waren Goldschmiede gewesen; er selbst hatte Theologie studiert und war 1825 ordiniert worden. Doch sein reger Geist bekam Angst vor der Stille eines Landpfarramtes. Kurzerhand ging er nach Paris und hörte dort an der berühmten Sorbonne Naturwissenschaften. Zufällig lernte er in der Weltmetropole einen reichen Engländer kennen, den der junge, lebhafte Schweizer reinweg bezauberte. Vom Fleck weg stellte er ihn als Erzieher und Begleiter seines Sohnes ein. Sechs Jahre lang bereiste Keller nun mit seinem Schüler und Freund die Britischen Inseln, fuhr mit ihm überallhin, wo etwas los war. So am 15. September 1830 zur Eröffnung der Eisenbahnlinie Liverpool–Manchester, bei der alles vertreten war, was in England Rang und Namen hatte. Es wurde ein glanzvolles Ereignis und für Keller schier unvergeßlich, denn er zog sich hierbei eine starke Erkältung zu, die schließlich zu einem hartnäckigen Leberleiden führte. Es war so quälend, daß er sich entschloß, in das trockenere Klima seiner Heimatstadt Zürich zurückzukehren. Hier war soeben die Technische Hochschule eröffnet worden, und Keller erhielt den Lehrstuhl für Englisch.

Der junge Professor war vielseitig interessiert, und einige seiner Hörer, die eine Ausgrabung der vorgeschichtlichen Gräber bei Burghölzli versuchen wollten, hatten keine große Mühe, ihren Professor zum Mitmachen zu bereden. Die Teilnahme an dieser Ausgrabung wurde schicksalhaft für ihn. Er wurde Vorgeschichtsforscher aus Leidenschaft und blieb es bis zu seinem Tode. Mit seinen jungen Freunden, die ebenso begeistert waren wie er, gründete er die Gesellschaft für Altertumsfreunde, die er vierzig Jahre lang leitete. Eigentlich sogar fünfzig Jahre, denn als er 1871 offiziell zurücktrat, blieb er doch weitere zehn Jahre, bis zu seinem Tode, die treibende Kraft der Gesellschaft.

Als der Brief aus Obermeilen kam, hatten Keller und seine Freunde schon mehr als zwanzig Jahre lang Altertümer gesammelt, aber die neuen Funde stellten alles Vorhergehende in den Schatten. Mit einem großen Aufgebot von Leuten wurde die ganze Seebucht durchgekämmt. Der von den Landgewinnern bewegte Boden wurde zerkrümelt und viele Fundstücke daraus hervorgeholt. Eine andere Arbeitsgruppe kreuzte in flachen Kähnen über den eingesunkenen Pfählen, beobachtete den Seegrund und holte alles aus dem Wasser, was ihr irgendwie auffiel. Nicht nur eine Unmenge Geräte aus Stein, Bronze, Hirschhorn, Knochen und Holz wurde so gesammelt, auch Teile von Körben, geflochtenen Matten und Netzen waren im Wasser erhalten geblieben. Das Wasser hatte eben viele Dinge konserviert, die andernorts an der Luft völlig verrottet wären. Übrigens waren die Pfähle in ziemlich regelmäßigen Reihen eingerammt. An einigen Stellen konnte man noch Querbalken und Reste einer Decke über dem Pfahlwerk erkennen.

Im Herbst 1854 veröffentlichte Keller seinen ersten Bericht über »Pfahlbauten«. Er konnte darin schon ein zusammenhängendes Bild der im See gemachten Entdeckungen geben: Auf den in den Seegrund gerammten Pfählen waren Plattformen befestigt gewesen, und darauf hatte sich eine vorgeschichtliche Siedlung befunden. Diese war also ganz von Wasser umgeben gewesen – wahrscheinlich zu Verteidigungszwecken, ähnlich den Pfahldörfern in der Südsee. Vermutlich stammte die Siedlung aus der Übergangsperiode zwischen Stein- und Bronzezeit. Ganz sicher waren die Bewohner Ackerbauern gewesen. Die in großen Mengen gefundenen Knochen von Haustieren bewiesen das eindeutig. Außerdem waren die gefundenen Geräte ganz anders als die der Jäger, die man bei zahlreichen Höhlengrabungen gefunden hatte.

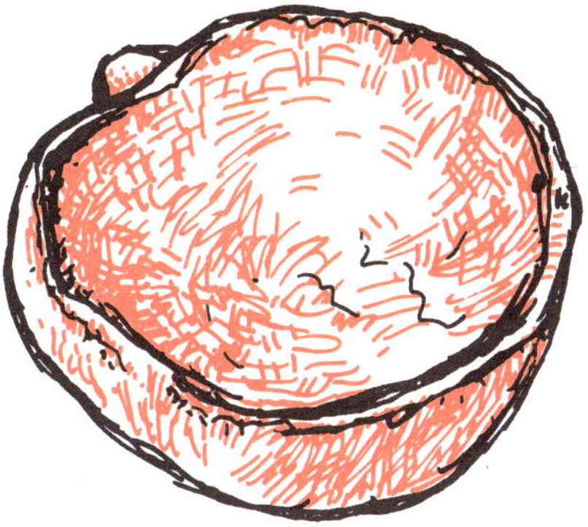

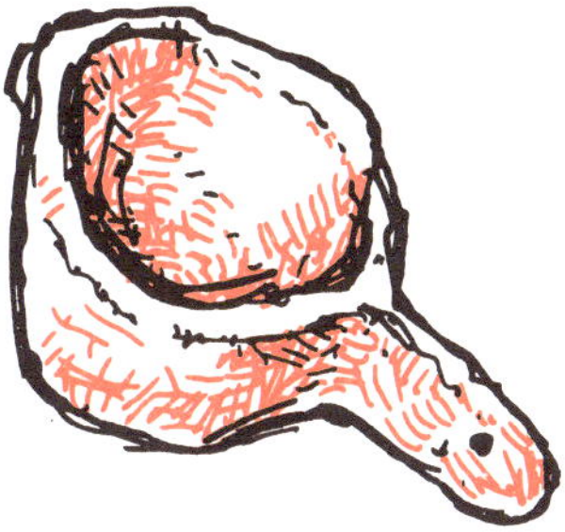

Aus Wurzelholz gefertigte Gefäße der Jungsteinzeit, Zeugen einer Ackerbauern-Kultur

Haus- und Jagdgeräte aus der Übergangsperiode zwischen Stein- und Bronzezeit

Harpune, deren mit Widerhaken versehene Spitze lose am Schaft befestigt war und an einer Leine hing

Angelhaken aus Elchknochen

Angelhaken aus Hirschhorn

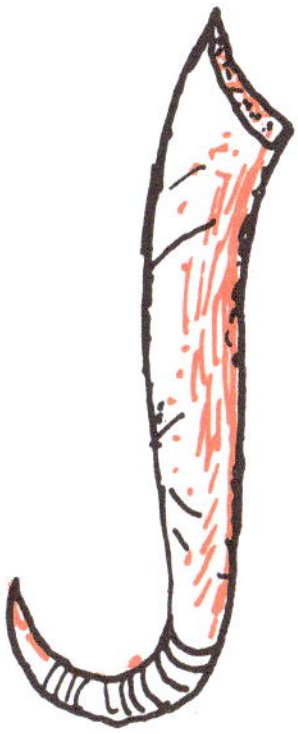

Spinnangel aus Eberzahn

Der Bericht Kellers über die Pfahlbauten bei Obermeilen wurde zu einer wahren Sensation. Seine Deutung der Pfahlbauten als vorgeschichtliche Siedlungsstätten ließ überall bei derartigen Pfählen in seichten Gewässern die Hoffnung auf reiche Funde aufkommen. Es war ja naheliegend, daß die Menschen der Vorzeit den See als Abfalleimer benutzt hatten, und außerdem mochte manches Gerät unbeabsichtigt ins Wasser geplumpst und auf Nimmerwiedersehen versunken sein. So begannen in der ganzen Schweiz Laien und Forscher die seichten Gewässer der zahlreichen Seen zu untersuchen.

Das Ergebnis war überwältigend: 1858 konnte Keller bereits über mehr als zwanzig Fundstellen ähnlich der von Obermeilen berichten, und die Fundstücke gingen in die Tausende. Bei diesen Fundstellen war schon Robenhausen am Pfäffikonsee erwähnt, das schließlich zur berühmtesten Fundstelle wurde. Es machte einen armen Bauernknecht zum – nein, nicht zum reichen Mann, sondern zu etwas viel seltenerem: zum Ehrendoktor!

Der 1829 geborene Jakob Messikomer hatte zeit seines Lebens zwar viel Lust, aber wenig Gelegenheit zum Lernen. Als Jakob 15 Jahre alt war, starb sein Vater, ohne der Mutter wesentlich mehr zu hinterlassen als vier Kinder. Jakob mußte blutenden Herzens die Mittelschule, die er erst anderthalb Jahre besuchte, aufgeben, um der Mutter bei der Ernährung der drei jüngeren Geschwister zu helfen. Trotz der harten Zeit, die nun für ihn kam, las er alles, was ihm in die Hände fiel. Da er eine Zeitung nicht bezahlen konnte, lief er täglich mehrere Kilometer zur Post, um für den Arzt die Zeitung zu holen, die er dann auf dem Rückweg in aller Eile durchlas. Der Dokter lieh ihm auch das eine oder andere Buch, das er in seiner kärglich bemessenen Freizeit sorgfältig las. Bei der Arbeit überdachte er dann das Gelesene.

Eines Tages nun las er, »daß man in Dänemark einen vollständig erhaltenen menschlichen Körper mit Kleidern usw. gefunden habe«. Seitdem schaute er beim Torfstechen immer nach solchen Fossilien aus, die sich im Torf ja besonders gut erhalten. Aber finden, nein, finden tat er nichts.

Andere dagegen hatten mehr Glück: 1857 wurde in einer nahe gelegenen Sandgrube ein vorgeschichtliches Grab entdeckt. Bei dem Skelett lagen Armreife und Ohrringe aus Bronze. »Ha, das ist was für Jakob!« sagte der Finder und benachrichtigte ihn schleunigst.

Ja, das war etwas für Jakob Messikomer! Sorgfältig sammelte er alles ein, machte einen feinen Bericht, wie alles gelegen hatte, und schickte Sachen und Bericht an Professor Keller. Außer herzlichem Dank sandte der ihm seinen

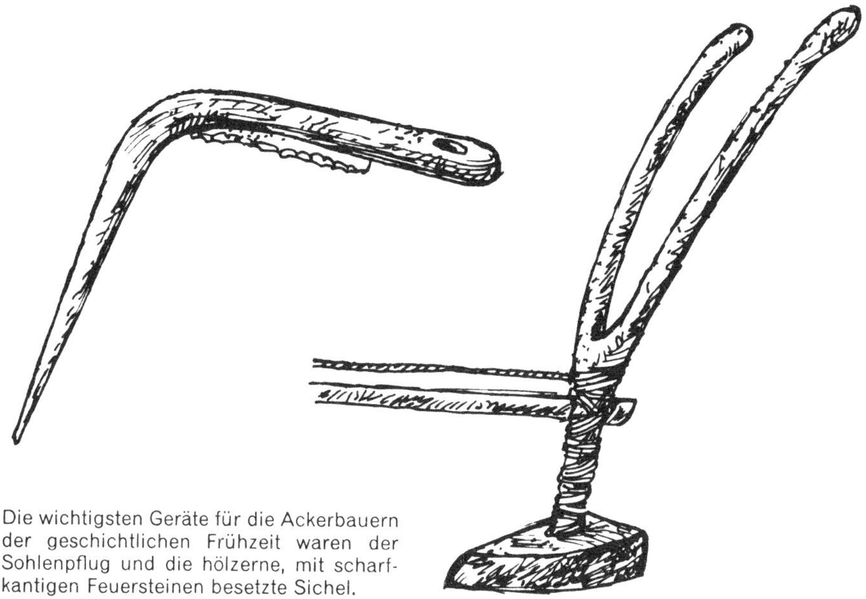

Die wichtigsten Geräte für die Ackerbauern der geschichtlichen Frühzeit waren der Sohlenpflug und die hölzerne, mit scharfkantigen Feuersteinen besetzte Sichel.

ersten Aufsatz über »Pfahlbauten«, und er schrieb dazu: »Vielleicht finden Sie auch im Pfäffikonsee solche Reste.«

Damit hatte er Jakob eine Lebensaufgabe gestellt. Hinfort suchte der in jeder freien Minute am Seeufer und in seichten Buchten nach »seinem« Pfahldorf. Alle Bekannten, die irgendwie mit dem See zu tun hatten, fragte er nach Strich und Faden aus, wobei er meist wenig Verständnis fand, aber mancherlei gutmütigen Spott erntete. Robenhausen war ein kleines Dorf, und so wußte bald jedermann um Jakobs Pfahldorf-Tick. Als man im Februar 1858 bei Begradigungsarbeiten an dem kleinen Flüßchen Aa, dem Abfluß des Pfäffikonsees, im Torf auf Reihen von Holzpfählen stieß, da war es selbstverständlich, daß man Jakob herbeiholte. Der erkannte sofort, daß hier tatsächlich ein Pfahldorf im Sumpf steckte; er nutzte die Chance und machte es zu *seinem* Pfahldorf. Seine Geschwister waren jetzt erwachsen, er selbst stellte keine großen Ansprüche an das Leben. So kratzte er alle Ersparnisse zusammen und kaufte das Land mit den Pfählen. Viel brauchte er nicht dafür zu zahlen, denn der Sumpf eignete sich weder als Acker noch als Weide; nur Brenntorf konnte hier gestochen werden.

Doppelt mühsam war diese Arbeit, wenn man mit Jakobs Sorgfalt vorging. Zunächst steckte er kleine Flächen von sechs mal drei Meter ab, die er der Reihe nach aushob. Größer durfte die Grube nicht sein, sonst war das eindringende Wasser mit Holzeimern und Handpumpen nicht zu bewältigen. Die oberen ein, zwei Spatenstiche konnten flott weggestochen werden, denn sie enthielten kaum alte Gegenstände. Darunter aber stieß man schon auf die oberen Enden der Pfähle, deren mit Wasser getränktes Holz so weich war, daß der Spaten kaum einen Widerstand spürte. Von jetzt an mußte jede Handvoll Erde zerkrümelt werden, denn in dieser Schicht fanden sich schon oftmals kleine Gegenstände aus der Vorzeit. War die Grube etwa einen Meter tief, dann mußte in einer Ecke ein Loch gegraben werden, aus dem ein Helfer mit einem Eimer dauernd das einsickernde Wasser wegschöpfte. Auf Seebetthöhe reichte das Schöpfen nicht mehr; eine Handpumpe mußte eingesetzt werden und dauernd in Tätigkeit bleiben, um das mit Macht eindringende Wasser zu entfernen. Deutlich konnte man jetzt die Pfahlreihen unterscheiden. Seltsamerweise waren die Pfähle oben verschieden lang. Als Jakob dieser Sache gründlich nachging, erkannte er bald den Grund: Sein Pfahldorf war zweimal abgebrannt und wiederaufgebaut, nach einem dritten Brand aber verlassen worden. An den senkrechten Seitenwänden der Grube konnte man deutlich entsprechende Zeitschichten erkennen und die darin gefundenen Gegenstände getrennt ordnen.

Die einzelne Ausgrabung erbrachte meist nur wenige Funde, aber die Ausdauer, mit der Jakob eine Vielzahl von Grabungen systematisch durchführte, wurde belohnt. Seine große Sammlung praktisch aller Gebrauchsgegenstände aus Stein und Bein, aus Horn und Holz, von geflochtenen Körben und Bastmatten, gesponnenen Flachsfäden und gewebten Tuchen, von Speiseresten und Nahrungsmittelvorräten ergab ein buntes Bild vom Leben unserer Vorfahren in diesen Seedörfern am Ende der Steinzeit. Vorgeschichtsforscher aus aller Welt kamen nach Robenhausen und besuchten den forschenden Torfstecher, dessen Sammlung ein Prunkstück der Pariser Weltausstellung von 1867 war. Die Universität Zürich ernannte den Kleinbauern Jakob Messikomer sogar zum Ehrendoktor.

Sicher war diese Ehrung wohlverdient, doch wäre es zweifellos besser gewesen, wenn ein bißchen wirtschaftliche Unterstützung hinzugekommen wäre. Der Doktor h. c. Jakob Messikomer grub unermüdlich bis in sein achtzigstes Lebensjahr, bis zu seinem Tode, kostbare Zeugen der Vergangenheit aus dem Boden. Darunter litt natürlich die Feldarbeit, und manchmal wußte Jakob trotz seines Ruhmes nicht, woher er das tägliche Brot für seine wachsende Familie nehmen sollte. Schließlich zwang ihn die nackte Not, Doppelstücke seiner Sammlung zu verkaufen. Das Geschäft ging überraschend gut, denn die Nachfrage der Museen und privaten Sammler war groß, und die Preise waren demgemäß hoch.

Die Schweizer sind gute Geschäftsleute, und bald merkten die Bauern und Fischer, daß es lohnender für sie war, nach Altertümern zu graben, als zu pflügen oder zu fischen. Leider gingen sie dabei nicht mit der wissenschaftlichen Sorgfalt Jakob Messikomers zu Werke, sondern sie plünderten die Fundstellen rücksichtslos aus. Ein schwungvoller Handel mit Altertümern breitete sich über die ganze Schweiz aus, und es mag dabei nicht immer nach Treu und Glauben zugegangen sein. Allerlei Auswüchse zwangen die schweizerische Regierung 1880, ein Gesetz zu erlassen, das Ausgrabungen und Verkauf von Altertümern ohne besondere Genehmigung unter Strafe stellte.

Solch ein schönes Geschäft einfach aufgeben? »Kommt nicht in Frage«, sagten viele, »wo doch die Preise durch das neue Gesetz sogar noch besser geworden sind! Verbot von Ausgrabungen? Gut, das werden wir respektieren; Ausgrabungen sind sowieso mühevoll. Es ist leichter und lohnender, ›echte‹ Altertümer zu fabrizieren.«

Prompt verlagerte sich das Geschäft auf Fälschungen, die teilweise täuschend echt aussahen. Altertümer wurden nun zum großen Teil auf dem Schwarzen Markt gehandelt, und bald konnten nur noch Sachverständige im Labor unterscheiden, was echt und was falsch war. Schließlich mußte wieder die Regierung einschreiten, aber erst 1887 gelang ihr durch die Zerschlagung einer großen, raffiniert organisierten Fälscherbande ein entscheidender Erfolg gegen den illegalen Handel mit Altertümern.

In diese Zeit fiel die Jugend des schweizerischen Archäologen Otto Hauser (1874–1932). Ein Beinleiden fesselte ihn bis zum zwölften Lebensjahr ans Bett, und das hat zeitlebens seinen Charakter beeinflußt. Die Mutter erfüllte ihm jeden Wunsch, doch das machte ihn nur ungeduldig, heftig und streitsüchtig. Er empfand sein körperliches Leiden als eine ungerechte Zurücksetzung, und dieser Umstand weckte den fast krankhaften Ehrgeiz in ihm, seine Kameraden auf allen nur möglichen Gebieten zu übertrumpfen. Nur aus diesem Jugenderleben heraus kann man seine späteren Konflikte mit fast allen Berufskollegen erklären.

Der junge Otto war geschichtsbegeistert, und als sich sein Leiden besserte, studierte er und wurde schließlich Altertumsforscher. Schon als Student, erst 22 Jahre alt, grub er bei Windisch im Kanton Aargau das alte Römerlager

Geflochtenes Mattenstück (links) und der Rest einer geknüpften Bastmatte (rechts) aus der Jungsteinzeit. Beides hat sich im sumpfigen Wasser gut erhalten.

Vindonissa aus. Diese Ausgrabungen verschlangen viel Geld, doch seine Mutter (der Vater starb früh!) war recht wohlhabend, und sie erfüllte ihm nach wie vor jeden Wunsch. Viele Waffen, Geräte und Schmuck fand er in Vindonissa, auch eine wundervolle Silberschale. Die Ausgrabung war insofern ein großer Erfolg, doch hatte er sie ohne Genehmigung durchgeführt und somit gegen das oben erwähnte Gesetz verstoßen. Statt ihn zu ehren, stauchten ihn daher die Fachgelehrten und Behörden gehörig zusammen. Das verbitterte ihn, weil er es als ungerecht empfand; wütend verließ er seine Heimat.

Im April 1898 tauchte er in der französischen Dordogne auf, im Tal der Vézère, dem Paradies der Urmenschen. Rund 30 Jahre waren seit Lartets Tode vergangen, und während dieser Zeit hatten Schatzgräber aller Art das Tal durchwühlt; auch hier hatte eine Konjunktur in Steinzeitfunden geblüht. Viel wertvolles Material war gefunden und verkauft worden, meist ins Ausland; viel nicht gutzumachender Schaden war von den schatzsuchenden Maulwürfen angerichtet worden. »Gewissenlose Plünderung!« zeterten die Altertumsforscher und sahen hilflos dem Raub der Fundstücke zu.

Hauser machte es anders. An allen Plätzen, die vorgeschichtliche Funde erwarten ließen, kaufte oder pachtete er große Geländestreifen, vertrieb die menschlichen Maulwürfe und durchkämmte dann jahrzehntelang mit einem Troß von Arbeitern systematisch das große Gebiet. Fast das ganze elterliche Vermögen schluckte dieses Unternehmen, und so war auch Hauser gezwungen, einen Teil der Funde zur Deckung der Kosten zu verkaufen. »Altwarenhändler« schimpften ihn daher seine Gegner, und als er erklärte, daß er doch nur Ordnung in die Bodenuntersuchung bringen und Raubbau verhindern wolle, höhnten sie: »Da hat sich der Bock selbst zum Gärtner ernannt!«

Die Gerechtigkeit erfordert es, festzustellen, daß Hauser sich im Laufe der Zeit zu einem guten Fachmann entwickelte. Das Tal der Vézère wurde ihm zur zweiten Heimat; er nannte es ein »Pompeji der Urzeit« und schrieb begeistert darüber: »Heute unter Schutt und Felssturz begraben, war dies Urmenschenland einstmals nicht minder groß und mächtig und ein nicht weniger bedeutungsvoller Markstein der Kultur als das römische Pompeji klassischer Zeit. Nicht Paläste aus prunkhaftem Marmor standen einst im Tal der Vézère, man ging nicht ein in die Pracht herrschaftlicher Villen und Portale, getragen von korinthischen Säulen – phantastische Felswände ragten am Flußufer hoch und beschirmten das einfache Haus der Höhlennomaden. Die Fresken erstanden nicht auf glattgestrichenem Mauerwerk; sie sind vom Urmenschen tief im geheimnisvollen Dunkel uralter Höhlengänge frischweg in die Felswand gemeißelt, und ihre Umrißlinien sind mit Ocker und Kohle gefärbt. Unser Spaten fördert nicht goldene Münzen und Gefäße aus Silber und Bronze – im Boden finden wir nur Steine und Knochen. Es sind Dörfer und Städte im ureigensten Sinne, die uns hier – eine versunkene Welt – vom Werden des eigenen Geschlechtes erzählen. Urwelthorden aus der Menschheit Dämmerung, aus ihres Daseins Kampfe, aus ihren ersten Mühen und Lasten erstehen hier in den Überresten ihrer Lebenshaltung. Wir begegnen den ersten Regungen von Kunst und Religion.«

Kunst und Religion? Ja, inzwischen waren kunstvoll bemalte Höhlen entdeckt worden, die einwandfrei bewiesen, daß unsere steinzeitlichen Vorfahren keine Urwilden waren, wie man bis dahin allgemein angenommen hatte, sondern daß sie auch geistig weit über die Tierwelt hinausgewachsen waren, daß sie einen ausgeprägten Schönheitssinn und religiöse Vorstellungen besaßen.

Es begann 1869 mit einer Fuchsjagd des spanischen Edelmannes Don Marcelino de Sautuola in der Nähe seines Schlosses Santillana sur Mar. Die Herrschaft liegt im Vorland der Kantabrischen Berge. Auf einer Wiese am Hange des Kalksteinhügels Altamira verschwand einer der Jagdhunde spurlos. Kein ordentlicher Jäger läßt seinen vierbeinigen Helfer im Stich; also rief und pfiff der Jäger lange nach seinem Gefährten. Aber kein freudiges Bellen antwortete. Erst als der Jäger in die Nähe eines Felsbuckels kam, glaubte er ein leises Winseln zu hören. War das Carmen, seine Hündin? Drangen die Töne etwa aus der Felsspalte dort?

Der Jäger neigte sich über den Spalt: Tatsächlich, das Winseln kam von dort unten, und als er jetzt rief, antwortete Carmen freudig.

Eifrig räumte der Jäger eine Anzahl Steinbrocken weg und erweiterte so den Felsspalt, bis er sich hindurchzwängen konnte. Mit Mühe holte er die Hündin heraus, die reinweg toll war vor Freude. Offenbar führte der Felsspalt in eine geräumige Höhle, deren Tiefe er in dem schwachen Licht, das durch den Spalt einfiel, nicht erkennen konnte, doch hallte jeder Ton laut zurück.

Als der Jäger Don Marcelino sein Erlebnis berichtete, ließ dieser den Eingang vergrößern und besichtigte dann die große, langgestreckte Höhle, von der verschiedene »Seitenschiffe« abzweigten. Flackernde Fackeln warfen ein gespenstiges Licht über den mit Steingeröll und Lehm bedeckten Boden, über die felsigen Wände.

»Interessant!« sagte Don Marcelino und durchsuchte flüchtig die Höhle. Er fand nichts besonderes; in Spaniens Bergen sind solche Hohlräume häufig. Also kein Grund zur Aufregung! Immerhin war er verantwortungsbewußt genug, den Eingang durch eine kräftige Holztür verschließen zu lassen, damit die Dorfkinder die Höhle nicht als Spielplatz benutzen konnten. Unfälle geben immer Ärger!

Neun Jahre später besuchte Don Marcelino die 2. Pariser Weltausstellung. Als er dort die reichhaltige Sammlung von Werkzeugen der Urmenschen sah, kam ihm der Gedanke, doch auch mal in der Höhle von Altamira nach solchen Geräten zu suchen. Er informierte sich über die sachgerechte Untersuchung von Höhlen, und im nächsten Frühjahr nahm er einen Spaten und begann mit der Arbeit.

Obwohl er anfangs immer mit leeren Händen zurückkehrte, hielt er doch eisern durch. Dafür hatte er nach einem halben Jahr die Genugtuung, einige Pfeilspitzen und ein Steinmesser im Höhlenlehm zu finden. Also stand fest, daß früher Menschen in der Höhle gelebt hatten, wahrscheinlich zu der Zeit, als eisige Kälte Mensch und Tier hier Schutz suchen ließ. Das Skelett eines Höhlenbären, das er ebenfalls in der Höhle fand, deutete darauf hin. Übrigens mehrten sich nun die Funde, und bald hatte er eine hübsche Sammlung davon. Die legte er Spaniens bekanntestem Vorgeschichtsforscher Professor Vilanova vor, und der war ehrlich begeistert. Das gab Don Marcelino neuen Mut, und mit verdoppeltem Eifer grub er weiter.

Maria, seine fünfjährige Tochter, hatte oft gebettelt, sie zu den Ausgrabungen mitzunehmen. Bisher hatte er sie immer auf später vertrösten können, aber einmal mußte er sein Versprechen doch einlösen.

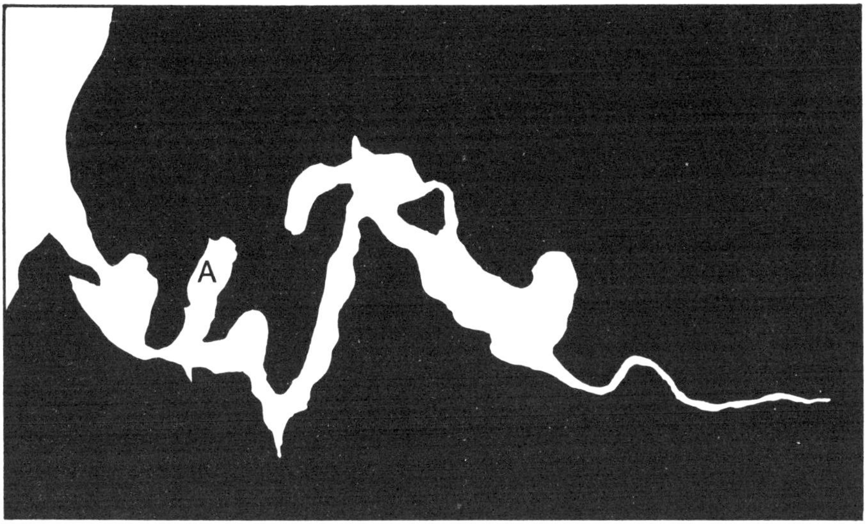

Plan der Höhle von Altamira. Überall in der Höhle wurden Wandmalereien entdeckt. Die großartigen Bilder der Wisente befinden sich an der Decke des »Bildersaales« (A).

Für Maria war es ein ungewohntes Bild, den sonst so stolzen Vater auf den Knien über den Höhlenboden rutschen zu sehen, um die Erde wegzukratzen und schmutzige alte Knochen und Feuersteine aufzusammeln. Eine Weile sah sie ihm interessiert zu, dann wurde ihr das langweilig, zumal der Vater so in seine Arbeit vertieft war, daß er ihre Fragen kaum beantwortete. Bald wanderte sie auf eigene Faust in der Höhle umher, schaute neugierig in die dunklen Nischen. Als sie sich umwandte, fiel ihr Blick auf die niedere Höhlendecke, die von des Vaters dicker Kerze hell ausgeleuchtet war. Da weiteten sich ihre Augen vor Überraschung, und erstaunt rief sie: »Papa, Papa, sieh nur, die Stiere!«

Don Marcelino schreckte hoch. Er sah seine Tochter im Halbdunkel stehen und aufgeregt zur Höhlendecke zeigen. Was mochte sie nur so erregen?

Sein Blick folgte ihrem Finger, und nun war er es, der vor Überraschung leise aufschrie: Der Fels war bedeckt mit lebensgroßen gehörnten Tieren, roten Wisenten, die sich im matten Schein der Kerze plastisch von der Decke abhoben. Als jetzt ein Luftzug die Kerze traf, schien es in ihrem Flackerschein gar, als wenn die Tiere Leben gewännen, als wenn sie mit zum Angriff gesenkten Hörnern auf ihn zustürmten.

Fassungslos sprang Don Marcelino auf und hob den Leuchter. Kein Zweifel, die Decke war übersät mit Malereien, mit lebensgroßen Tierbildern. Vor allem Wildrinder waren es, riesige Stiere, kräftige Kühe und kleine Kälber: Wisente, die seit vielen Jahrhunderten nicht mehr auf Spaniens Fluren grasen. Der Künstler aber, der sie so lebendig dargestellt hatte, der mußte sie *gesehen,* mußte sie auf freier Wildbahn *erlebt* haben. Unter geschickter Ausnutzung der Felsunebenheiten, der Felsbuckel und der Vertiefungen, hatte er so lebensvolle Gemälde geschaffen, daß sie kein heutiger Künstler mit den vielfältigen Hilfsmitteln der Neuzeit übertreffen konnte. Die Farben, Rot Braun und Schwarz, wirkten so frisch, als seien sie erst eben aufgetragen worden, vor allem dort, wo nur mattes Licht sie traf. Don Marcelino strich mit dem Finger über sie hin; sie fühlten sich fettig an, blieben an den Fingern haften.

Konnten das Bilder aus der Urzeit sein? »Nein!« sagte Don Marcelino laut, und dumpf klang es von den Höhlenwänden zurück.

Aber wer konnte solch lebensvolle Bilder ausgestorbener Tiere malen? Welcher lebende Künstler war zugleich ein solch hervorragender Naturwissenschaftler?

»Niemand! Niemand!« sagte sich Don Marcelino und schüttelte verwirrt den Kopf. Da schob sich eine kleine Kinderhand in seine Linke, riß ihn aus seinen Grübeleien. »Ist das nicht wundervoll, Papa?« fragte Maria.

»Ja, Kind, es ist ein wirkliches Wunder!« antwortete er. Und dann legten sich beide, Vater und Tochter, nebeneinander auf den Rücken. Da war es ihnen, als lagerten sie inmitten einer rastenden Herde. Als gar der Vater den Leuchter heftig bewegte, so daß die Kerze flackerte, da kam Bewegung in die Menge der Tiere, sie wuselten durcheinander, als bereiteten sie sich zur Flucht vor. Maria wunderte sich nur, daß sie das Stampfen der Hufe nicht hörte.

Als sie nach einer Weile dieses Spieles müde waren, gingen sie Hand in Hand auf neue Entdeckungen aus. Staunend sahen sie jetzt, da sich ihre Augen eingewöhnt hatten, daß alle von unten erreichbaren Wand- und Deckenflächen bemalt waren. Rote Stiere überwogen auch hier, rote Stiere in allen Stellungen: schlafend und im wilden Lauf, grasend und bedachtsam wiederkäuend. Daneben gab es aber auch andere Tiere, schnelle Hirsche, wilde Pferde und flüchtende Wildschweine. »Sieh nur, das Reh!« sagte Maria plötzlich und zeigte auf ein Tierrudel neben dem Eingang. Tatsächlich, ein einzelnes, recht großes Reh ragte aus dem Rudel hervor und äugte zu ihnen herüber.

Zusammengebrochener Wisent aus Altamira

Sichernde Hirschkuh aus derselben Höhle

Kann man sich wundern, daß Don Marcelino de Sautuola nach dieser Entdeckung eine schlaflose Nacht verbrachte?

Gleich am nächsten Morgen reiste er nach Madrid, berichtete Professor Vilanova von seiner oder eigentlich Marias Entdeckung. Der Professor lächelte nachsichtig: ein Steinzeitkünstler? Gewiß übertrieb Don Marcelino gewaltig; am besten, er fuhr selbst nach Altamira, um die Übertreibungen auf das richtige Maß zurückzuführen.

Don Marcelino strahlte, als sich der Professor bereit erklärte, ihn auf der Heimreise zu begleiten. Mit schalkhaftem Lächeln beglückwünschte der Professor die kleine Dame Maria zu ihrer großen Entdeckung. Als er dann aber in der Höhle stand und die Gemälde besichtigte, verging ihm das Lachen. Mein Gott, dachte er, Eiszeitmenschen, halbe Tiere, können doch nicht solche Kunstwerke geschaffen haben!

Alsbald begann er, Don Marcelino nach Strich und Faden auszufragen: Wer hatte Zugang zur Höhle gehabt? War jemals etwas verlautet, daß in früheren Zeiten die Höhle zugänglich gewesen war? Bestanden irgendwelche Vermutungen, Sagen oder Märchen über die wahre Gestalt des Künstlers?

Nein, Dorfkinder oder einfache Jäger konnten solche Bilder nicht malen! Nein, sie konnten auch keine Eiszeittiere kennen!

Gründlich untersuchte der Professor Bild für Bild. Offenbar waren die gelben Farben aus Naturocker, die roten aus Roteisenstein hergestellt. Die fein gestampften Mineralien waren wohl mit Wasser angerührt und frisches Wisentblut war als Bindemittel zugesetzt worden. Holzkohle hatte in gleicher Weise als Grundstoff für die schwarzen Farben gedient. Mit Fingerspitzen und Daumenballen hatte man die Farben geschickt auf dem porigen Gestein verrieben, so geschickt, daß die Farbtöne vielfach ganz zart ineinander übergingen. Meist waren die Umrisse vorher mit einer scharfen, harten Schneide in den Fels geritzt worden. Ein feiner, ständig feuchter Kalküberzug, der die Wände wie mit einer Firnishaut überdeckte, trug wohl entscheidend zur guten Erhaltung der Malereien bei.

Als Professor Vilanova nach Madrid zurückkehrte, war aus dem Saulus ein Paulus geworden. »Die Höhlenbilder gehören zu den größten Meisterwerken aller Zeiten«, begeisterte er sich. Alle Zeitungen berichteten von der wundersamen Entdeckung der Bilder durch die kleine Maria. Tausende von Neugierigen pilgerten nach Altamira, um Maria und die Höhlenbilder zu sehen, selbst Spaniens König Alfonso XII. kam.

Die Fachgelehrten aber konnten sich nicht von der Vorstellung freimachen, daß die Urmenschen wie halbe Tiere gelebt hatten; Steinzeitkünstler paßten nicht in ihr Entwicklungsschema. Als daher der französische Ingenieur und Vorzeitforscher Harlé in Erfahrung brachte, daß Don Marcelino de Sautuola jahrelang einen französischen Wandermaler, eine Art verkrachtes Genie, auf Schloß Santillana beherbergt und unterstützt hatte, da sagten sie nur noch vieldeutig: »Aha!« An den Höhlengemälden von Altamira waren sie hinfort nicht mehr interessiert.

Don Marcelino wurde am Boden zerstört. Die Zeitungen ließen ihm nur die Wahl, sich als Dummkopf oder als Schwindler zu bekennen. Der stolze Edelmann fand es unter seiner Würde, sich gegen solche Angriffe zu verteidigen; so wurde er totgeschwiegen. Auch als sich der Wandermaler meldete und schriftlich erklärte, er habe niemals die Höhle betreten, änderte sich nichts.

1888 starb der tödlich gekränkte Don Marcelino, erst 57 Jahre alt.

Fünfzehn Jahre später kam sein erbittertster Gegner, der französische Vorzeitforscher Cartailhac (1845–1921) nach Santillana und bekannte offen: »Ich habe mich geirrt; nur der Tod kann diese Last von meinem Gewissen nehmen!« Mehr als zwanzig Jahre lang hatte die Gräfin Maria auf diesen Tag gewartet; erschüttert führte sie den Forscher zum Grabe des Vaters.

Wie war Cartailhac bekehrt worden?

Sein eigener Schüler, der 1877 geborene Abbé Breuil, hatte im Tal der Vézère zwei völlig mit Erde und Schutt angefüllte Höhlen ausgeräumt. Es war unmöglich, daß diese Höhlen in neuerer Zeit betreten worden waren – und doch »lebten« an den Wänden in leuchtenden Farben Rentiere und Wölfe, Bären und Mammute, ja sogar Menschen.

Als Cartailhac diese Bilder sah, ließ es ihm keine Ruhe mehr. Schleunigst besuchte er Altamira und tat nun alles zur nachträglichen Ehrenrettung de Sautuolas. Dabei konnte er zu seiner Überraschung feststellen, daß in Spanien zahlreiche bemalte Höhlen bekannt waren. In einigen konnte man ausgezeichnet die Entwicklung der eiszeitlichen Felsmalerei verfolgen.

Zweifellos haben die bemalten Höhlen den Eiszeitmenschen zur Abhaltung ihrer kultischen Feste gedient; es waren gewissermaßen ihre Kirchen. Mit den Tierbildern wurde wahrscheinlich in erster Linie Jagdzauber getrieben: Das gefährliche oder flüchtige Wild sollte durch diese Bilder gebannt werden. Manche Bilder mögen auch als Lehrmodelle für den Jägernachwuchs gedient haben. Auf jeden Fall müssen wir Cartailhac zustimmen, der schon damals feststellte: »Die unerwarteten Malereien der Eiszeit sind in jeder Hinsicht großartig. Mögen jene Urvölker uns zeitlich noch so fernstehen, wir fühlen uns ihnen nahe gerückt und eng verwandt im gleichen Kult der Kunst und des Schönen. Wir brauchen nicht zu erröten, sie unsere Ahnen zu nennen.«

Wandmalerei aus der Valltorta-Schlucht in Spanien, einen Bogenschützen darstellend

Mittlerweile sind noch viele Bilderhöhlen zugänglich geworden. Hans Baumann hat ihre Entdeckung in seinem Buche »Die Höhlen der großen Jäger« hinreißend geschildert.

Wir wollen uns nun wieder Otto Hauser zuwenden, der bei seinen umfangreichen Grabungen im Paradies der Urmenschen zu ähnlichen Deutungen gekommen war. Er glaubte in seinem »Pompeji der Urzeit« eine ganz neue Kultur gefunden zu haben, sehr viel höherstehend als die des Cro-Magnon-Menschen und des scheinbar kulturlosen Neandertalers. Nach den Funden auf dem Hügel La Micoque nannte er sie das Micoquien. Er schrieb seine Doktorarbeit darüber, die natürlich – wie konnte es bei Hausers angriffslustiger Art anders sein? – von den Fachgelehrten heftig bekrittelt wurde. Erst sehr viel später ist das Micoquien durch Breuil als Kulturstufe anerkannt worden.

Damals glaubte man an eine weitgehend geradlinige Entwicklung der Menschheit von einem schimpansenähnlichen Affen über den Pithecanthropus erectus und den Neandertaler zum Cro-Magnon-Menschen als unmittelbarem Vorfahren der heutigen Menschheit. Hauser stellte sich die Aufgabe, die noch unbekannten Etappen dieser Menschheitsentwicklung aufzuklären. Tatsächlich krönte er damit seine vielumstrittene Lebensarbeit:

1908 grub er in der Höhle von Le Moustier einen Urmenschen aus, der vor einer Viertelmillion Jahren gelebt haben mochte, also einen Vor-Neandertaler.

1909 fand er in der Grotte von Combe Capelle den Aurignac-Menschen aus der jüngeren Altsteinzeit, etwa 100000 Jahre alt, der zwischen dem Neandertaler und dem Cro-Magnon-Menschen eingestuft wurde.

1910 schließlich kam ein stark beschädigtes Skelett eines Menschen der Späteiszeit ans Licht, das Skelett des Chancelade-Menschen, eines Nachkommen des Aurignac-Menschen.

Natürlich waren auch diese Funde wissenschaftlich stark umstritten; sie sind heute etwas anders eingestuft. Auf jeden Fall waren es kostbare Vorzeitfunde, und das war für Hauser sehr wichtig. Mittlerweile war nämlich durch Geländekauf, Pacht und Arbeiterlohn das elterliche Vermögen vollständig aufgezehrt. Nur durch den Verkauf von Fundstücken konnte er die Weiterarbeit finanzieren. Jetzt sollten ihm die Skelette das in die Grabungen gesteckte Vermögen wieder einbringen. Hauser bot die beiden ersten Skelette dem Berliner Museum für Völkerkunde zum Kauf an. Kostenpunkt zusammen 160000 Goldmark, dem Kaufwert nach über eine halbe Million Deutsche Mark. Der Museumsdirektor griff zu, aber seine vorgesetzte Behörde zeterte, und es gab einen großen Skandal.

Hauser hatte sich nun völlig unmöglich gemacht: Die Franzosen waren ihm böse, daß er die unersetzlichen Skelette nach Deutschland verkauft hatte, die Deutschen, daß sie ein Vermögen dafür bezahlen mußten. Und die Ironie des Schicksals wollte es, daß Hauser von diesem Vermögen kaum etwas gesehen hat: Die schweizerische Privatbank, auf die er das Geld hatte überweisen lassen, ging kurz darauf in Konkurs.

Dann brach der erste Weltkrieg aus. Hauser mußte Frankreich verlassen; seine Grundstücke wurden vom Staat eingezogen. Der plötzliche Verlust seines Arbeitsfeldes traf Hauser hart, doch er war ein Mann der Tat, der sich so leicht nicht unterkriegen ließ. Er schrieb nun Bücher, ungemein spannende Bücher über das Leben und Treiben der Urmenschen. Von der Fachwelt wurden sie als unsachlich und phantastisch abgetan, von Jugend und Volk aber begeistert gelesen. Viele lernten durch seine Bücher erst die Vorzeit kennen, viele fanden durch ihn zur Vorzeitforschung.

Kam Hauser in diesen Jahren nach Berlin, versäumte er es nicht, einen großen Blumenstrauß auf jene Glassärge im Völkerkunde-Museum zu legen,

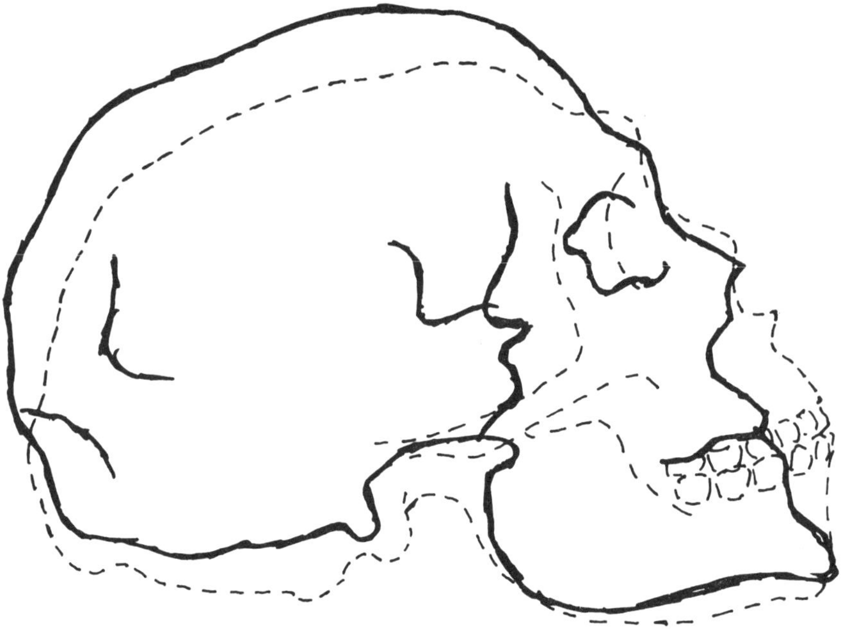

Vergleichsbild der Schädelumrisse des Cro-Magnon-Menschen und des Neandertalers (gestrichelte Linie). Trotz der flacheren Schädeldecke war sein Gehirn kaum kleiner als das eines heutigen Menschen.

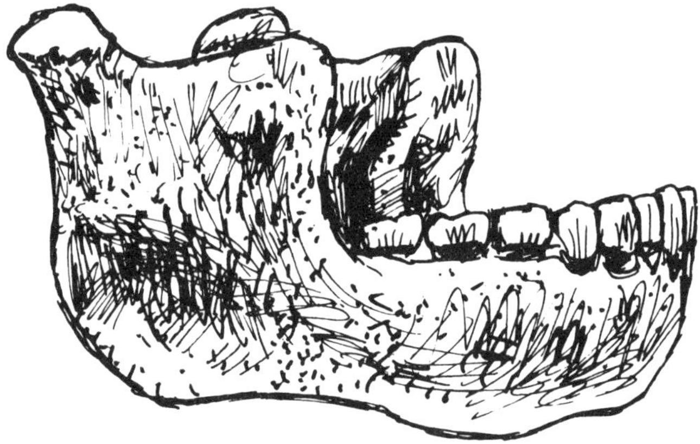

Der älteste Fund Europas: der massige Unterkiefer des Heidelberg-Menschen

in denen die beiden Skelette ruhten. Dann verharrte er einen Augenblick in feierlichem Schweigen. Offenbar sah er in den Toten nicht nur Geschäftsobjekte und Forschungsstücke, sondern in erster Linie die Menschheitsahnen. Er war ein großer Mensch in seinem Widerspruch.

Die beiden Glassärge sind im Bombenhagel des zweiten Weltkrieges zersplittert, ihr Inhalt verbrannte und zerfiel; die armseligen Überreste der Skelette wurden gestohlen.

Die Lehm- und Sandgruben des Herrn Rösch in Mauer, zehn Kilometer südwestlich von Heidelberg, waren ein beliebtes Exkursionsziel der Studenten des Professors Otto Schoetensack (1850–1912) von der Heidelberger Universität. Der Professor vermutete, daß hier vor einer Million Jahren der Neckar geflossen sei; alte Flußbette aber sind meist gute Fundstellen von Fossilien. Der Grubenbesitzer Rösch zeigte viel Verständnis, als der Professor aus Heidelberg ihn bat, doch in seinen Gruben auf Fossilien achten zu lassen. Er gab seinen Arbeitern Anweisung, jedes Knochensplitterchen aufzuheben, das sie finden würden.

Das war 1887. Seit dieser Zeit waren eine Menge vorzeitlicher Knochen von Mauer nach Heidelberg gebracht worden: Überreste von Höhlenbären und Höhlenhyänen, von Wald- und Steppen-Elefanten, Säbelzahntigern, Nashörnern, Flußpferden, Panthern, Wildkatzen, Wisenten, Wildpferden, Bären und verschiedenen Hirscharten. Aber die stille Hoffnung des Professors, Urmenschenteile zu finden, hatte sich nicht erfüllt.

Vielleicht hatte es zu jener Zeit, als hier der Neckar floß, noch keine Menschen gegeben?

Am 21. Oktober 1907 wuchteten zwei Arbeiter fast am Grunde einer mächtigen Schotterschicht einen größeren Stein hoch. Die beiden hatten schon manches Fossil gefunden und merkten daher gleich, daß unter dem Stein etwas Besonderes lag. Vorsichtig lösten sie es aus dem umgebenden Schotter: Es war ein massiger Unterkiefer. Als sie ihn hochhoben, zerbrach er in zwei Stücke.

Ha, der mußte von dem Urmenschen sein, den der Professor suchte!

Flugs wurde der Chef geholt, der ihre Meinung teilte. Er schrieb an den Professor: »Schon vor zwanzig Jahren haben Sie sich bemüht, durch Funde in meiner Sandgrube Spuren des Urmenschen zu finden, um den Nachweis zu liefern, daß zur gleichen Zeit mit dem Mammut auch schon der Mensch in unserer Gegend gelebt hat. Gestern wurde nun der Beweis erbracht, indem über zwanzig Meter unter der Ackeroberfläche auf der Sohle meiner Sandgrube die untere Kinnlade, sehr gut erhalten, von einem Urmenschen stammend, gefunden wurde.«

Als der Professor Schoetensack diese Nachricht bekam, auf die er zwanzig Jahre lang gewartet hatte, da rannte er in höchst unziemlicher Eile zum Bahnhof, und der nächste Zug brachte ihn nach Mauer. Er war glücklich, als er hier die Mitteilung seines alten Freundes Rösch vollauf bestätigt fand. Vor allem freute er sich, daß die Zähne erhalten geblieben waren, wenn sie auch durch das Gewicht des auf dem Kiefer gelegenen Steines abgebrochen waren. Diese Zähne unterschieden sich kaum von neuzeitlichen Menschenzähnen, während der Unterkiefer, massig und roh, ohne Kinnhöcker, dafür aber mit riesigen Gelenkköpfen, täuschend einem Affenkiefer ähnlich sah. Selbst der Knochenvorsprung des Sprachmuskels, bisher ein Kennzeichen des echten Menschen, fehlte. Trotz alledem hielt ihn Schoetensack für einen echten Homo, eine Art Ur-Neandertaler, und er taufte ihn daher Homo heidelbergensis.

Der Professor war kein Meister der Fotografie, die damals ja noch in den Kinderschuhen steckte; als er daher den Kiefer ungünstig aufnahm und dieses Bild einigen Menschenforschern schickte, erklärten diese prompt: ein Gibbon mit Menschenzähnen!

Bums, da war er zum zweiten Mal, der Affenmensch, das echte »missing link«. Der Streit, ob Affe oder Mensch, lebte wieder heftig auf.

Einige Forscher vermuteten in dem Heidelbergmenschen gar den allerältesten bekannten Vorfahren des Menschengeschlechts. Johannes Ranke (1836–1916) sah die Tierwelt, mit der dieser Urahne zusammengelebt hatte, nach den in Mauer gefundenen Fossilien als tertiär an. Er sagte: »Der Fund von Heidelberg rückt die Anwesenheit der Menschen in Mitteleuropa vielleicht an die obere Grenze der Tertiärperiode. Aber es ist sicher, daß wir in dem Unterkiefer von Heidelberg wie in all den anderen Resten der Neandertalrasse die Überbleibsel von wahren Menschen, von Vertretern der Spezies Homo sapiens vor uns haben.« Damit gab er dem Heidelbergmenschen ein Alter von Millionen Jahren.

Dem widersprach nachdrücklich Hermann Klaatsch (1863–1916), einer der bekanntesten deutschen Menschenforscher. Er wies nach, daß die den Heidelbergmenschen begleitende Tierwelt nicht im Tertiär, sondern in der ersten Zwischeneiszeit gelebt habe. Damit war der Heidelbergmensch »nur« etwa 400 000 Jahre alt.

So »jung« ist er nicht immer geblieben. Hans Weinert (geb. 1887), der 1925 durch seine Untersuchungen »Über die Stirnhöhlen als stammesgeschichtliches Merkmal« einer der führenden deutschen Abstammungsforscher geworden war, untersuchte 1937 genau den Kiefer des Heidelbergmenschen. Sachgemäß klebte er mit Plastilin die abgebrochenen Zähne auf ihre Wurzeln im Kiefer, und siehe da, zum Vorschein kam der Pithecanthropus, der sagenhafte Affenmensch von Java, den die Forschung zu eben dieser Zeit zum echten Menschen stempelte. Als Verwandter des javanischen Frühmenschen hat der Heidelbergmensch vor 500 000–600 000 Jahren in Europa gelebt. Mindestens vier Formen dieser Frühmenschen waren über die Erdteile Europa, Asien und Afrika verbreitet; viele Menschenforscher nehmen an, daß sich aus ihnen alle höheren Menschenarten und -rassen entwickelt haben.

Im schwäbischen Steinheim an der Murr spielte der Kiesgrubenbesitzer Sigrist die Rolle des Herrn Rösch. Dieser Herr Sigrist kam am 24. Juli 1933 zu Herrn Berckhemer (geb. 1890), dem Hauptkonservator der württembergischen Naturaliensammlungen. Aufgeregt erzählte er ihm, daß er in seiner Kiesgrube einen Urmenschenschädel gefunden habe, der so sehr mit dem Schotter verwachsen sei, daß er sich nicht getraue, ihn zu bergen. Sofort fuhr Berckhemer mit nach Steinheim, leitete die Bergung des kostbaren Fundes und ließ den Schädel durch seinen Präparator Böck aus dem Gestein lösen. All das geschah mit echt schwäbischer Sorgsamkeit, und das Ergebnis lohnte alle Mühe und Arbeit reichlich: Ein Urmensch, halb Pithecanthropus, halb Homo sapiens, präsentierte sich den überraschten Forschern.

Die Nationalsozialisten reklamierten ihn als Ahnherr der nordischen Rasse, doch bald fand man ähnliche Menschenreste in England, Frankreich, Italien, Ostafrika und Vorderasien. Sie waren wohl im warmen Klima der zweiten Zwischeneiszeit entstanden, etwa 200 000–300 00 Jahre alt, mindestens doppelt so alt wie die viel primitiver aussehenden Neandertaler: Frühmenschen, die sich schon deutlich in Richtung zum heutigen Menschen entwickelt hatten.

Rätselhaft, nicht wahr?

Gerhard Heberer (geb. 1901), der bekannte deutsche Entwicklungsforscher, sucht dies Rätsel durch die Annahme von drei Linien der Menschheitsentwicklung zu lösen:

eine, die zum Pithecanthropus führte,

eine zweite, die mit dem Neandertaler erlosch,

eine dritte schließlich, die zur einsamen Höhe des Homo sapiens, des heutigen Menschen, fand.

Daß die drei Gruppen eine enge Verwandtschaft zu den Menschenaffen besitzen, wohl aus einer gemeinsamen Stammform hervorgegangen sind, das ist unzweifelhaft. Es ist aber erforderlich, immer wieder darauf hinzuweisen, daß diese Stammform kein Mittelding zwischen dem *heutigen* Menschen und den *heutigen* Affenarten gewesen ist.

In Gregor Mendels Heimat, dem mährischen Land, ließ um 1850 der Bauer Josef Chromotschek in der Nähe des Dorfes Predmost einen Lößhügel abtragen. Löß ist der vom Wind verwehte Staub der Eiszeit. In diesem Löß fanden sich ungeheure Mengen riesiger Knochen. »Die Tiere sind bei der Sintflut umgekommen«, sagte die Wissenschaft. Dem Bauer Chromotschek war das gleich; er überlegte nur, wie man die Knochen verwerten könne. Schließlich ließ er sie durch seine Knechte feinstampfen und streute sie als Dünger auf seinen Acker. Das Korn wuchs gut danach, und so setzte er das Verfahren fast dreißig Jahre lang fort.

1883 berichtete ein Geistlicher aus der Umgegend dem jungen Professor Maska, der an der Universität Prag lehrte, von diesem Knochenlager. Der machte sich stracks auf den Weg nach Predmost und fand dort sieben bis acht Meter hohe Lößwände vor. Etwa zwei bis drei Meter unter der Oberfläche zeigte sich eine dunkle Schicht, fast einen Meter dick. Scharf hob sie sich von dem Gelbgrau des Lösses ab: es war die Holzasche unzähliger Lagerfeuer. Riesige Knochen ragten aus dieser Schicht hervor; sie stammten von wilden Pferden, Rentieren, Bisons, Moschusochsen und Auerochsen, vor allem aber vom Mammut, dem Elefanten der Eiszeit. Die Deutung war einfach: Jagdlager hatten hier während der Lößbildung bestanden, damals, als die Gletscher der letzten Eiszeit noch bis nach Norddeutschland reichten, vor etwa 20000 Jahren. Südlich der Eisdecke lag die Tundra, die weite, moosbewachsene Kaltsteppe vor der Waldgrenze. Hier weideten die Dickhäuter, auf die unsere Eiszeitjäger Jagd machten; offenbar war es gar eine Art Paradies dieser Jäger gewesen.

Das war eine großartige Entdeckung.

Man wußte erst seit 25 Jahren, daß Mensch und Mammut gleichzeitig existiert hatten. Noch sah man in den Menschen der Eiszeit bedauernswerte Wilde, die sich vor den Unbilden des Klimas und den wilden Tieren gleichermaßen verkrochen. Jetzt erkannte man, daß diese primitiven Menschen ohne ernstzunehmende Waffen Mut und Energie genug besessen hatten, den Kampf mit dem schwarzzottigen Ungeheuer aufzunehmen, obwohl ihrer fünfzig nicht das Gewicht der Jagdbeute erreichten. Daß sie den Kampf erfolgreich bestanden, das zeigte die Unmenge der gefundenen Knochen; sie stammten von weit mehr als tausend Mammuts. Fünftausend Jahre später war das Mammut in Europa ausgestorben, lange bevor durch die steigende Erwärmung die Wälder ihr Lebensreich, die Kaltsteppen, überwucherten. So ist wohl das gewaltige Mammut das erste Wildtier, das der Mensch in Europa ausrottete.

Was waren es für Menschen, die das fertigbrachten?

Nun, die mährische Erde barg nicht nur die Knochen der Jagdbeute, sondern auch zahlreiche Schädel und Skelette der Jäger. Man fand von ihnen sorgsam angelegte Grabstätten. Anscheinend haben in der letzten Eiszeit in Europa zwei Rassen gelebt:

im Westen die Breitschädel vom Cro-Magnon-Typ,

im Osten die Langschädel der Rasse von Brünn.

Manche Forscher wollen diese Langschädel vom Neandertaler abstammen lassen, doch ist das immer noch umstritten. Auf jeden Fall war auch die Ost-Rasse kulturschöpfend. Grabstätten, Höhlenzeichnungen, aus Mammutknochen geschnittene Gegenstände und die gerade hier vielfach gefundenen Statuetten beweisen es.

Die »Venus von Willendorf« war die erste dieser Statuetten. Im Jahre 1908 wurde sie beim Eisenbahnbau bei Willendorf in der Wachau gefunden; Finder war Johann Veran. Als der mit seinem Spaten im stark mit Asche durchsetzten Löß auf einen Stein stieß, nahm er diesen vorsichtig auf. Zu seiner Verwunderung war es eine nur elf Zentimeter große, klobige Statuette aus Kalkstein. Sie stellte eine nackte Frau mit unnatürlich aufgedunsenem Körper dar. Obwohl sie in keiner Weise unserem heutigen Schönheitsideal entspricht, ist sie in der ganzen Welt als »Venus von Willendorf« bekanntgeworden. Die später gefundenen Bildwerke sind ähnlich grotesk gestaltet. Trotz dieser enormen Häßlichkeit haben offenbar manche modernen Bildhauer bei diesen Eiszeitkünstlern Anleihen gemacht.

Seit der Jahrhundertwende ist die Vorgeschichtsforschung als eine besondere Wissenschaft anerkannt. Sie erfordert ein vielseitiges und schwieriges Universitätsstudium. Den zahlreichen Amateuren der Vorzeitforschung aber mag der Lebensweg von Alfred Rust ein Ansporn sein.

Er wurde 1900 als Sohn eines kleinen Handwerkers in Hamburg geboren. Drei Jahre war er alt, als der Vater starb. Die Mutter mußte hart arbeiten, um sich mit ihren beiden kleinen Jungen durchzuschlagen. Sie konnte nicht daran denken, die Kinder auf eine höhere Schule zu schicken. Gleich nach der Entlassung aus der Volksschule kam Alfred zu einem Elektriker in die Lehre und wurde ein guter Handwerker. Sein Meister schätzte ihn, aber das

Fernweh der Jugend trieb ihn jedes Jahr für 5–6 Wochen auf Wanderschaft. Mit einer alten Kamera und einem gebrauchten Fernglas bewaffnet, durchwanderte er Italien und die Schweiz, schipperte in einem Faltboot die Küste der Ostsee ab.

Als 1923 in Hamburg eine Volkshochschule entstand, war Alfred einer der eifrigsten Besucher der Abendkurse, denn es lag ihm sehr an einer Verbreiterung seiner Allgemeinbildung. Wie ein Schwamm das Wasser, so saugte er alles mögliche Wissen in sich auf. Begeistert hörte er die Vorlesungen über Frühgeschichte des Kieler Professors Gustav Schwantes, der den jungen Hamburger Arbeitern die Frühzeit der Menschheit nahezubringen verstand.

Wie gesagt, Alfred Rust war begeistert. Zupackend wie er war, machte er sich gleich auf die Suche nach Feuersteingeräten. Sonntag für Sonntag und oft auch wochentags nach der Arbeit streifte er mit seinem Fahrrad weit in der Umgebung von Hamburg herum. Im Laufe einiger Jahre brachte er eine umfangreiche Sammlung solcher Geräte zusammen und wurde ein guter Kenner derselben.

Alles, was damit zusammenhing, interessierte ihn brennend, so der Streit seines Lehrers Schwantes mit dem Wiener Professor Meyer über die Herkunft der Feuersteinbeile mit Schäftung. Schwantes sah in ihnen eine Erfindung des Nordens, während Meyer der Ansicht war, daß sie aus dem Mittleren Osten zu uns gekommen seien. Geklärt werden konnte diese Frage nur durch Grabungen an Ort und Stelle unter Beachtung der Zeitschichten, in denen die Fundstücke lagen.

»Herr Professor, ich habe mich entschlossen, nach Syrien zu fahren, um durch eigene Grabungen zu klären, um welche Zeit im Orient die Beile mit Schäftung aufgekommen sind«, erklärte Rust im Frühjahr 1930 seinem Lehrer.

Der war so verdutzt, daß er nur fragte: »Mensch, Rust, woher haben Sie denn das viele Geld, das man zu solch einer Forschungsreise braucht?«

»Oh, Herr Professor, darüber machen Sie sich nur keine Sorgen. Ich habe etwas Erspartes und mein Fahrrad; mehr brauche ich nicht«, meinte der junge Elektriker lächelnd.

»Wenn das nur gutgeht!« Der Professor war ehrlich besorgt um seinen Lieblingsschüler, aber Rust ließ sich nicht von seinem Plan abbringen. Im September 1930 radelte er zusammen mit einem Freund los. Schwer bepackt legten sie in kaum drei Monaten etwa 4500 Kilometer zurück. Knapp vor dem winterlichen Schnee und Regen kamen sie in Syrien an – eine echte sportliche Leistung.

Jetzt griff das Schicksal selbst in die Pläne unseres jungen Forschers ein. Da sie für Lebensmittel nur etwa eine Mark pro Tag ausgeben konnten, waren sie stark geschwächt. Rust bekam die Ruhr, just in der Nähe von Nebek, wo es ein dänisches Krankenhaus gab. Er wurde dort gesund gepflegt, und als es ihm besser ging, fragte er Gott und die Welt nach Höhlen im nahen Antilibanon aus.

Höhlen? Nein, aber überhängende Felswände gebe es bei Jabrud, etwa zehn Kilometer entfernt.

Rust konnte nun nicht schnell genug gesund werden, um sich auf die Suche zu begeben. Bald hatte er bei Jabrud drei Höhlen mit über zehn Meter hohen unberührten Ablagerungen gefunden. Es dauerte nicht lange, da wußte er, daß er hier eine der reichsten steinzeitlichen Fundstellen entdeckt hatte. Wohlgemut schwang er sich auf sein Stahlroß und radelte wieder Tausende von Kilometern heim nach Hamburg.

Der Glücksfund von Jabrud hatte ihn zu dem Entschluß gebracht, endgültig Vorgeschichtsforscher zu werden. Leicht wurde ihm das nicht gemacht. Er mußte jeweils im Sommer als Elektriker arbeiten, um die Kosten für die winterlichen Ausgrabungen in Jabrud zu decken. Aber in drei Jahren hatte er dort sein Werk getan, hatte er sich durch die in zehntausend Jahren angehäuften Überreste hindurchgearbeitet und dabei mancherlei wissenschaftliche Fragen geklärt. In seinem 1952 erschienenen Buch »Jallah Jallah« hat er in unterhaltsamer Weise darüber berichtet.

Nun wandte sich Rust wieder der heimatlichen Vorgeschichtsforschung zu. Besonders die Nach-Eiszeit lag ihm dabei am Herzen, denn von ihr wußte man damals noch wenig.

Bei Meiendorf fand er über zwölfhundert Feuersteine, darunter zahlreiche Kratzer mit einem eigenartig geformten Schnabel. Da er nicht wußte, wozu er gedient hatte, schlug er Professor Schwantes humorvoll vor, das seltsame Werkzeug Papageienschnabelklingenendhohlkratzerbohrerschaber zu nennen. Der Name hat sich natürlich nicht eingebürgert; heute heißt das Werkzeug einfach Zinken. Bei der Untersuchung der Gegend kam Rust auf den Gedanken, die moorigen Wiesen könnten über dem Bett eines vorgeschichtlichen Sees liegen. Bohrungen bestätigten seine Annahme, und nun begann eine Grabung, bei der die Wasserhaltung die schwierigste Seite war. Schließlich fand er auf dem Seeboden ein Rentiergeweih, aus dem ein Streifen von einem halben Meter Länge herausgeschnitten war. Aha, der rätselhafte Zinken hatte offenbar dazu gedient, Späne aus den Geweihen zu schneiden, um daraus Nadeln und Pfeilspitzen zu machen!

Die Grabung von Meiendorf wurde immer größer und schwieriger, doch wurden auch die Funde zahlreicher. Rentierjäger hatten an diesem See gewohnt und ihre Abfälle ins Wasser geworfen. Schließlich arbeiteten hier viele Professoren und andere Gelehrte, »Chef« aber war der Elektriker Rust, der mit einer Arbeitslosenunterstützung von neun Mark die Woche auskommen mußte und jeden Tag mit dem Fahrrad zur Ausgrabungsstelle und zurück vierzig Kilometer fuhr.

Mit beispielloser Energie hat Alfred Rust in zehn Jahren ebenso viele Jahrtausende der Vorgeschichte erschlossen. Dafür wurde er 1940 Ehrendoktor der Universität Kiel, und zwei Jahre später erhielt er dort einen Lehrstuhl für Vorgeschichte.

Man sieht, auch heute kann ein Handwerker Ehrendoktor und Professor werden!

Wir haben nun von einer solchen Menge vorgeschichtlicher Menschenfunde in Europa gehört, daß man annehmen könnte, in unserem Erdteil müsse der Übergang vom Tier zum Menschen vor sich gegangen sein. Aber stimmt das?

Sehen wir uns doch mal in den anderen Erdteilen um!

Asien - Wiege der Menschheit?

Drachenknochen sind wirksam gegen Herz-, Nieren-, Darm- und Leberleiden. Sie erhöhen die Lebenskraft und haben eine zusammenziehende Wirkung«, heißt es in einer uralten chinesischen Anweisung für Apotheker. Drachenzähne sind freilich noch wirksamer, wenigstens nach Ansicht der alten Chinesen, und so fand und findet man noch heute in jeder chinesischen Apotheke diese seltsame Medizin.

Ja, gibt es denn überhaupt Drachen? Nun, in der Phantasie des Fernen Ostens schon, sogar in vielerlei Spielarten: Lung, den Drachen des Himmels, Li, den der See, Liao, den der Berge, und noch viele andere. Daß sie gelebt haben, beweisen ihre versteinerten Knochen, die Chinas Boden in Mengen birgt. Freilich hat dieser »Beweis« einen Schönheitsfehler: Grundsätzlich unterscheiden die Chinesen bei ihren Fossilien nur Hühnerknochen und Drachenknochen. Was der Größe halber kein Hühnerknochen sein kann, ist eben ein Drachenknochen, und da Hühner keine Zähne haben, stammen fossile Zähne samt und sonders von Drachen, und sie sind dementsprechend heilkräftig – sagen die Chinesen.

Der deutsche Arzt Albert Haberer, der um die Jahrhundertwende trotz des Boxeraufstandes das Reich der Mitte bereiste, kaufte die Wundermedizin in rauhen Mengen, das Pfund zu zwei Mark, und das war damals viel Geld. Nicht etwa, um die europäische Medizin zu revolutionieren, sondern um für Professor von Zittel in München eine chinesische Fossiliensammlung zusammenzubringen. Dank seiner gutsortierten Einkaufsquellen gelang ihm das ausgezeichnet.

In München gerieten die Kisten mit »Drachenknochen« in die Hände des Vorgeschichtsforschers Max Schlosser. Der war entzückt und widmete sich jahrelang der Ordnung und Bestimmung dieser uralten Säugetierreste. Er beschrieb danach zahlreiche Antilopen, Giraffen, Hyänen, Säbelzahntiger, Elefanten und Nashörner, insgesamt fast hundert verschiedene Arten, viele davon seit langem ausgestorben. Die wissenschaftliche Welt horchte auf, und alsbald starteten zahlreiche Expeditionen nach dem Fernen Osten: Ostasien war für die Vorgeschichtsforschung entdeckt!

Die Ausbeute auf dem neuen Forschungsfeld übertraf alle Erwartungen, es öffnete sich geradezu ein neues Tor zur Urzeit. Zahlreiche Überreste bisher unbekannter Säugetiere wurden gefunden, auch die Knochen riesiger Kriechtiere und der langhalsigen Sauropoden, die auf vier säulenförmigen Beinen marschierten und die zu den größten Landwirbeltieren gehörten. Man fand sogar versteinerte Saurierеier mit noch nicht geschlüpften Jungen darin.

Doktor Haberers »Medizinkäufe« hatten sich also reich gelohnt.

Das galt auch in einer anderen Hinsicht. In Haberers Kisten war nämlich ein arg abgenutzter oberer Backenzahn gewesen, an dem Schlosser lange herumrätselte. Stammte er von einem Menschenaffen oder von einem Affenmenschen?

Schlosser wagte es nicht, diese Frage zu entscheiden; der Zahn war zu schlecht erhalten. Gekauft war er in Peking, der alten Kaiserstadt, vermutlich auch in deren Umgebung gefunden. Seit der ausführlichen Beschreibung dieses Zahnes »roch« es hier nach Urmenschen, nach einem neuen »missing link«. Übrigens ist der geheimnisvolle Zahn später spurlos verschwunden und nie wieder aufgetaucht.

Als 1914 der junge schwedische Geologe Gunnar Andersson (geb. 1874) als Bergbau-Berater der chinesischen Regierung nach Peking kam, suchte auch er nebenbei eifrig nach Fossilien. Aber die gelben Söhne des Reiches der Mitte schätzten es nicht, daß er die »feng-shui«, die Geister der Erde, des Wassers und des Windes, ärgerte. Diese hochachtbaren Geister, die durchaus nicht immer angenehm im Umgang sind, bewachen nämlich in China die Grabstätten, auch die allerältesten. So mußte Andersson bei seinen Ausgrabungen sehr vorsichtig und taktvoll vorgehen, wenn er nicht allerorten verjagt werden wollte.

Manchmal allerdings war Humor wirksamer als Takt. So hatte er eines Tages in einer fossilienführenden Erdschicht graben lassen, obwohl die umwohnenden Chinesen recht scheel zuschauten. Da sie sich aber von Tätlichkeiten zurückhielten, ließ er ruhig weitergraben. Siehe, da kam eine große und stattliche Chinesin heran; die schimpfte weidlich sowohl auf die grabenden Landsleute als auch auf die untätig zuschauenden Dorfgenossen. Offenbar versuchte sie, diese gegen die Fremden aufzuhetzen, doch ihre Vettern meinten, es sei Sache der Geister, die störenden Fremdlinge zu vertreiben.

Darob ergrimmte die gelbe Evastochter sehr, und sie ging nunmehr zur Selbsthilfe über: Breitspurig setzte sie sich vor das Erdloch und verhinderte so das Weitergraben.

Was nun? Gewalt konnte und wollte der junge Schwede nicht anwenden, aufgeben mochte er die aussichtsreiche Grabung auch nicht. Es schien ihm aber so, als ob die erboste Dame bei ihren Dorfgenossen einigermaßen unbeliebt sei. Darauf bauend versuchte er, sie lächerlich zu machen.

»He, Lim«, rief er seinem Gehilfen zu, »die Dame hier möchte vor der heißen Sonne geschützt werden.«

Lim sah seinen Herrn überrascht an, begriff dann aber, was dieser wollte, öffnete seinen bunten Ölpapierschirm, ohne den ein angesehener Chinese weder bei Regen noch bei Sonne ausgeht, und hielt ihn grinsend über die Chinesin. Die fauchte wie eine Katze und versuchte ihren »Beschirmer« wegzuschubsen. Lim wich ihren Stößen geschickt aus, sie verdoppelte ihre Anstrengungen, und bald hopste Lim mit seinem offenen Schirm wild um die keifende Alte, was den Bauern offensichtlich herzhaften Spaß bereitete.

Andersson holte unterdessen aus seinem Gepäck eine Ledertasche, entnahm dieser umständlich eine Kamera und erklärte den fröhlichen Zuschauern: »Die Dame will sicher gern ein Bild dieser malerischen Plänkelei haben; daher werde ich sie jetzt fotografieren.«

Das war zuviel! Ihr Bild einfangen? Nein, das war schlimmer als nach Knochen graben! Wer konnte wissen, welche Zauberei der weiße Mann mit ihrem Bilde machen würde? Gewann er mit ihrem Abbild nicht Gewalt über sie? Nein, nein, nein! Nur das nicht! Kaum richtete der Schwede seine Fotolinse auf die Holde, da sprang sie mit einem Wutschrei auf und rannte davon.

So konnte Andersson hier weitergraben lassen, und es wurden auch einige interessante Fossilien gefunden. Lange erfreute er sich dieses Sieges aber nicht; wohlmeinende Freunde rieten ihm dringend, die Fundstelle aufzugeben, wenn ihm sein Leben lieb sei. Die Geister der Rache wühlten zu sehr gegen ihn.

Andersson verstand es, zusammen mit schwedischen Missionaren seine Freunde daheim, die Universitäten, die schwedische Königsfamilie, ja, ganz Schweden für China zu interessieren. Vor allem war es Ivar Kreuger, der Streichholzkönig, der viel Geld für weitere Ausgrabungen und Forschungen zur Verfügung stellte.

So betrieb Andersson eifrig sein Hobby weiter, während in Europa der erste Weltkrieg tobte. Stolz zeigte er im Frühling 1918 seine Fossiliensamm-

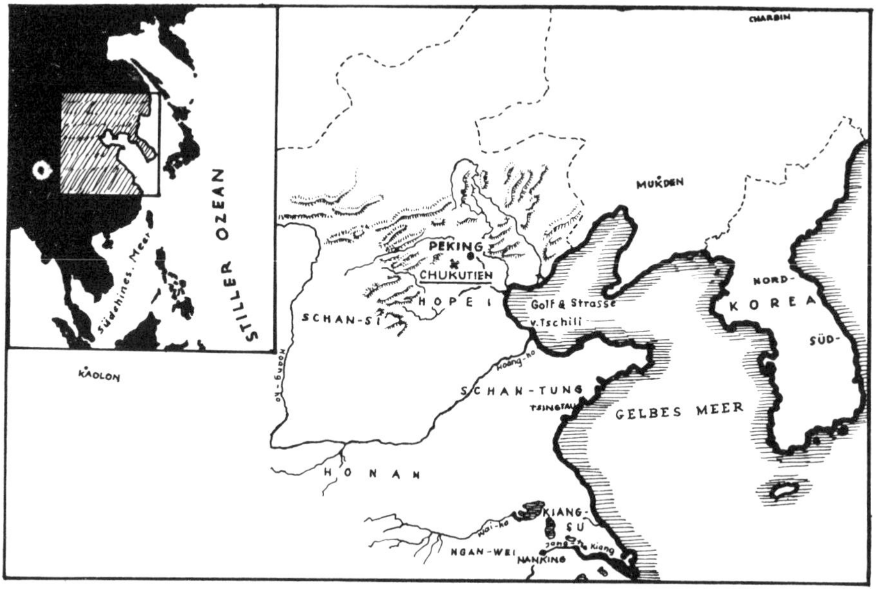

Übersichtsskizze und Lageplan von Chu-ku-tien, dem Fundort des Pekingmenschen

lung einem chinesischen Bekannten, der westlicher Kultur zugeneigt war. »Mein erhabener Freund möge nach Chu-ku-tien gehen«, riet ihm der. »Da findet er den ›Hühnerknochenberg‹, und darin sind viele solcher Fossilien.«

Nun, Chu-ku-tien liegt nur etwa sechzig Kilometer von Peking entfernt. Andersson fand dort den Hügel Chi-ku-san, den »Hühnerknochenberg«. Tatsächlich förderten seine Ausgrabungen hier viele kleinere Knochen zutage, eben Hühnerknochen nach Ansicht der Chinesen.

Als er eines Tages mit Dr. Granger, einem amerikanischen Bekannten, die Ausgrabung besichtigte, kauerte sich demütig ein fremder Chinese in seiner Nähe nieder. »Was willst du?« fragte ihn der Schwede.

»Wenn der erhabene Herr seinem armen Diener ein Geschenk gibt, führt er ihn zu einer Stelle, wo er ›Lung Tse‹ und ›Lung Ku‹ findet, viele Zähne vom Drachen und auch Drachenknochen.«

Andersson horchte auf. »Ist es weit?«

»Nein, nein!« beteuerte der Chinese eifrig. »Die Stelle ist ganz in der Nähe.«

»Nun, dann führe uns hin!«

Die beiden Forscher folgten dem Chinesen, der sich zu ihrer Verwunderung dem Dorfe Chu-ku-tien zuwandte. »He, wo führst du uns hin?« rief Andersson dem schnell ausschreitenden Führer zu.

Der wandte sich nur knapp um, deutete eine Verbeugung an und sagte: »Zum ›Drachenknochenberg‹, ehrwürdiger Herr. Er befindet sich jenseits des Dorfes.« Dabei zeigte er auf eine niedere, rundliche Kuppe, die sich nur wenig über ein paar Felsterrassen erhob. Weiß leuchtete dort ein Kalksteinbruch aus der rötlich überhauchten Landschaft.

Dorthin führte sie der Chinese, und er zeigte ihnen hier einige dicke Knochen, die aus der Steinbruchwand ragten. »Lung Ku!« sagte er schlicht. Andersson erkannte sie sofort als Hirschknochen. Nicht umsonst hatte er sich mehr als zehn Jahre mit chinesischen Fossilien beschäftigt. Tatsächlich, hier gab es große Säugetierknochen! Sicher barg der Steinbruch weitere Schätze, »Denkmünzen der Schöpfung«, wie Cuvier gesagt haben würde.

Plötzlich sah der Geologe zwischen dem Steinschutt einige Steinbrocken liegen, die er hier nicht erwartet hatte: Quarz! Wie kam Quarz in den Kalksteinbruch?

Gedankenvoll betrachtete er die Quarzsplitter. Wer mochte sie nach hier verschleppt haben? Menschen? Wozu?

Nun, Quarz ist hart, viel härter als Kalkstein. Hatte man die Quarzsplitter absichtlich behauen? Waren sie vielleicht in sehr frühen Zeiten behauen worden – zu Werkzeugen oder Waffen?

Leider hält Quarz nicht so gut die Form wie Feuerstein. Sicheres konnte man aus den Splittern nicht mehr erkennen. Trotzdem sagte Andersson aus einer Eingebung heraus: »Hier liegt der Frühmensch begraben! Wir müssen ihn nur finden.«

Und tatsächlich lag er hier begraben; der »Drachenknochenberg« wurde zu einer der wichtigsten Urmenschen-Fundstellen. Doch darüber sollten noch Jahre vergehen.

Zwar konzentrierte Andersson sofort seine Grabarbeiten auf die so vielversprechende neue Fundstelle, doch waren die Grabungen hier sehr mühselig. Allem Anschein nach hatte fließendes Wasser in Urzeiten den Berg mit Höhlen, Spalten und Gängen durchzogen, ihn regelrecht durchlöchert. Später waren diese Klüfte zugespült und durch Ablagerungen aller Art aufgefüllt worden. Mit der Zeit wurden die Füllungen sehr hart, und so war nun der Kalksteinberg kreuz und quer von harten Adern durchzogen, denen man praktisch nur mit Sprengungen beikommen konnte. Andererseits waren gerade diese Adern fossilienführend, denn in den Höhlen und Klüften hatten

Lebewesen Schutz gesucht, und mit dem Füllmaterial waren weitere Fossilien hineingespült worden.

Als Helfer schickten die Schweden ihrem erfolgreichen Landsmann einen gebürtigen Österreicher, Dr. Otto Zdansky. Dieser leitete die neuen Grabungen und fuhr dann mit zahlreichen Kisten voller Fossilien nach Schweden zurück, um sie wissenschaftlich auszuwerten. Sein Bericht kam gerade passend zum Besuch des schwedischen Kronprinzen in China. Am 22. Oktober 1926 wurde ihm zu Ehren in Peking ein Bankett gegeben, und darauf verkündete Andersson das Ergebnis der Ausgrabungen: Mehr als zwanzig verschiedene Säugetiere waren festgestellt worden, darunter vorzeitliche Pferde, Bären, Hyänen, Hirsche, Säbelzahntiger, Nashörner, Büffel und Schweine. Am wichtigsten aber schienen zwei Backenzähne zu sein.

Urmenschenzähne?

Andersson sagte aus voller Überzeugung: »Ja!« und frohlockte: »Der Urmensch, den ich vorausgesagt habe, ist gefunden!«

Viel Optimismus, wenn der Beweis nur aus zwei Backenzähnen besteht, nicht wahr?

Den tiefsten Eindruck machten die Funde vom Drachenknochenberg zweifellos auf Dr. Davidson Black (1884–1934), Professor für Anatomie am Rockefeller-Institut in Peking. Er war ja eigentlich nur nach China gegangen, weil er fest glaubte, daß die Wiege der Menschheit in Asien gestanden habe. Ausgezogen war er, den Beweis dafür zu erbringen.

In Kanada geboren, hatte er sehr tiefgründig Medizin und Biologie studiert. 1914 fuhr er nach »old merry England«, um seine Kenntnisse zu vertiefen. Dabei praktizierte er auch eine Zeitlang bei dem bekannten Menschenforscher Elliot Smith, der sich gerade eingehend mit dem berühmten »Piltdown«-Menschen beschäftigte. Diese Forschung nach dem Ursprung der Menschheit packte Black derartig, daß er beschloß, sein ganzes Leben auf das Füllen der Lücken in der Entwicklungsgeschichte der Menschheit auszurichten.

Was es mit dem »Piltdown«-Menschen für eine Bewandtnis hat? Nun, um ihn rankt sich eine der rätselhaftesten Geschichten der Menschheitsforschung:

Piltdown ist ein kleines Dorf in der englischen Grafschaft Sussex, das niemals in die Lexika der Welt eingegangen wäre, wenn nicht der Rechtsanwalt Charles Dawson an einem schönen Sommertag des Jahres 1908 sein Steckenpferd auf dem moorigen Gemeindeland des Dorfes geritten hätte. Er war nämlich ein leidenschaftlicher Amateur-Vorgeschichtsforscher; in seiner Freizeit vergnügte er sich damit, alte Knochen aus dem Boden zu graben. Gar mancher wohllöbliche Bürger seiner Heimatstadt Hastings schüttelte den Kopf über das seltsame Freizeitvergnügen des ansonsten hochgeachteten Herrn Rechtsanwalts. Immerhin hatte er so im Laufe vieler Jahre eine sehr beachtliche Fossilien-Sammlung zusammengebracht, besonders Knochenreste ausgestorbener Reptilien.

Von seiner Sammlertätigkeit her kannte Dawson die Bodenbeschaffenheit der Gegend genau. An dem besagten Sommertag nun wunderte er sich darüber, daß die Straße bei Piltdown mit seltsamen braunen Steinen ausgebessert wurde. »He, wo habt ihr denn diesen Schotter her?« fragte er einen Straßenarbeiter.

»Oh, der kommt aus der neuen Kiesgrube drüben«, antwortete dieser und zeigte zum Fluß hinüber.

»Bei dem Bauernhof ist eine Kiesgrube?« wunderte sich Dawson. »Dort ist doch überall Moorboden! Das muß ich mir mal ansehen.«

Damit stiefelte er querfeldein und fand schnell die bewußte Grube, eigentlich nur einen Graben von kaum zwei Meter Tiefe. Der Kies war offenbar durch fließendes Wasser angeschwemmt und schichtweise abgelagert worden. Eisenoxyd hatte die Steine dunkelbraun gefärbt und sie fest zusammengebacken.

Kiesgruben sind für Altertumsforscher oft Goldgruben. Dawson bat daher die hier beschäftigten Arbeiter, etwa zwischen den Steinen auftauchende Knochen für ihn zurückzulegen.

Während er so mit den Arbeitern sprach, fiel ihm ein zerschlagener, rundlicher Steinbrocken auf. Er zeigte darauf: »Was ist denn das da, Jungens? Habt ihr das hier ausgegraben?«

»Och, das ist wohl eine alte Kokosnuß, Sir«, meinte der Arbeiter. »Ich habe sie kaputtgeschlagen. Nichts damit los, Sir.«

Eine Kokosnuß in einer englischen Kiesgrube? Behende hob Dawson das größte Stück hoch. Auf den ersten Blick sah er, daß es das Bruchstück eines menschlichen Schädeldaches war, vollkommen versteinert.

Ein versteinerter Menschenschädel in einer Gegend, in der die ersten englischen Eolithe gefunden worden waren, jene »Steine der Morgenröte«, die den Frühmenschen als Werkzeuge gedient hatten?

Kopfschüttelnd sahen die Arbeiter den Herrn Rechtsanwalt auf den Knien rutschen, um ja alle Bruchstücke der »Kokosnuß« zusammenzufinden. Leider klappte das nicht ganz; betrübt stellte Dawson fest, daß der Schädel unvollständig blieb, eben nur ein Schädeldach.

Nachdem er sich von den Arbeitern hoch und heilig hatte versprechen lassen, daß sie genau auf weitere Bruchstücke achten würden, machte er sich mit seinem kostbaren Fund nach Hause auf. Bevor er ihn dort seiner Sammlung einverleibte, behandelte er ihn mit doppelchromsaurem Kali, um ihn zu härten. Fachgerecht war das gerade nicht, aber konnte man dem Amateur Dawson einen Vorwurf daraus machen?

Unermüdlich suchte Dawson in den folgenden Monaten und Jahren die Gegend von Piltdown ab. Obwohl er nichts Wesentliches fand, ließ ihn »seine« Kiesgrube nicht mehr los. Redete er sich nur ein, daß sie noch ein Geheimnis berge?

Endlich, im Jahre 1911, konnte er ob seiner Ausdauer frohlocken: Auf einem Kieshaufen fand er ein zweites Schädelstück mit einem Teil des linken Überaugendaches. Sicher gehörte es zu dem ersten Fundstück. Als er schließlich noch ein Hinterhauptbein fand, allerdings am Straßenrand, mehrere Kilometer von der Kiesgrube entfernt, da zweifelte er nicht mehr daran, Schädelstücke des Urmenschen gefunden zu haben, wenn auch vielleicht von zwei verschiedenen Wesen.

Eilig machte er sich nun mit seinen Funden auf den Weg nach London und zeigte sie dort Sir Arthur Smith-Woodward, dem Direktor der naturhistorischen Abteilung des Britischen Museums. Sir Arthur war ein bekannter Vorzeitforscher. Dawson kannte ihn schon ein Vierteljahrhundert, da ein Teil seiner Funde im Britischen Museum gelandet war.

Selbstverständlich war der Direktor ein guter Kenner aller Urmenschenfunde, und Dawson war begierig, seine Meinung über die eigenen Fundstücke zu hören. Nun: Sir Arthur war begeistert – hell begeistert! Er zweifelte nicht daran, daß es sich um Schädelstücke von Urmenschen handelte. Um das Alter genauer zu bestimmen, nebenbei vielleicht auch noch weitere interessante Funde zu machen, schlug er vor, in der Kiesgrube gemeinsame Ausgrabungen vorzunehmen.

Das war Dawson nur erwünscht, und so fuhren die beiden Männer nach Piltdown. Der Rechtsanwalt holte sich noch einen befreundeten Zahnarzt zur Hilfe, dem er im Laufe der Jahre einige Urweltbegeisterung eingeimpft hatte, und nun konnte es losgehen. Im Schweiße ihres Angesichts durchwühlten sie planmäßig die Grube. Sir Arthur hatte Glück: Er fand ein Schädelstück, das zu den ersten Funden paßte. Freilich hatte es eine andere Färbung, aber das war nicht verwunderlich, denn es war ja nicht mit doppelchromsaurem Kali behandelt. Bald darauf grub Dawson in Smith-Woodwards Beisein einen Unterkiefer aus, der den gleichen Verwitterungszustand aufwies.

Aus der untersten und am dunkelsten gefärbten Schicht des Kieses stammten diese Knochen. Auch ein paar plumpe Steinwerkzeuge fanden sich darin, sowie zerbrochene Zähne und Knochen längst ausgestorbener Elefantenarten und des Mastodons. Diese hatten sicher in einer der ersten warmen Zwischeneiszeiten gelebt. Sie machten es wahrscheinlich, daß der Piltdown-Mensch vor vielen hunderttausend Jahren gelebt hatte.

Sir Arthur Smith-Woodward rekonstruierte schließlich aus den vielen kleinen Bruchstücken zweier Schädel, die mit der Zeit gefunden wurden, ein seltsames Geschöpf mit hoher Stirn und einer Art Affenschnauze. Eoanthropus Dawsoni nannte er es, Dawsons Frühzeitmensch. Es sei ein missing link und stehe zwischen Tier und Mensch, behauptete er. Über vierhundert Nachbildungen ließ er anfertigen und schickte diese an die Museen in aller Welt.

Viele Gelehrte waren mit dieser Deutung nicht einverstanden.

In der gleichen Kiesgrube hatten sich nämlich auch Knochen und Zähne viel jüngerer Arten des Elefanten und des Flußpferdes gefunden, auch des echten Pferdes, des Hirsches und des Bibers, die nicht älter als 50 000 Jahre waren. Ja, und der französische Forscher Teilhard de Chardin fand in der Grube einen kräftigen, nach vorn gebogenen Eckzahn, der sehr nach einem Affenzahn aussah und akkurat in den früher gefundenen Unterkiefer paßte.

War es glaubhaft, daß der »Mensch der Morgenröte« eine Tierschnauze besessen hatte, aber einen viel größeren Gehirnraum als der Neandertaler, der eine kleine halbe Million Jahre jünger war?

Nun, über diese Fragen erhitzten sich die Gemüter arg; die Vorgeschichtsforscher gerieten hart aneinander. An diesen Auseinandersetzungen war auch Elliot Smith beteiligt, der Lehrer von Doktor Black, den wir in Peking getroffen haben. Black faszinierte der Piltdown-Mensch und die ihn umgebenden Rätsel derart, daß er beschloß, den Geheimnissen der Menschwerdung nachzuspüren.

Etwas Gutes hat der Piltdown-Mensch demnach doch bewirkt, wenn man sonst auch nicht viel Erfreuliches von ihm berichten kann.

Nach langem Streiten einigten sich die Forscher dahin, daß die Mißgestalt eine Verirrung der Natur sei, die an der weiteren Entwicklung der Menschheit keinen Anteil habe. Immerhin ließ man ihr zunächst das hohe Alter von einer halben Million Jahren. Dawson, der glückliche Finder, starb schon mit 52 Jahren im ersten Weltkrieg. So erlebte er es nicht mehr, daß spätere Forscher das Thema wieder aufgriffen und nach einem gründlichen Studium des Schotters von Piltdown zu der Ansicht kamen, der Piltdown-Mensch müsse ein Zeitgenosse der Cro-Magnon-Menschen sein, wenn es hochkomme 50 000

Jahre alt. Aber sein Aussehen paßte ebensowenig für dieses Alter wie für die Zeit der Morgendämmerung des Menschengeschlechts.

Glück hatte der zu seinen Lebzeiten so hochgeachtete Dawson, daß er das Jahr 1953 nicht erlebte, denn in diesem Jahre wurde der von allen Seiten als Ehrenmann angesehene Rechtsanwalt als Fälscher entlarvt.

Im zweiten Weltkrieg hatte der 1911 geborene englische Gelehrte Oakley Untersuchungen über die Heilwirkung von Fluorwasser auf die Zahnfäule bei Kindern anzustellen. Im Zivilberuf war Oakley Menschenforscher und Geologe. Es lag nahe, daß er die im Kriege gewonnenen genauen Kenntnisse des Elementes Fluor auf die Altersbestimmung von Fossilien anwandte. Er überlegte: Tierische oder menschliche Knochen, die 200000 Jahre in einer Kiesschicht lagen, werden bedeutend mehr Fluor aufgenommen haben, als ein in derselben Schicht beispielsweise nur 2000 Jahre liegendes menschliches Skelett. So entwickelte er ein Verfahren, um Fossilien aus *einer* Fundstelle, aber aus *verschiedenen* Altersschichten, die durcheinander geraten waren, wieder richtig nach ihrem Alter zu ordnen. Nach mancherlei Fehlschlägen und mit vieler Mühe wurde schließlich der Fluortest zu einem wichtigen Hilfsmittel für die Altersbestimmung von Fossilien.

Als man ihn auf die Knochen des Piltdown-Menschen anwandte, ergaben sich seltsame Unstimmigkeiten. Daraufhin untersuchten drei hervorragende Fachgelehrte vier Jahre lang mit den neuesten Errungenschaften der Labortechnik diese Fossilien. Das Ergebnis war erschütternd: Ihr gemeinsamer Bericht vom 22. November 1953 stellt fest, daß der Piltdown-Mensch ein vollendet durchgeführter und sorgfältig von langer Hand vorbereiteter Schwindel sei. Das Schädeldach stamme von einem Späteiszeit-Menschen, der Unterkiefer von einem neuzeitlichen Affen, doch sei der Kiefer mit größter Raffinesse dem Schädel künstlich angepaßt und die Zähne seien mit großer Sorgfalt vermenschlicht worden. So meisterhaft sei die Fälschung, daß man vor dem Rätsel stehe, wie sie mit den Mitteln des Jahres 1912 überhaupt durchführbar gewesen sei.

Natürlich folgte diesem Bericht ein riesiger Kladderadatsch. Die Zeitungen schlachteten den Skandal mit großen Schlagzeilen aus, die Wissenschaftler rangen die Hände ob der Schlechtigkeit der Menschen, die Gegner der Entwicklungslehre triumphierten: Seht, alles ist Lug und Trug! Und die Witzbolde kicherten: »Es ist der Wissenschaft gelungen, den ersten Menschen mit einem falschen Gebiß zu entdecken.«

Daß der Piltdown-Mensch eine bewußte Fälschung war, steht fest. Daß Dawson der Fälscher gewesen ist, wird von vielen bezweifelt. Man traute

Rekonstruktion von Dawsons Frühzeit-Menschen, dem sogenannten Piltdown-Menschen. Die Funde erwiesen sich später als vollendet ausgeführte Fälschungen.

ihm diese Schlechtigkeit weder charakterlich noch technisch zu. Wissen wir aber, wozu ein besessener Steckenpferdreiter, dem es um Weltruhm geht, fähig ist?

Kehren wir nach dem Peking des Jahres 1926 zurück!

Doktor Black hatte alles, was er bis dahin verdiente, in die Fossiliensuche gesteckt. Sogar nach Siam dehnte er die Suche aus, aber weder hier noch dort fand er den Urmenschen. Die beiden Backenzähne vom Drachenknochenberg waren ihm nun ein Beweis dafür, daß der Urmensch doch in China gelebt haben müsse. Er verstand es, das Rockefeller-Institut zur Hergabe großer Geldmittel zu veranlassen, und so wurde die Suche nach dem Urmenschen in China großzügig fortgesetzt. Da alle Funde in China bleiben sollten, sagten die zuständigen chinesischen Amtstellen ihre volle Unterstützung zu.

Ein großartiges Ausgrabungsunternehmen begann in Chu-ku-tien zu arbeiten. Die Oberleitung führte Dr. Black von Peking aus, Grabungsleiter war der junge Schwede Dr. Birgin Bohlin.

Leider flammte gerade in jenem Sommer 1927 der Fremdenhaß in China stark auf; viele Ausländer wurden getötet. Der Süden des Riesenreiches war praktisch in den Händen der Kommunisten, das ganze Land befand sich in einem Zustand politischer Gärung. Obwohl Chu-ku-tien nur etwa sechzig Kilometer von Peking entfernt ist, war Bohlin mit seinen Leuten oft wochenlang von der Hauptstadt abgeschnitten; dauernd wurde er von Banden chinesischer Soldaten belästigt. Unerschrocken trieb Bohlin jedoch die Grabungen weiter. Alle Steinbrocken mit Fossilien, ob klein oder groß, wurden nach Peking geschickt, sobald sich eine Fahrgelegenheit bot. Über 500 Kisten harrten so der Auswertung. Sicher enthielten sie viele Tierfossilien, aber es war enttäuschend, daß sich nichts vom Urmenschen gezeigt hatte. Am 19. Oktober sollten die Grabungen wegen des dann zu befürchtenden schlechten Wetters bis zum Frühjahr unterbrochen werden. Drei Tage vorher sah Bohlin einen Zahn aus der Gesteinswand ragen. Vorsichtig löste er ihn heraus, und als er ihn genau betrachtete, machte er einen Freudensprung: Es war ganz sicher ein menschlicher Zahn!

Eilends machte sich Bohlin damit auf den Weg nach Peking, um ihn Black zu zeigen. Immer wieder wurde er von Soldaten angehalten, aber seine einzige Kostbarkeit hatte er gut versteckt. Zwar hätten die Soldaten für den alten Zahn keine Verwendung gehabt, aber vielleicht hätten sie ihn aus Ärger oder Enttäuschung weggeworfen, wenn sie ihn gefunden hätten.

Gegen Abend übergab Bohlin den Zahn an Black. Beide fanden sie in dieser Nacht keinen Schlaf. Unermüdlich verglichen sie den Zahn mit anderen Zähnen aus Blacks großer Sammlung, ohne ein passendes Vergleichsstück zu finden. Er war aber auch zu merkwürdig: Groß und mit vielen Runzeln, war er unbedingt menschlich, schien aber von einem etwa achtjährigen Kinde zu stammen. Da er in wesentlichen Merkmalen von allen anderen Zähnen abwich, führte alles Grübeln nur zu dem Ergebnis, daß er von einer noch unbekannten fossilen Menschenart stammen mußte, wahrscheinlich einer Art, die dem javanischen Pithecanthropus ähnlich war. Black wagte es, allein nach diesem Backenzahn einen neuen Urmenschentyp zu bestimmen, den er Sinanthropus pekinensis nannte, den »Chinamenschen von Peking«.

Das war gewiß ein wissenschaftliches Wagnis, aber Black kannte die Ausgrabungen am Drachenknochenberg genau. Er kannte die teilweise zertrümmerten und angebrannten Tierknochen, die bestimmt aus der ersten Vereisungsperiode stammten; er kannte die früher gefundenen Zähne, die sicherlich menschlich waren, aber doch sehr an Affenzähne erinnerten. Fest war er davon überzeugt, daß hier Frühmenschen gehaust hatten, die ihre Jagdbeute

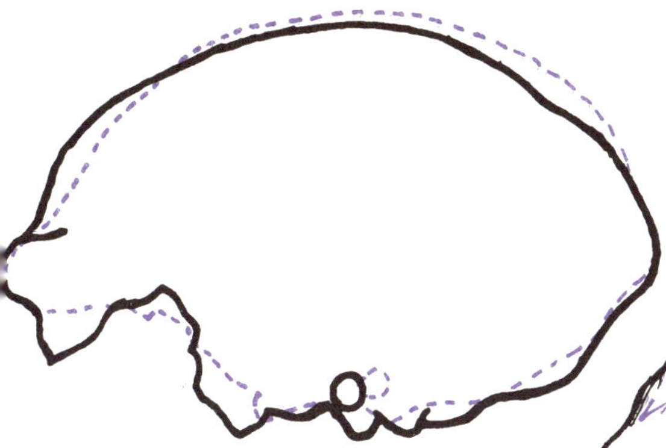

Die Umrißlinien der Schädel des Pekingmenschen (schwarze Linie) und des Javamenschen oder Pithecanthropus (gestrichelte Farblinie) überdecken sich fast genau.

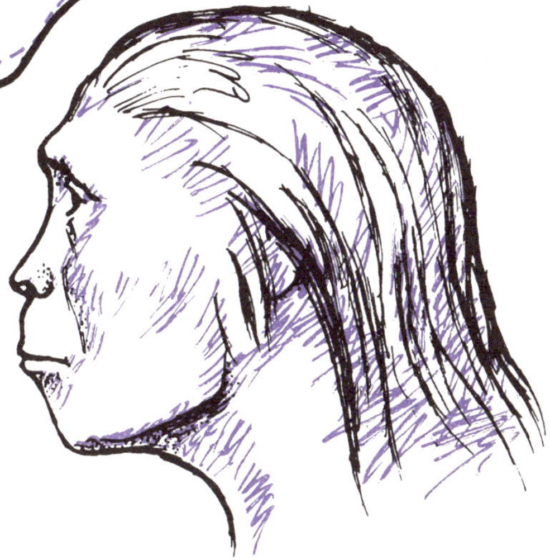

Rekonstruktion des Pekingmenschen

in die Wohnlöcher des Drachenknochenberges schleppten, ja, die sogar schon Tiere über dem Feuer gebraten hatten. Er glaubte also fest daran, daß Urmenschen hier vor etwa sechshunderttausend Jahren zum Prometheus geworden waren, daß sich im Drachenknochenberg allererste Anfänge menschlicher Kultur finden lassen müßten.

Mit dieser Überzeugung trat Black eine Urlaubsreise nach Amerika und Europa an. Die Chinesen erlaubten ihm, den Zahn mitzunehmen. Damit er das kostbare Stück nicht verliere, ließ er sich von einem geschickten Goldschmied eine kräftige goldene Uhrkette arbeiten mit einem kleinen Behälter daran, in den der Zahn genau hineinpaßte. So konnte er vielen seiner Kollegen den Zahn zeigen – leider, ohne ihnen seine Überzeugung von der Existenz des Pekingmenschen einzuimpfen.

Als 1928/29 wenig gefunden wurde, was Dr. Blacks Optimismus rechtfertigte, wurde selbst sein eigener Forscherstab mutlos. Nur der junge Chinese Weng Chung Pei hielt eisern zur Stange. Da er wissenschaftlich gebildet und seit Jahren mit den Ausgrabungsarbeiten vertraut war, wurde er Grabungsleiter, als Bohlin mal was anderes sehen wollte und 1929 eine Expedition nach Sinkiang unternahm.

Aber auch Dr. Pei hatte vorerst wenig Glück; schwere Sommerregen behinderten die Grabungen. Daher versuchte er im Herbst möglichst lange weiterzuarbeiten. Im November wurde es jedoch bitter kalt, und so blieb nichts anderes übrig, als für dieses Jahr Schluß zu machen.

»Ich will nur noch die beiden Höhlen dort am Ende des Bergspaltes untersuchen«, erklärte Pei und ließ sich von seinen Helfern anseilen. Die erste Höhle bot gegenüber den bisher gefundenen nicht viel Neues. Nachdem er sie flüchtig durchsucht hatte, ging der junge Chinese in die zweite Höhle. Der Boden war hier mit allerlei losem Geröll bedeckt. Er schob es beiseite und stand – er traute seinen Augen nicht! – vor einem vollständigen fossilen Schädel, eingebettet in harten, porösen Tuffstein. Die Überraschung war so heftig, daß Pei eine Weile völlig regungslos stand, bevor er mit zitternden Fingern Sand und Staub von den Knochen streifte. Kein Zweifel – es war ein Schädel des Pekingmenschen, und gut erhalten noch dazu! Welch ein Glück am letzten Tage! Pei war geradezu überwältigt.

Da es schon dunkelte, schickte er eilends an Dr. Black ein Telegramm mit der Glücksbotschaft, und am nächsten Tage, dem 2. Dezember 1929, sägte er vorsichtig einen großen Block Gestein mitsamt dem Schädel aus dem Bo-

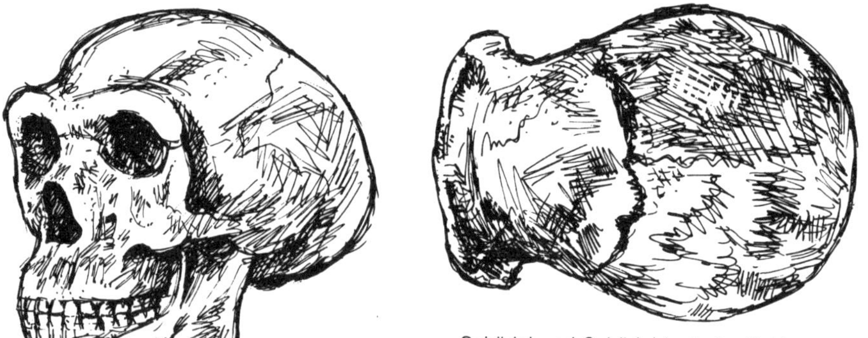

Schädel und Schädeldach des Pekingmenschen aus dem Drachenknochenberg von Chu-ku-tien. Auch beim Pekingmenschen ist wie beim Javamenschen der stark eingeschnürte Überaugenwulst besonders ausgeprägt und bemerkenswert.

den. Da es ihm zu riskant schien, den kostbaren Fund so nach Peking zu transportieren, ließ er ihn in viele Lagen chinesischen Wattepapiers wickeln. Drum herum kam dann noch ein dicker Verband aus in Mehlbrei getränkten Tüchern. Bei der starken Kälte aber gefror dieser »Gipsverband«, statt zu trocknen. Der gewissenhafte Chinese stellte drei Kohlenpfannen um das kostbare Paket. Erst nach Tagen wagte er die Verladung nach Peking. Am 6. Dezember konnte er den Schädel stolz lächelnd seinem Lehrmeister Dr. Black übergeben.

Der war so glücklich, daß er die Neuigkeit einfach nicht für sich behalten konnte. Beim Abendessen vertraute er sie dem befreundeten amerikanischen Forscher Andrews an. »Natürlich ließ ich Dr. Black keine Ruhe, bis er mit mir und einigen weiteren Freunden ins Labor fuhr«, berichtete Andrews später. »Und da lag er nun, der Schädel einer Kreatur, die eine halbe Million Jahre vor uns gelebt hatte, eine der wichtigsten Entdeckungen für die Entwicklungslehre. Vielleicht war jener Urmensch als Lebender nicht besonders interessant, aber tot und versteinert sah er höchst respektabel aus.«

So kostbar war der Schädel, daß Black ihn höchstpersönlich aus dem Gesteinsblock herausarbeitete, wozu er volle vier Monate benötigte. Er legte alle Schädelknochen einzeln frei und ließ diese sorgsam abgießen, bevor er den Schädel als Ganzes wieder zusammensetzte zu einem so gut erhaltenen und vollständigen Stück, wie es die Menschenforscher bis dahin noch nicht gekannt hatten.

Die Schädelnähte waren noch nicht geschlossen; sicher war es also der Schädel eines Jugendlichen. Er war verhältnismäßig klein, die Stirn kaum vorhanden. Über den Augen war ein scharf abgesetzter Knochenwulst zu erkennen. Diesen ausgeprägten Überaugenwulst findet man sonst nur bei den Menschenaffen, doch war es anatomisch sicher, daß es sich um einen, wenn auch primitiven Frühmenschen handelte, einen nahen Verwandten des »Affenmenschen von Java«. Ihre Schädelkurven glichen sich genau, und so wurde durch den Pekingmenschen auch der Pithecanthropus nach langem Streit endgültig als Mensch legitimiert.

Die Ausgrabungen am Drachenknochenberg aber gingen weiter. 1930 wurde ein zweiter Schädel gefunden, mit höher gewölbter Stirn und einem größeren Hirnraum. Sicher stammte er aus dem gleichen Zeitalter des ersten Fundes, sicher gehörte er der gleichen Menschenart an. Geistig war er aber zweifellos höher entwickelt. Im prometheischen Zeitalter der Anfänge menschlicher Kultur lebte offenbar Geistesarmut und Geistesreichtum mit- und nebeneinander.

Black war glücklich, daß die neuen Funde und Entdeckungen seine Ansichten so großartig bestätigten. Er war unermüdlich als Planer und Organisator der Grabungsarbeiten, an deren Auswertung schließlich Forscher aus acht Nationen arbeiteten – ein hervorragendes Beispiel internationaler Zusammenarbeit.

Leider war Blacks Gesundheit stark angegriffen. Längst hätte er ein gesünderes Klima aufsuchen, sich schonen müssen. Beim Klettern am Drachenknochenberg hatte er einen ersten Herzanfall, der sich später wiederholte. Er vertraute seiner Zähigkeit und Ausdauer, die ihm schon einmal das Leben gerettet hatten: Bei einem Waldbrand brachte er es fertig, zwei Nächte und einen Tag lang in einem See stehend auszuharren, nur mit dem Kopf über Wasser.

Als seine Sekretärin am 15. März 1934 sein Arbeitszimmer betrat, fand sie ihn tot am Schreibtisch, den geliebten Schädel »seines« Pekingmenschen in der Hand.

Herzschlag! Mit nur fünfzig Jahren!

Waren Giganten unsere Urahnen?

Versteinerungen sind für viele Menschen etwas Unverständliches. Sie haben schreckliche lateinische Namen, die niemand aussprechen kann und deren Übersetzung nur zu oft sinnlos ist. Und doch sind sie die einzigen Dokumente des Lebens unserer geologischen Vergangenheit. Mich haben sie von frühester Jugend an fasziniert. Schon in meiner Schulzeit hatte ich mir eine Sammlung angelegt, nicht nur von Muscheln und Ammonshörnern, sondern vor allem von Knochen und Zähnen, und noch ehe ich mein Abitur hatte, war ich fest entschlossen, Geologie und Paläontologie zu studieren. Ich erinnere mich noch deutlich, daß ich in einem Buch von Haifischen und dreizehigen Pferden, die früher in Rheinhessen gelebt haben sollen, gelesen hatte. Und ganz besonders hat mich ein romantisches Buch von O. Hauser beeinflußt: ›Der Mensch vor 100 000 Jahren‹.«

So schreibt der Vorgeschichtsprofessor Gustav von Koenigswald (geb. 13. 11. 1902) in seinem ausgezeichneten Buche »Begegnungen mit dem Vormenschen« über die »Vorgeschichte« seiner Berufswahl. Ich meine, der unglückselige Hauser habe schon allein dadurch, daß er diesen hochbegabten Jungen für das Studium der Vorgeschichte begeisterte, Vergebung für ein großes Teil jener Sünden verdient, die ihm seine Fachgenossen zur Last legten.

Nach Studien in Berlin, Tübingen, Köln und München war v. Koenigswald schließlich Assistent bei Professor Broili am Münchener Museum geworden. Im Herbst 1930 rief ihn sein alter Lehrer zu sich. Als er das Arbeitszimmer betrat, sah ihn der Professor über seine Brille hinweg ein Weilchen prüfend an. »Mein Junge, du willst doch gern in die Tropen, nicht wahr?« fragte er dann. Ohne eine Antwort abzuwarten, fuhr er fort: »Ich habe hier eine Anfrage des Geologischen Dienstes von Niederländisch-Ostindien nach einem Vorgeschichtsforscher. Das ist doch was für dich! Um den Pithecanthropus gibt es ja wegen der Dickköpfigkeit von Dubois noch eine Menge Unklarheiten. Soll ich dich vorschlagen?«

Der junge Forscher griff mit beiden Händen zu; schon im Januar 1931 kam er in Tandjung Priok, dem Hafen von Djakarta, das damals noch Batavia hieß, an. Sein Jugendtraum – Tropen und Fossilien – erfüllte sich hier phantastisch: Java ist eines der schönsten Tropengebiete, und Fossilien? Nun, die fand er in Hülle und Fülle.

Am Solo, dem gleichen Fluß, an dem Dubois die Knochen des Pithecanthropus gefunden hatte, ließ die Behörde eine geologische Karte aufnehmen. Dabei entdeckte der Geologe ter Haar die Terrassen von Ngandong. Eigentlich geschah das ganz zufällig, wie v. Koenigswald erzählt:

»Mitte 1931 hatte ter Haar das Gebiet westlich des Solo-Flusses beinahe vollständig aufgenommen. Er hatte sein Standquartier in Ngandong aufgeschlagen, einem kleinen Dorfe am Solo-Fluß, wo ein Holzlagerplatz in dem sonst beinahe unbewohnten Gebiete war. Eines Tages war er etwas früher nach Hause gekommen, hatte sich durch ein Bad erfrischt und sich in der Abendsonne am Ufer des Flusses hingesetzt, um den Sonnenuntergang zu genießen. Als Geologe war er gewohnt, auf die Steine zu achten, und er entdeckte plötzlich, daß sich hier, etwa 20 Meter über dem heutigen Bett des Solo-Flusses, eine Kies- und Sandschicht befand, die der Fluß abgelagert haben mußte, als er sich noch nicht so tief eingeschnitten hatte. Wie er auf diesem Terrassenrest ein wenig herumstöberte, entdeckte er einen spitzen Knochen, und als er mit seinem Hammer versuchen wollte, ihn auszugraben, konnte er feststellen, daß er das Glück hatte, einen beinahe vollständigen großen Büffelschädel entdeckt zu haben. Am nächsten Tage ließ er die Stelle von mehreren Kulis umgraben und holte nicht nur einen Büffelschädel, sondern auch mehrere Knochen und Hirschgeweihe heraus. Hier mußte sich also ein größeres Knochenlager befinden.«

Der Geologische Dienst ließ die Terrasse abgraben, und nun erst stellte sich heraus, wie reich diese Fundstelle war. Mehr als 25 000 Fossilien wurden hier gefunden, darunter Bruchstücke von elf Menschenschädeln. Offenbar handelte es sich um eine Raststelle des Urmenschen, günstig an einer Flußschleife gelegen. Man konnte hier die Tiere bei der Tränke angreifen und verhältnismäßig leicht erbeuten. Das geschah wohl vor allem in den Trockenzeiten, und die zurückgelassenen Abfälle wurden dann in den folgenden Regenzeiten vom Hochwasser unter Sand und Kies begraben.

Mitte Juni 1932 war wieder ein Menschenschädel bei dieser Ausgrabung gefunden worden. Kaum hatte der Mantri, der eingeborene Vorarbeiter, erkannt, um was es sich hier handelte, als er die Arbeit an dieser Stelle unterbrechen ließ und in einem Eilbrief den Fund nach Bandung meldete. In

Der aus mehreren Bruchstücken zusammengesetzte Schädel des verhältnismäßig jungen Ngandong-Menschen vom Solo-Fluß in Mitteljava

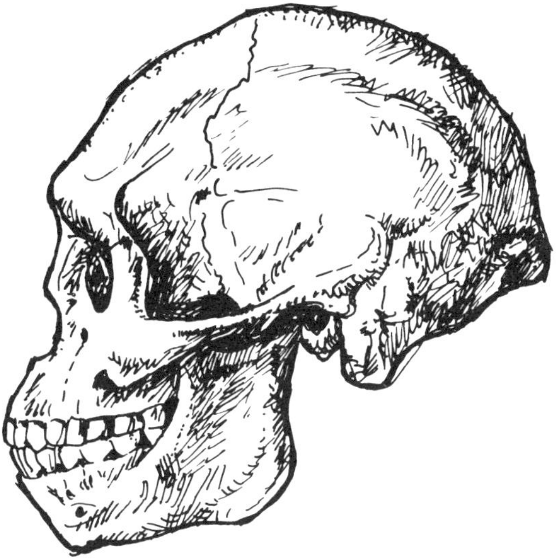

dieser schönen Beamtenstadt befand sich nämlich die Zentrale des Geologischen Dienstes. Sofort wurden ter Haar und v. Koenigswald nach Ngandong entsandt, um den Schädel sachgemäß zu bergen.

Unser junger Freund war schrecklich aufgeregt. Kein Wunder, es war ja die erste Schädelbergung, an der er teilnahm.

Die Fundstelle befand sich in einer etwa drei Meter tiefen Grube. Die eine Schotterbank war nur halb abgegraben, und dort deuteten einige in die Erde gesteckte Palmzweige die Stelle an, wo das Fundstück liegen sollte. Vorsichtig nahm ter Haar die Palmzweige aus dem Boden und wischte dann mit den Händen die Erde fort, während v. Koenigswald seinen Fotoapparat bereitmachte, um den ganzen Vorgang in Bildern festzuhalten. Vor lauter Aufregung aber stellte er den Verschluß seiner Kamera falsch ein; fast alle Bilder wurden stark unterbelichtet.

Schon nach wenigen Minuten stieß ter Haar mit seinen Händen auf einen großen rundlichen Körper. Vorsichtig legte er ihn frei, und nun zeigte es sich, daß es tatsächlich ein Menschenschädel war, und zwar die Unterseite. Das war sehr wichtig, denn bei den anderen hier gefundenen Schädelstücken war die Unterseite immer zertrümmert gewesen; mit großer Kraft war jeweils der Hinterkopf eingeschlagen worden. Hatte man durch das Hinterhauptloch das Gehirn entfernt, um es als besonderen Leckerbissen zu verspeisen? Wollte man sich dadurch vielleicht die Geisteskraft des Opfers aneignen?

Bei Affenmenschen könne man das wohl annehmen, meint ihr?

Nun, es zeigte sich bald, daß die Ngandong- oder Solo-Menschen nicht zur Gruppe des Pithecanthropus gehört hatten, sondern daß sie viel, viel jünger waren, wahrscheinlich javanische Neandertaler, so um die 100 000 Jahre alt.

Ja, ja, die Menschen mußten erst einige »Kultur« annehmen, um Kopfjäger zu werden.

Übrigens ist auch der europäische Neandertaler als Kannibale bekannt. In Jugoslawien fand man in einer Höhle bei Krapina die zerschlagenen und angebrannten Knochen von mindestens 40 Neandertalern, nicht nur von Männern, sondern auch von Frauen und Kindern. Offenbar hat in der Eiszeit hier ein großes »Festmahl« stattgefunden.

Die Untersuchung der Trinil-Schicht ergab übrigens, daß der Affenmensch von Java auch keine Million Jahre vor unserer Zeit gelebt hat, wie Dubois annahm. Wahrscheinlich ist der Pithecanthropus »nur« 300 000 Jahre alt. –

Auf einer Inspektionsreise kam v. Koenigswald 1934 zum erstenmal nach Sangiran, etwa 60 Kilometer von Trinil entfernt. Dort war vor langer Zeit eine riesige Erdkuppel eingestürtzt, so daß die Erdschichten trichterförmig freilagen. Wie ein riesiger Krater von etwa 4 Kilometer Durchmesser sah das Ganze aus; entwässert wurde er durch einen kleinen Fluß, den Kali Tjemoro. Jeder schwere Regen wusch zahlreiche Knochen und Zähne frei, die man dann nur aufzusammeln brauchte. Der Forscher war begeistert: Ganz sicher lag hier die reichste Fossilien-Fundstelle Javas; vielleicht steckte hier gar ein zweiter Pithecanthropus im Boden.

In diesem hoffnungsvollen Augenblick traf ihn ein harter Schlag: Die Kolonialregierung kürzte wegen der schlechten Wirtschaftslage des Landes rigoros die Gelder für den Geologischen Dienst; alle Ausländer wurden entlassen. Von heute auf morgen standen v. Koenigswald und seine junge Frau vor dem Nichts. Er war verzweifelt: Hatte ihm das Schicksal die reiche Fundstelle von Sangiran nur gezeigt, um ihn zu foppen? Mußte er ausgerechnet jetzt mit leeren Händen nach Europa zurück?

Nun, seine tapfere Frau und einige holländische Freunde ermöglichten dem »Forscher aus Leidenschaft« das Dableiben. Mit lächerlich geringen Mitteln hielt er zwei Jahre lang die Stellung, zusammen mit seinem getreuen Sammler Atma.

Und dann geschah ein Wunder: v. Koenigswald hatte in seiner Not an die Carnegie-Stiftung in Washington geschrieben: »Ich habe hier in Java eine neue Fundstelle; wenn ein neuer Pithecanthropus gefunden wird, muß er hier herauskommen.« Dr. Merriam, der Präsident der Stiftung, ein bekannter Vorgeschichtsforscher, lud ihn für 1937 nach Amerika ein – und mit reichlich Dollars in der Tasche reiste er über Japan und China zurück.

Nun begann abermals die Suchjagd nach dem Pithecanthropus, jetzt aber mit größeren Mitteln; Hunderte von Eingeborenen wurden als Sammler angeworben. Der Forscher selbst berichtet darüber:

»Als wir in Sangiran zu sammeln begannen, haben wir gegenüber unseren javanischen Sammlern niemals von eventuellen menschlichen Resten gesprochen, obwohl das natürlich die Funde waren, auf die wir warteten. Der Javane ist sehr abergläubisch und kommt nur ungern mit menschlichen Knochen in Berührung. Alles, was vom Körper stammt, kann ja nur zu leicht zur Zauberei mißbraucht werden. Wird ihm ein Zahn gezogen, dann nimmt er ihn mit und begräbt ihn an einer Stelle, wo ihn bestimmt niemand finden kann. Auch mit seinen Haaren und Nägeln, ja selbst mit getragenen Kleidungsstücken ist er sehr vorsichtig, und jedes Jahr werden heute noch die alten Kleidungsstücke, die abgeschnittenen Nägel und Haare des Sultans von Djokjakarta in den Krater des Merapi geworfen, damit sie niemandem in die Hände fallen und eventuell zur Verzauberung seiner Person gebraucht werden könnten. Im Steilabhang von Sangiran kommen durch die Verwitterung immer wieder menschliche Knochen und Zähne heraus, die aus alten Gräbern stammten und für die wir eine besondere Prämie aussetzen mußten, damit sie überhaupt gesammelt wurden.

Von Atma erhielt ich Anfang September einen Brief, in dem er mitteilte, sie hätten leider bisher noch keinen Orang-Utan gefunden, dafür aber ein Stück von einem menschlichen Schädel. Gleichzeitig schickte er mir das Schläfenstück eines dicken, prachtvoll versteinerten Schädels. Noch am selben Abend fuhr ich mit dem Nachtzug nach Mitteljava, und am nächsten Morgen stand ich an der Fundstelle. Diese befand sich am Ufer des Kali Tjemoro, dort, wo er im Osten durch die Sandsteine der Trinilformation bricht. Wir hatten möglichst viele unserer Sammler mobilisiert. Ich hatte das Schädelstück wieder mitgebracht, zeigte es herum und versprach für jedes zu dem Schädel gehörige Bruchstück 10 Cents. Das war viel Geld, denn ein einfacher Zahn brachte nur 1/2 oder 1 Cent ein. Wir mußten die Preise so niedrig halten, da wir jedes Fundstück aufkaufen mußten, denn wenn ein Javane drei Zähne findet, dann sammelt er einfach nicht weiter, bis diese drei Zähne verkauft sind. Infolgedessen mußten wir eine ungeheure Menge zerbrochener und wertloser Gebißreste kaufen, um sie in Bandung wieder wegzuwerfen. Denn wenn sie in Sangiran blieben, wurden sie uns immer wieder zum Kaufe vor die Nase gelegt.

Vorsichtig fingen wir an, den Abhang des Hügels Schritt für Schritt abzusuchen, und bald kamen tatsächlich die ersten Schädelbruchstücke zum Vorschein. Sie waren alle leider recht klein, und erst zu spät entdeckte ich, daß meine geschäftstüchtigen braunen Freunde die größeren Fragmente hinter meinem Rücken noch einmal kaputtschlugen, um eine größere Prämie zu erhalten. Ich selbst hatte das große Glück, einen Teil des Stirnbeines mit dem Überaugenwulst selbst zu finden. Wir suchten weiter bis zum Nachmittag und hatten im ganzen vierzig Bruchstücke. Schon jetzt war es deutlich, daß wir einen neuen Pithecanthropus-Schädel gefunden hatten!

Der ereignisreiche Tag wurde mit einem Fest beendet. Wir ließen Reis und Salz verteilen, ein Gamelang-Orchester sorgte für Musik, und selbst die drei Tänzerinnen des Dorfes erschienen. Es waren dies stark bemalte, nicht mehr ganz junge Mädchen, sogenannte Rongengs, die außerhalb des Dorfes mit einer alten Frau zusammenwohnten und die für ihren Liebeszauber und ihre Liebestränke bekannt waren.«

Solch ein Fest machte das Fossiliensammeln weitaus volkstümlicher, als wenn doppelte oder gar dreifache Preise gezahlt worden wären!

Von den vierzig Bruchstücken gehörten dreißig zu einem Schädel. Sie paßten gut zueinander und ergaben zusammen eine fast komplette Schädeldecke. Vor allem aber waren die Schläfenteile mit dem Ohr und der tiefen Gelenkgrube für den Unterkiefer vorhanden; sie bewiesen eindeutig, daß es ein menschlicher Schädel war. Andererseits stimmte er so überaus genau mit dem berühmten Fund von Trinil überein, daß man den Pithecanthropus jetzt als echten Menschen anerkennen mußte.

Das tat auch die Wissenschaft – nur der alte Dubois, der glückliche und doch unglückliche Finder von Trinil, machte nicht mit. Ihm hatte v. Koenigswald das erste Foto des zusammengesetzten Schädels geschickt, weil er annahm, daß auch er sich über die endgültige Lösung des mehr als vierzig Jahre lang umstrittenen Problems freuen werde.

Darin irrte sich v. Koenigswald aber gründlich. Der alte Dubois hatte nämlich inzwischen seine frühere Meinung, daß er den Affenmenschen, das »missing link«, gefunden habe, fallengelassen, und er versuchte nun, sich und aller Welt einzureden, daß der Fund von Trinil von einem großen Gibbon-Affen stamme. Der neue Fund sprach eindeutig gegen diese Ansicht, und das paßte dem alten Menschenfeind nicht. Gegen alle wissenschaftliche Gepflogenheit veröffentlichte er das ihm zugesandte Foto, und zwischen den Zeilen konnte man seinen Verdacht lesen, v. Koenigswald habe den Schädel verfälscht. Das ärgerte diesen natürlich gewaltig, und er protestierte scharf gegen diese Machenschaften. Darauf erklärte Dubois zwar, er behaupte nicht, daß die Schädelform absichtlich verändert worden sei, aber der Schädel bestehe eben aus so vielen Bruchstücken, daß ihn vermutlich kein Mensch richtig rekonstruieren könne. Erst viel später konnte v. Koenigswald durch Röntgenbilder nachweisen, daß seine Rekonstruktion richtig sei, denn die von außen nicht mehr sichtbaren Schädelnähte zeichneten sich im Röntgenbild scharf ab. Ihr ununterbrochener Verlauf war ein eindeutiger Beweis.

Bei dieser Streiterei hatte Dubois nicht nur den Pithecanthropus, sondern auch den Sinanthropus, den Pekingmenschen, angezweifelt. Daraufhin lud Franz Weidenreich (1873–1948), der Nachfolger Blacks, den Java-Spezialisten v. Koenigswald ein, mit seinem Fund nach Peking zu kommen, um ihn dort mit Schädeln des Pekingmenschen zu vergleichen.

Weidenreich war geborener Deutscher. 1904 war er Professor für Anatomie in dem damals deutschen Straßburg geworden, ein anerkannter Gelehrter, der bis 1914 nicht weniger als 55 wissenschaftliche Arbeiten veröffentlicht hatte. Nach dem ersten Weltkrieg kam Elsaß-Lothringen und damit Straßburg zu Frankreich. Die Folge war, daß Weidenreich seine Professur verlor. Erst 1921 wurde er wieder Professor, diesmal in Heidelberg. Sieben Jahre später übernahm er den Lehrstuhl für Menschheitskunde an der Universität Frankfurt/Main. Sehr eingehende Vergleiche des Körperbaues von Menschen und Affen gaben ihm die Gewißheit, daß der Mensch aus einem sehr alten Anthropoidenstamm, nicht etwa aus einer neuzeitlichen Gattung der Affen, hervorgegangen sei. Seine Forschungen über die Entwicklung der Menschenrassen waren nicht nach Hitlers Geschmack, und so emigrierte er nach Amerika. Dort kam er gerade passend an, um Nachfolger des verstorbenen Davidson Black in Peking zu werden.

Wahrlich, dieser »tapfere, immer energische Mann, der sich nie vor Mißgeschick oder Schwierigkeiten beugte«, war ein würdiger Nachfolger Blacks. In jungen Jahren war er ein leidenschaftlicher Bergsteiger gewesen. Obwohl er jetzt in den Sechzigern war, machten ihm körperliche Anstrengungen beim Durchklettern der Ausgrabungsstätten wenig aus. Er war immer »mittenmang«, und die Kulis handhabten Hacke und Spaten entschieden eifriger, wenn der »Kahlkopf« in Sicht war.

Unter Weidenreichs Leitung überstürzten sich die Entdeckungen am Drachenknochenberg von Chu-ku-tien geradezu: Fossile Reste von mehr als fünfzig Pekingmenschen aller Altersstufen und unendlich viele Tierfossilien wurden geborgen, viele tausend Stein- und Knochenwerkzeuge gefunden.

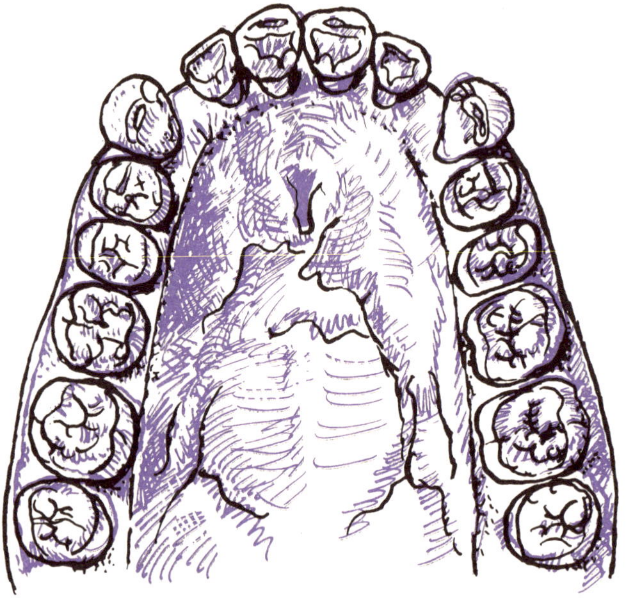

Der Oberkieferzahnbogen des Pithecanthropus aus Mitteljava in natürlicher Größe, der besonders deutlich ein primitives, aber schon menschliches Gebißbild zeigt. Im Gegensatz zum Gebiß des heutigen Menschen sind die Zahnreihen noch fast rechteckig angeordnet. Außerdem ist der Eckzahn stark betont und noch sehr gut die sogenannte »Affenlücke« zwischen Eckzähnen und Schneidezähnen zu erkennen.

Reichhaltiges Material stand Weidenreich somit für seine Vorzeitforschungen zur Verfügung. Das Ergebnis war: Der Pekingmensch war zwar ein Frühtyp und offenbar ein Kannibale, aber auf jeden Fall ein echter Mensch!

Das nun hatte der alte Dubois angezweifelt und daher die Einladung Weidenreichs an v. Koenigswald.

»Nun, haben Sie mir eine Überraschung mitgebracht?« fragte der Professor halb scherzend, halb gespannt seinen Gast.

»Und ob!« antwortete v. Koenigswald prompt und zeigte einen fossilen Kiefer von so ungewöhnlicher Form und Größe, daß es zweifelhaft war, ob er von einem Menschen oder einem Großaffen stammte.

Weidenreich betrachtete den Kiefer eingehend und meinte dann kopfschüttelnd: »Die Überraschung ist Ihnen wirklich gelungen, lieber Kollege. Ein Oberkiefer mit offenbar menschlichen Zähnen und der bei Affen üblichen Lücke im Gebiß. Mensch mit Affenlücke – das gibt es doch nicht! Wie kommen Sie bloß zu diesem Kuriosum?«

Da erzählte ihm v. Koenigswald, daß Rusman, einer seiner Sammler von Sangiran, den Kiefer nach Bandung gesandt habe, wenige Tage vor seiner eigenen Abreise nach Peking. Er habe sogleich Anweisung gegeben, die Fundstelle genau zu untersuchen und ihm etwaige Funde nach Peking nachzusenden. »Nicht wahr, Sie finden doch auch, daß diese Zähne unbedingt menschlich sein müssen?« schloß er erwartungsvoll seine Erzählung.

Lange und eingehend betrachtete Weidenreich die Zähne durch ein Vergrößerungsglas. Dann bestätigte er: »Gewiß, alles deutet darauf hin, daß es Menschenzähne sind! Aber noch nie habe ich von einem Menschen gehört, der eine Affenlücke im Gebiß hat. Dem Menschen fehlen doch die großen Eckzähne im Unterkiefer, die solche Zahnlücken im Oberkiefer erfordern. Nun, wir haben hier ja eine sehr umfangreiche Zahnsammlung, und ein Vergleich wird die Sache schon klären.«

»Da bin ich gespannt, Herr Professor. Übrigens besitze ich auch eine Anzahl Zähne, die wahrscheinlich vom Sinanthropus stammen. Die darf ich wohl auch mit Ihrer Sammlung vergleichen, ja?«

»Aber gern, Herr Kollege. Doch wie kommen Sie an Zähne vom Pekingmenschen?«

»Chinesischer Export!« antwortete v. Koenigswald lächelnd, und er erzählte nun, daß er in Haberers Fußstapfen getreten sei und die chinesischen Apotheken abgegrast habe, die es ja in Indonesien zahlreich gibt: »Die ersten Versuche waren sehr enttäuschend. Ich fragte vorsichtig nach Tierzähnen, und das einzige, was ich zu sehen bekam, waren Knochen und Zähne von Tigern und Geweihe von Hirschen und ab und zu ein Rhinozeroshorn. Da ich immer das Gefühl hatte, daß die verschlossenen Chinesen mir nicht alles zeigen wollten, was sie in ihrer Apotheke hatten, nahm ich eines Tages in Bandung ein Buch mit, das viele Abbildungen von Fossilien enthielt und behauptete einfach, es wäre ein großes Medizinbuch. Der Erfolg war erstaunlich. Ich zeigte ihnen die Abbildungen von Korallen, und sie kamen mit Korallen, die jedoch neuzeitlich waren. Statt Ammoniten brachten sie mir große Schnecken, ebenfalls neuzeitlich. Bei den Trilobiten kamen sie mit getrockneten Asseln. Als ich eine Abbildung von versteinerten Krabben sehen ließ, wurde mir wirklich ein Päckchen mit versteinerten Krabben übergeben.

Die große Überraschung aber kam, als ich die Abbildungen von versteinerten Zähnen zeigte. Der Chinese nickte freundlich, verschwand und erschien mit einem großen Nashornzahn. Das Stück war sehr beschädigt und überall angeschlagen. Man hatte kleine Stücke abgehackt, um sie als Medizin zu gebrauchen, und außerdem die große Zahnhöhle absichtlich freigelegt, die voll war von glitzernden Kalkspatkristallen. Mit feinem Lächeln wurde ich belehrt, daß dies nicht der Zahn eines Tieres, sondern eines Drachen sei und daß ich deshalb nach Drachenzähnen fragen müsse. Ich erhielt ein Rezept, und von jetzt an bekam ich in jeder Apotheke, was ich suchte.

Zu Anfang des Jahres 1935 nahm ich an einem Kongreß in Manila teil, und beim Durchstöbern der dortigen chinesischen Apotheken fand ich zu meinem Erstaunen einige große, feingerunzelte Zähne, die ohne Zweifel von einem ausgestorbenen Orang-Utan stammten. Voll Freude ging ich in den Club zum Essen, wo ich eine Verabredung mit Professor Shellshear hatte, dem ich stolz von meiner Entdeckung erzählte. Shellshear lächelte nur und zog einen Brief aus der Tasche, den er am gleichen Morgen empfangen hatte. In diesem Brief, der ihm von Hongkong aus nachgeschickt worden war, teilte ihm unser gemeinsamer Freund Teilhard de Chardin mit, daß er gerade eine geologische Reise durch Südchina beendet habe, deren wichtigstes Resultat die Entdeckung eines fossilen Orang-Utans in Südchina sei. Die Zähne stammten ebenfalls aus einer Apotheke. So hatten wir unabhängig voneinander zur gleichen Zeit dieselbe Entdeckung gemacht.

Nach Schluß des Kongresses fuhr ich eilends nach Hongkong, um die dortigen Apotheken zu durchstöbern. Mit Hilfe eines chinesischen Assistenten fand ich in wenigen Tagen mehrere hundert Orang-Utanzähne. Im Laufe der Jahre habe ich über tausend solcher Zähne gekauft, und es kann keinem Zweifel mehr unterliegen, daß in vorgeschichtlicher Zeit Menschenaffen in China gelebt haben. Nach verschiedenen Anzeichen schätze ich das Alter der Zähne auf mindestens 300000 Jahre. Die Affen können also Zeitgenossen des Pekingmenschen gewesen sein.«

Weidenreich hatte sich die Erzählung des Kollegen amüsiert angehört. Jetzt unterbrach er ihn: »Interessant! Sehr interessant! Aber sagten Sie nicht, daß Sie auch Zähne vom Pekingmenschen selbst besäßen?«

»Gewiß, Herr Professor! Einige wenige Zähne aus den Apotheken in Hongkong und Kanton stammen zweifellos von fossilen Menschen. Lange Zeit war aber das Material so dürftig, daß ich nur *vermuten* konnte, es stamme vom Pekingmenschen. Auf der Herreise aber habe ich mal wieder in Hongkongs Apotheken geschnüffelt, und denken Sie nur, Herr Professor, ich hatte das Glück, diesen ersten Prämolar zu finden.« Bei diesen Worten reichte er Weidenreich einen großen Backenzahn.

Weidenreich nahm ihn vorsichtig und betrachtete ihn eingehend, ohne etwas zu sagen. Dann griff er nach einem Vergrößerungsglas und untersuchte den Zahn damit von allen Seiten.

»Nun, stammt er vom Sinanthropus oder nicht?« fragte v. Koenigswald.

Weidenreich sah auf und sagte ein bißchen ratlos: »Ja, Form und Größe stimmen, aber mich irritiert das Fehlen der feinen Runzeln, die ich noch auf allen Zähnen vom Pekingmenschen gefunden habe. Das Fehlen der Runzeln läßt diesen Zahn viel gröber erscheinen, als die im Drachenberg gefundenen Zähne. Wir werden ihn genau mit diesen vergleichen müssen; die Sache interessiert mich außerordentlich.«

Nun, die gründliche Untersuchung der nächsten Tage bestätigte im vollen Umfange Weidenreichs ersten Eindruck: Der Zahn stammte tatsächlich von einem Sinanthropus, der aber nicht mit dem Pekingmenschen vom Drachenberg identisch war. Offenbar war der Pekingmensch in Asien weit verbreitet gewesen, und kleine Abweichungen im Körperbau waren daher durchaus natürlich. Da nicht festzustellen war, woher der Zahn stammte, tauften sie die hier erstmals aufgetauchte neue Menschenart spaßhaft Sinanthropus officinalis, den »Pekingmenschen aus der Apotheke«.

Hauptaufgabe der nächsten Wochen war der genaue Vergleich der chinesischen und javanischen Schädelfunde. Auf dem großen Tisch in Weidenreichs modern eingerichtetem Labor waren die Funde ausgelegt, auf der einen Seite die chinesischen, auf der anderen Seite die javanischen Schädel. Alle Einzelheiten wurden ganz genau verglichen, und es konnte schließlich kein Zweifel mehr darüber bestehen, daß beide Typen des fossilen Menschen eng zusammengehörten. Durch die zahlreichen Funde vom Drachenberg war erhärtet, daß der Pekingmensch nicht nur anatomisch, sondern auch seiner geistigen Entwicklung nach den Zustand des Menschen erreicht hatte. Weidenreich stellte nun fest: »Der Schädel von Peking stimmt so weitgehend mit dem von Java überein, daß damit der Pithecanthropus als echter Menschentyp und ein entwicklungsmäßig über dem Affen stehendes Wesen identifiziert ist.«

Aus war es also mit dem »missing link«, dem Zwischenglied, der Name »Affenmensch« aber blieb, denn die Wissenschaft ändert keine Namen.

Einige Monate nach seiner Ankunft in Peking kam bei v. Koenigswald ein großer, zerklüfteter Steinblock an; der getreue Rusman sandte ihn aus Sangiran. Chu, der Meisterpräparator des Rockefeller-Instituts, zersägte den Block, und zum Vorschein kam ein klotziger, grober Schädel – das Hinterhaupt zerschmettert, wahrscheinlich durch einen gewaltigen Keulenschlag. Friedsam scheint es bei den Urmenschen nicht zugegangen zu sein!

Weidenreich und v. Koenigswald konnten sich nicht darüber einigen, ob es sich hier um eine neue Art des Menschen oder um einen besonders kräftigen

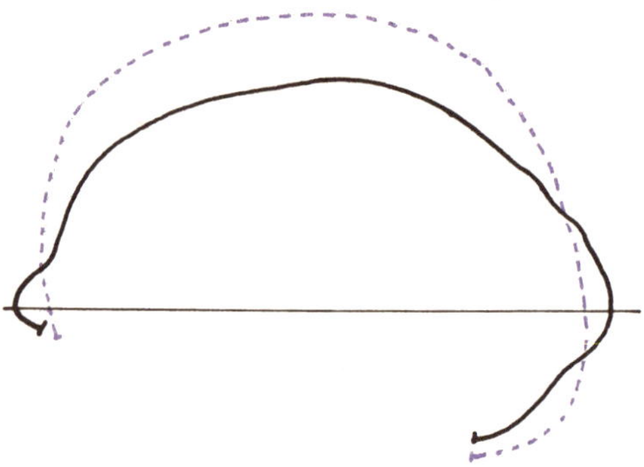

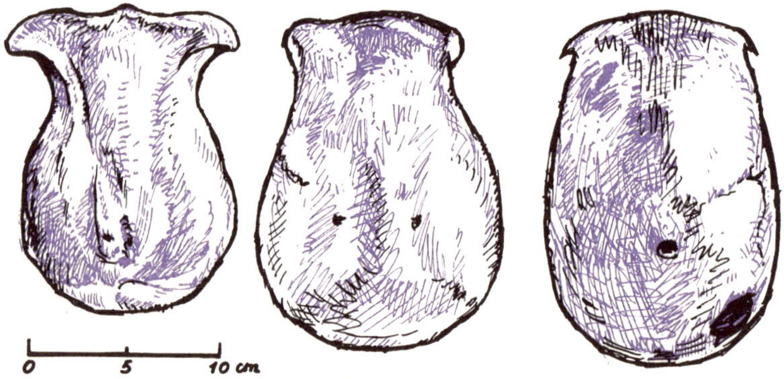

Zwar war der Schädelumfang und damit auch die Gehirnmasse beim Pekingmenschen (schwarze Linie) noch bedeutend kleiner als beim heutigen Menschen (gestrichelte Farblinie), doch hatte er bei etwa 900–1 000 ccm Gehirnmasse in seiner geistigen Entwicklung den Status des echten Menschen bereits erreicht. (Die oberen Abbildungen zeigen die Umrißlinien der beiden Schädel im Längs- und Querschnitt.) Als einer von mehreren anatomischen Beweisen dafür mag die untere Bildreihe gelten, die von links nach rechts das Schädeldach eines Gorillas, eines Pithecanthropus erectus (das fast genau mit dem des Pekingmenschen übereinstimmt) und eines heutigen Menschen zeigt. Im gleichen Maße, wie sich die Stirne vorwölbt und aufrichtet, verschwindet die »affenartige« Einschnürung hinter der Augenpartie.

Pithecanthropus handelte. Da männliche Affen sehr viel kräftiger gebaut sind als weibliche, meinte Weidenreich, das könne auch bei den Affenmenschen so gewesen sein.

Die Wege der beiden Forscher trennten sich nun für lange Zeit. Weidenreich ging nach Amerika in Urlaub, v. Koenigswald fuhr nach Java zurück.

Und dann kam der zweite Weltkrieg; alle Verbindungen rissen ab.

Während des Krieges, im Frühjahr 1941, fanden die Sammler in Sangiran erneut das Bruchstück eines Riesenkiefers. V. Koenigswald erschrak, als er ihn zu Gesicht bekam: Alles an dem riesenhaften Kiefer, in dem noch drei Zähne steckten, war menschlich! Hatte in grauer Vorzeit ein Geschlecht von Riesen auf Java gelebt?

In den Chinesen-Apotheken Hongkongs hatte er mehrfach Riesenzähne gefunden, sechsmal so groß wie die entsprechenden Zähne des Menschen, doppelt so groß wie die eines großen Gorillas. Er hatte sie einem Riesenaffen zugeschrieben, obwohl die Zahnkronen menschlich aussahen. Waren es vielleicht doch Zähne von Riesenmenschen? Wenn jedoch China-Riesen gelebt hatten, warum sollte es dann keine Java-Riesen gegeben haben?

Wo aber war ein solches Riesengeschlecht in der Entwicklungsgeschichte der Menschheit einzuordnen? Auf Java konnte der Forscher diese enorm wichtige Frage nicht schlüssig beanworten, da ihm nicht genügend Vergleichsmaterial zur Verfügung stand. Schon lag der Krieg mit Japan in der Luft, und v. Koenigswald beeilte sich, sorgfältige Abgüsse der neuen Funde an den in Amerika weilenden Weidenreich zu senden. Buchstäblich im letzten Augenblick geschah das, denn am 7. Dezember 1941 überfielen japanische Sturzbomber ohne vorherige Kriegserklärung die amerikanische Kriegsflotte in Pearl Harbour, dem »Perlenhafen« auf Hawaii. Damit war der Weltkrieg im Pazifik, im ganzen Fernen Osten entfesselt, und alle Verbindungen nach Amerika und Europa rissen ab. Unbeschädigt kamen jedoch wenige Wochen später die Abgüsse von den Funden des »Riesenmenschen auf Java« bei Weidenreich an.

Der erkannte sofort ihre große Bedeutung und studierte sie eifrig. Leider kannte er die Fundumstände nicht. Auskünfte konnte er nicht einholen, denn bald darauf wurde Java von den Japanern besetzt, und Gerüchte wollten wissen, daß v. Koenigswald ertrunken sei. Weidenreich kam zu der Überzeugung, daß sowohl der Gigant aus der Apotheke von Hongkong als auch der aus dem Innern Javas urmenschlich seien, daß beide der gleichen Entwicklungsstufe angehörten. Er fühlte sich verpflichtet, die Funde des totgesagten v. Koenigswald bekanntzugeben.

So gab es in der Sitzung der Ethnologischen Gesellschaft in New York am 9. Mai 1944 eine große Sensation. Weidenreich berichtete über die Funde des deutschen Forschers auf Java, und daß er bei derem Studium zu der Ansicht gelangt sei, die Menschheit stamme von wahren Giganten ab. Je älter die Art sei und je primitiver ihre Formen, um so riesenhafter seien die Körpermaße gewesen. Bei der Domestikation, der Umbildung wilder Tiere in Haustiere, sei oft ein Kleinerwerden zu beobachten, und die Menschwerdung sei gewissermaßen eine »Selbstzähmung«.

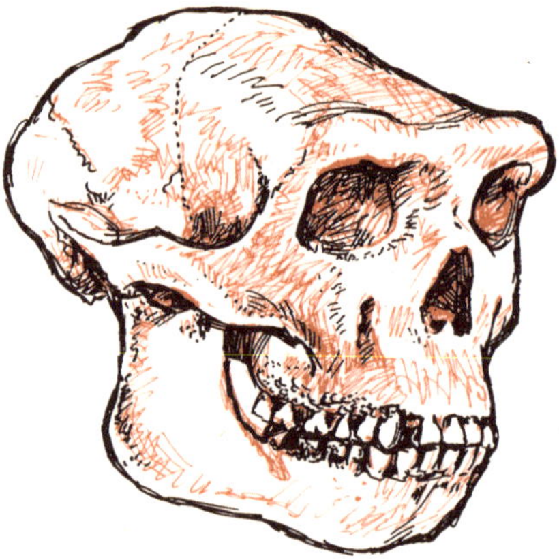

Der von Weidenreich rekonstruierte Schädel des besonders kräftig gebauten Pithecanthropus von Sangiran in Mitteljava

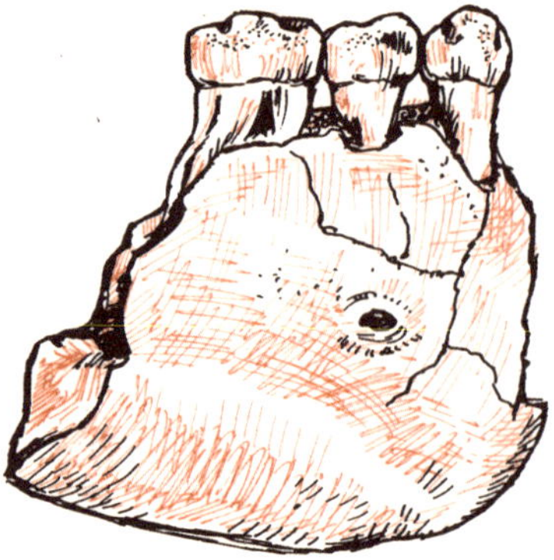

Das im Frühjahr 1941 in Sangiran gefundene Bruchstück eines riesenhaften menschlichen Unterkiefers mit drei Zähnen

Die Abbildung zeigt von links nach rechts die unteren Mahlzähne des China-Riesen, eines Gorillas, des Pekingmenschen und eines heutigen Menschen im richtigen Größenverhältnis.

Das war so recht etwas für die Reporter. Obwohl die Wissenschaftler Weidenreichs Bericht und vor allem seine Schlußfolgerungen recht ungläubig aufnahmen, verdrängten die Riesenahnen der Menschen kurze Zeit die Kriegsberichte von der ersten Seite. Vor allem die Illustrierten schwelgten in phantasievollen Riesengestalten, sie kannten sogar Körpergröße und Gewicht: viereinhalb Meter und zehn Zentner!

Währenddessen saß v. Koenigswald in japanischer Kriegsgefangenschaft, weil herausgekommen war, daß er formell Offiziersrang in der holländischen Armee besaß. Immerhin hatten ihn die Japaner einen Monat lang unbehelligt im Geologischen Dienst belassen. Diese Zeit nutzte er weidlich aus. »Alle bereits beschriebenen Funde mußten unter ihrer Kontrolle im großen Geldschrank des Geologischen Dienstes aufgehoben werden. Sehr vorsichtig vertauschten wir einige der Original-Schädel mit Abgüssen. Diese waren besonders gut gemacht und für den Laien von den Originalen kaum zu unterscheiden. Dem Gips hatten wir fein vermahlene Backsteine beigemischt, so daß auch bei einer Beschädigung die Bruchstelle schön dunkel blieb wie bei einem echten Fossil. Wir vertauschten die Schädel, damit, falls der Inhalt unseres Safes eines Tages nach Osten verschwinden würde, wenigstens noch einige Originale im Lande blieben. Die neuen Funde, die noch unbeschrieben und unbekannt waren, wurden bei neutralen Freunden untergebracht, einem Schweizer Geologen und einem schwedischen Zeitungsberichterstatter. Meine tapfere Frau behütete unter vielen Schwierigkeiten den kostbaren Oberkiefer. Alle Funde überlebten den Krieg. Unser schwedischer Freund, der einmal eine Haussuchung fürchtete, füllte meine Zahnsammlung mit den Riesen-Zähnen in große Milchflaschen und vergrub sie nachts in seinem Garten.

Ich war dankbar, bei Kriegsende meine kleine Familie gesund wiederzufinden, und glücklich, daß alle unsere Funde den Krieg überstanden hatten. Nur einer der Solo-Schädel war als Geburtstagsgeschenk für den Kaiser nach Japan verschleppt worden. Er überlebte die Bombardements und wurde nach dem Kriege in Kyoto wiedergefunden.«

Den Funden vom Drachenberg erging es weniger gut. Ende November 1941 wurde die Lage in Peking kritisch; Berichte über bedrohliche japanische Truppenbewegungen liefen ein. Dr. Wong, der Leiter des geologischen Aufsichtsamtes, bat die amerikanische Botschaft, die kostbaren Fundstücke eilends aus dem Lande zu schaffen. In Marmeladegläser verpackt übernahm Oberst Ashburn, Chef der amerikanischen Marineabteilung in Peking, die wertvollsten Fossilien des Pekingmenschen als »Geheimsache«. Zusammen mit wichtigen Dokumenten wurden die Marmeladegläser in eine Kiste verpackt. Diese Kiste befand sich unter dem Sitz des Obersten, als der Sonderzug der Marine am 5. Dezember um 5 Uhr früh den Bahnhof von Peking verließ, um über die von den Japanern betriebene mandschurische Eisenbahn dem kleinen chinesischen Hafen Chinwangtao zuzurollen. Dort sollte die Einschiffung auf dem Schnelldampfer »President Harrison« erfolgen.

Doch dazu kam es nicht mehr.

Am 7. Dezember krachten japanische Bomben auf Pearl Harbour, der Krieg zwischen Japan und USA entbrannte. Der amerikanische Marinezug wurde bei Chinwangtao von den Japanern erobert, die amerikanischen Bewacher gefangengenommen, das Gepäck erbeutet. Seit diesem Tage sind die Überreste des Pekingmenschen spurlos verschwunden. Es heißt, die erbeuteten Kisten seien auf einen Leichter geladen worden, der sie zu einem vor Tientsin ankernden Frachtdampfer habe bringen sollen. Der Leichter sei jedoch während der Fahrt gekentert und mitsamt seiner Ladung gesunken.

Ob man allerdings die Marmeladegläser mit den alten Knochen darin an Bord gebracht hat, steht noch dahin. Die Konserven, die im Zuge aufgefunden wurden, sollen die Japaner weggeworfen haben. Vielleicht hat man es mit den alten Knochen genauso gemacht. Dann werden sie von den umwohnenden Chinesen eingesammelt und an Apotheken als Medizin verkauft worden sein.

Die chinesischen Gelehrten behaupten allerdings immer wieder, die Amerikaner hätten die kostbaren Fossilien gestohlen; sie befänden sich im Museum of Natural History zu New York. Wahrscheinlich deshalb, weil Weidenreich in die Verwaltung dieses Museums eingetreten war und dort sein umfangreiches Werk über den Pekingmenschen abschloß. Tatsächlich hat dieses Museum aber nur einige Abgüsse von Schädeln und Knochen, die Weidenreich in seiner Pekinger Zeit anfertigen ließ; sie sind in der »Halle der Menschheitsgeschichte« ausgestellt.

Weidenreich hat wohl am meisten unter dem spurlosen Verschwinden des Pekingmenschen gelitten. Als er während des Krieges auf Umwegen von Freunden aus China eine Postkarte mit der unverfänglichen Frage »Wo ist Nelly?« erhielt, da wußte er, daß mit den kostbaren Fossilien was passiert sein mußte. »Nelly« war nämlich der Spitzname einer Büste vom Pekingmenschen, die er hatte anfertigen lassen. Seit dieser Zeit fand er keine Ruhe mehr. Das Kriegsende bestätigte dann seine schlimmsten Befürchtungen. Trotz umfangreicher Fahndungsaktionen ist das Schicksal des Pekingmenschen ungeklärt geblieben. Weidenreichs Verdienst ist es, daß infolge seiner genauen Beschreibungen und Zeichnungen die wissenschaftliche Bedeutung des Pekingmenschen nicht bestritten werden kann, auch wenn die Fundstücke vom Drachenberg für immer in das Dunkel zurückgeglitten sind, aus dem sie menschlicher Forschungsdrang für wenige Jahre herausgeholt hatte.

Im September 1946 traf v. Koenigswald in New York ein, ungeduldig von Weidenreich erwartet. Für diesen war das Wiedersehen mit dem totgesagten Kollegen eine letzte große Freude. Am 11. Juli 1947 starb Franz Weidenreich, einer der Großen im Dienste der Menschheitsgeschichte. Seine Theorie von den Urmenschen-Riesen ist allerdings sehr umstritten geblieben.

Afrika - Konstruktionsstätte der Menschheit?

Eine der bekanntesten afrikanischen Landschaften ist das Tierparadies der Serengetisteppe. Das war beileibe nicht immer so. Vor dem ersten Weltkrieg, als Serengeti zu Deutsch-Ostafrika gehörte, war es eine schwierige Safari, durch die riesige Trockensteppe in das tief eingeschnittene Tal des Oldoway-Flusses vorzustoßen. Der Münchener Zoologe Kattwinkel fand damals in diesem Tal eine große Fossilien-Fundstelle. Der Oldoway hat sich nämlich in die horizontal liegenden Sedimentschichten eines alten Sees an die hundert Meter tief eingefressen, und in diesen Ablagerungen liegt eine reiche Tierwelt begraben.

Hans Reck (1866–1937) erkundete 1913 die Oldoway-Schlucht. Begeistert schrieb er darüber in seinem Buche »Die Schlucht des Urmenschen«: »In großer Gleichmäßigkeit gliedert sich die Oldowayschichtfolge in fünf Haupthorizontale, die wie fünf Bände rätselvoller Erdgeschichte vor unseren Augen aufgeschlagen lagen. Jeder offenbarte uns seine nur ihm eigenen Dokumente, die niemals zusammenhanglos waren, sondern die lückenlose Reihe der Entwicklung verkörperten, die wie ein roter Faden vom ersten bis zum letzten Blatt führte. In seltener Übersichtlichkeit lagen die Schichtblätter Oldoways übereinander, das älteste zuunterst, das jüngste zuoberst, nirgends durch Lücken unterbrochen, nirgends durch gebirgsbildende Kräfte zu Falten aufgestaut oder verbogen.«

Ausgerechnet in der zweituntersten Schicht nun fanden Recks Hilfsleute in einem Hockergrab ein vollkommen erhaltenes Skelett, das sich in keiner Weise von dem eines heutigen Menschen unterschied.

Wie konnte das sein? War dieser Mensch wirklich ein Zeitgenosse all der ausgestorbenen Tiere dieser Erdschicht gewesen? »Es ist unmöglich, die Gefühle darzustellen, die dieser Anblick in mir auslöste«, schrieb Reck. »Freude, Hoffnung, Skepsis, Vorsicht, Eifer – all das wogte wild durcheinander.

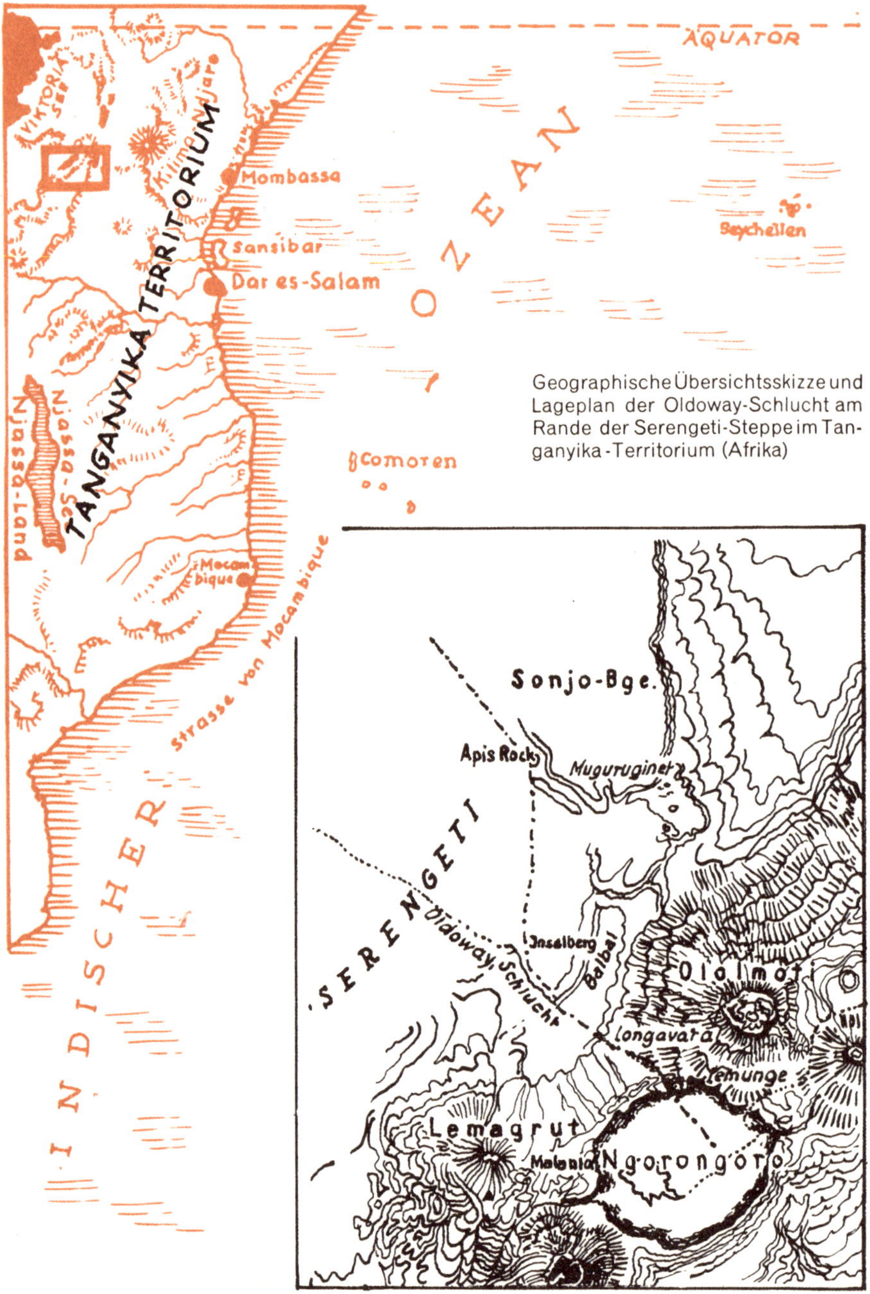

Geographische Übersichtsskizze und Lageplan der Oldoway-Schlucht am Rande der Serengeti-Steppe im Tanganyika-Territorium (Afrika)

Denn das war sofort klar: Wenn dieses Skelett ein Zeitgenosse seiner Schicht und der fossilen Tierwelt Oldoways war, dann hatte der Fund eine ungeheure Bedeutung für die Geschichte der frühesten Menschheit, dann reichte sein Alter unbedingt bis tief ins Diluvium zurück, dann war dies nicht nur der älteste Fund auf afrikanischem Boden, sondern einer der ältesten Menschenfunde der Welt.«

Weil Reck sich über all dies klar war, prüfte er mit doppelter Sorgfalt die Fundschicht des Grabes, fand aber beim besten Willen nichts Zweifelhaftes. Also verkündete er mit gutem Gewissen, er habe einen praktisch neuzeitlichen Menschen gefunden, der mehr als doppelt so alt sei als der älteste Neandertaler.

Das gab einen großen Aufruhr unter den Gelehrten. Sie wollten es in der Mehrzahl nicht glauben, daß ein Neuzeitmensch vor den bekannten Urmenschen gelebt haben könne. Prompt kam der Gelehrtenstreit in die Zeitungen. Große Schlagzeilen verkündeten, daß es nun endlich mit der anrüchigen Affenabstammung aus sei, da der Mensch viel früher auf der Erde gewesen sei als die berüchtigten »missing links«. Und die Menschen, sie hörten es gerne, denn die Affenabstammung war den meisten noch immer nicht sonderlich angenehm.

Reck aber war erschrocken ob der Aufregung, die sein Fund angerichtet hatte, denn er wollte der Abstammungslehre durchaus nicht in den Rücken fallen. Er schlug vor, weitere Expeditionen nach Ostafrika zu entsenden, um die Sache endgültig zu klären, doch der Ausbruch des ersten Weltkrieges vereitelte das.

So blieb der Oldoway-Mensch lange Zeit Zeuge gegen die Abstammungslehre. Erst fünfzehn Jahre später griff der ostafrikanische Vorgeschichtsforscher Louis Leakey (geb. 1903) die Sache wieder auf. Er setzte sich mit Reck in Verbindung und verabredete mit diesem eine neue Untersuchung der geheimnisvollen Schlucht. 1931 startete diese Oldoway-Expedition, an der außer Leakey und Reck englische Geologen, Natur- und Vorgeschichtsforscher teilnahmen. Der mittlerweile 65 Jahre alt gewordene Entdecker des geheimnisvollen Oldoway-Menschen war herzlich froh, daß er als Abschluß seiner wissenschaftlichen Laufbahn noch diese Gelegenheit fand, die Rätsel um seinen Fund zu klären.

Doch das Gegenteil trat ein: Die Rätsel mehrten sich.

Die Expedition fand in den Uferwänden eine eindrucksvolle Geschichte der afrikanischen Steinzeitkultur, und siehe da, die Entwicklung der Waffen und Werkzeuge war hier vom einfachen Faustkeil bis zum fein polierten

Erste rohe Anfänge einer Faustkeilkultur: Wenig bearbeitetes Flußgeröll aus der Oldoway-Schlucht

Der Schädel des Australopithecus africanus in Vorder- und Seitenansicht. Die wirkliche Größe des Kopfes von Taungs wird ersichtlich durch die haltenden Hand.

Steinmesser durchaus ähnlich verlaufen wie in Europa. In den tiefsten Schichten aber fand man noch primitivere Geräte, rundliche Kieselsteine, die nur an einer Seite ein paar Abschläge hatten; »Oldowan« hat man sie nach der Fundstelle getauft. Auch ganz einfache Wurfkugeln lagen hier.

Sollte der so fortschrittlich aussehende Oldoway-Mensch diese primitiven Geräte verfertigt und benutzt haben?

»Nein«, sagten Leakey und Reck, »das kann nicht sein! Sicher sind es Spuren eines noch unbekannten Vormenschen von ganz unten aus dem Tier-Mensch-Übergangsfeld.« Und mit verdoppeltem Eifer suchten sie nach seinen Resten. Vergeblich!

Der alte Reck fuhr heim und starb bald danach. Er hat es nicht mehr erlebt, daß man den Urmenschen in Südafrika aufstöberte und daß »sein« Oldoway-Mensch auf ganz einfache Weise viel, viel jünger wurde: Gründliche geologische Untersuchungen ergaben, daß sich an derselben Stelle, an der sich in neuerer Zeit der Oldoway-Fluß eingegraben hatte, in der letzten Eiszeit ebenfalls ein Tal befand. Am Abhang dieses alten Tales, und zwar in der Höhe von Schicht 2, haben die damaligen Bewohner der Schlucht ihren Toten begraben. Die alte Talfüllung wurde mit der Zeit völlig weggespült. Der Tote lag somit praktisch an der Oberfläche, und doch mußte man annehmen, er komme aus der uralten Schicht 2. Auf die Dauer hat ihm dieser Trick nichts eingebracht. Er gilt jetzt als so alt wie er aussieht, und die Aufregung um ihn hat sich gelegt. Die Abstammungstheorie aber hat den Knacks gut überstanden.

So, und nun wenden wir uns Südafrika zu. Dort hatte der Sprengmeister de Bruyn 1924 in einem Kalksteinbruch bei Taungs einen versteinerten kindlichen Schädel gefunden, den er an den Anatomie-Professor Dart in Johannesburg schickte. Der wurde beim sorgfältigen Reinigen und Untersuchen des Schädels immer aufgeregter. Unglaublich, was der Zufall ihm da in die Hände gespielt hatte: Einen fast vollständig erhaltenen Schädel mit Unterkiefer und der rechten Hälfte der Hirnschale. Und im Kiefer saßen noch beinahe alle Zähne! Wahrhaftig, das waren ja Milchzähne, und dort die ersten bleibenden Backenzähne, eben zum Kauen brauchbar geworden!

Ein Affenkind? Sicherlich! Schätzungsweise war es nicht älter als sechs Jahre gewesen, als es zu Tode kam. Aber aus uralter Zeit mußte es stammen, wohl gar einer ausgestorbenen Affenart angehören, denn es zeigte deutliche anatomische Unterschiede gegenüber allen lebenden Affenarten. Genaugenommen hatten Kiefer, Zähne, Augenhöhlen und Schädelform mehr menschliche als äffische Züge.

Nach gründlicher Überlegung lautete Darts Urteil: Ein Affenkind mit vielen Anklängen an den Menschen, aber noch kein Mensch! Einen besonderen Gattungsnamen glaubte er verantworten zu können, und daher taufte er das Wesen, von dem dieser Schädel stammte: Australopithecus africanus, Südaffe von Afrika. So stand es in seinem Bericht, der schon am 7. Februar 1925 veröffentlicht wurde, und er hatte hinzugefügt: »Das Exemplar ist von Bedeutung, weil es eine ausgestorbene Affenrasse repräsentiert, die wir als Entwicklungsstufe zwischen den heute lebenden Menschenaffen und dem Menschen ansehen können.«

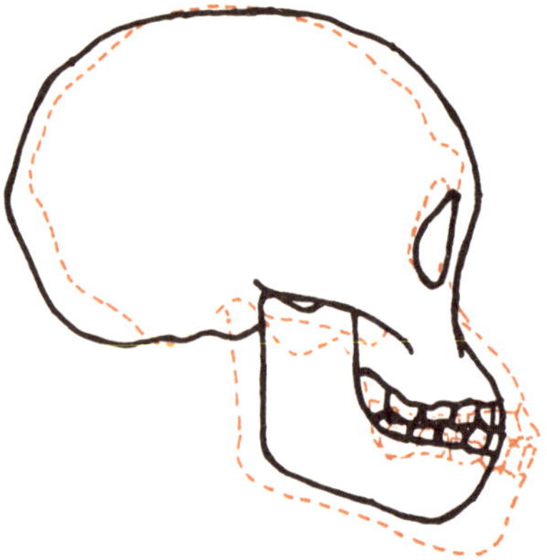

Daß die Umrißlinien des Kinderschädels von Taungs (schwarze Linie) große Übereinstimmungen mit denen eines Schimpansenschädels auf der gleichen Entwicklungsstufe (gestrichelte Farblinie) aufweisen, macht dieser Vergleich klar.

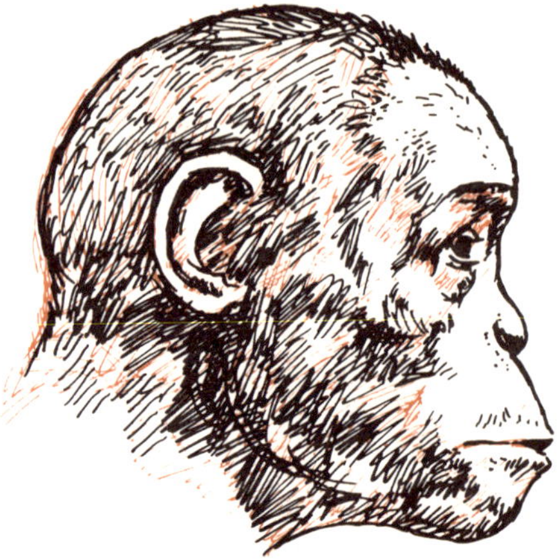

Rekonstruktion des etwa sechsjährigen Affenmenschen von Taungs, erster Beweis für die Existenz eines Entwicklungstyps zwischen Affenmensch und Neuzeitmensch

Das hätte Professor Dart nicht schreiben sollen! Alle Vorgeschichtsforscher reagierten sauer. »Noch ein missing link!« stöhnten die einen, und die anderen kicherten: »Der gute Dart hat es aber mächtig eilig gehabt, sich gedruckt zu sehen.« Richtig, nur sechs Wochen hatte Dart zu seinem Bericht gebraucht, über dem ein ordentlicher Fachgelehrter doch Jahre gebrütet hätte. »Nichts als eine Abart des Schimpansen!« war schließlich das allgemeine Urteil der Fachgelehrten, und unter sich nannten sie das Streitobjekt spöttisch »Darts Baby«. Sie machten sich so lange über Dart lustig, bis dieser verbittert weitere Forschungen einstellte.

Mittlerweile aber hatte sich der Arzt Dr. Robert Broom (1866–1951) den Schädel gründlich angesehen. Er war dabei zu der Überzeugung gelangt, daß Dart recht haben müsse, daß es sich wirklich um ein Bindeglied zwischen Tier und Mensch handle und daß daher »Darts Baby« das wichtigste aller bis dahin gefundenen Fossilien sei.

Ob Broom was von Fossilien verstand? O ja, das kann man wohl sagen. Er war zwar kein »gelernter« Vorgeschichtsforscher, aber ein Fossiliensammler aus Leidenschaft. In Schottland als Sohn eines Musterzeichners geboren, begeisterte ihn der Vater für Botanik. Während seines medizinischen Studiums in Glasgow entwickelte sich bei ihm ein leidenschaftliches Interesse für Anatomie und insbesondere für das Problem des Ursprungs der Säugetiere. Ein entwicklungsgeschichtlich wichtiges Glied der Säugetiere sind die in Australien lebenden Beuteltiere. Also reiste Broom nach Abschluß seines Studiums nach dem fünften Erdteil, eröffnete dort eine ärztliche Praxis und fand daneben Zeit, die Beuteltiere zu studieren. Schließlich entdeckte er sein Herz für Reptilien, brachte eine umfangreiche Eidechsensammlung zusammen und erschloß in den Höhlen von Wombey eine Fossilien-Fundstätte, aus der einige sehr interessante ausgestorbene Beuteltiere ans Licht kamen. Als er nun hörte, daß in Südafrika Fossilien von seltsamen, säugetierähnlichen Reptilien gefunden worden seien, konnte ihn Australien nicht mehr halten. Mit 36 Jahren wanderte er nach Südafrika aus, das seine zweite Heimat wurde.

Fossilienjagd ist gut und schön, aber man braucht Geld dazu, und daran mangelte es Broom jetzt sehr. Notgedrungen verarztete er die Leute von Klein-Namaqualand und suchte nebenbei seine geliebten Fossilien. Er fand sie besonders in der Karroo, der großen Trockensteppe Transvaals, die durch ihren Diamantenreichtum bekannt geworden ist. Bald empfand Broom den weiten Anfahrtsweg als störend. Kurz entschlossen verlegte er Wohnsitz und Praxis nach Maquassi am Rande der Karroo. Jetzt konnte er seinem Hobby in all seiner Freizeit nachgehen, und das fand er herrlich. Offenbar war er aber auch ein guter Arzt und daher breitete sich seine Praxis stark aus. Die Folge war, daß zu wenig Zeit für die Fossilienjagd übrigblieb. Als ihm nun die Professur für Geologie und Zoologie am Victoria College in Stellenbosch angeboten wurde, die ihm mehr Freizeit ließ, griff er bedenkenlos zu, obwohl er als Arzt 20000 Mark im Jahre verdient hatte und als Professor nur 9000 Mark bekam. Nach wiederholten Aufenthalten in England und Amerika kehrte er stets nach Südafrika zurück, weil die versteinten Reptile im ehemaligen Sumpfgebiet der Karroo ihn nicht losließen. Durch gewissenhafte Forschungen schloß er die breite Lücke, die im Stammbaum der Tiere zwischen den Reptilien und Säugetieren noch bestand.

Der Streit um »Darts Baby« zeigte ihm nun ein neues Ziel: den Ursprung der Menschen zu klären. Ihn störten keine Witze, keine Hindernisse – im Gegenteil, sie verstärkten seine Energie und seinen Eifer. Schade war nur, daß Geldmangel ihn gezwungen hatte, wieder als Arzt zu praktizieren, und es ihm daher natürlich an Zeit fehlte. Da hatte der forschungsfreudige Premierminister von Südafrika, Feldmarschall Smuts, ein Einsehen. Er fand, es sei ein Jammer, daß Broom in seinem Alter noch als Arzt im Lande herumfahren müsse, statt sich ganz der wissenschaftlichen Arbeit zu widmen. Durch die Berufung zum Kurator für Wirbeltier-Vorgeschichte am Transvaal-Museum in Pretoria enthob er ihn der Geldsorgen, und so konnte endlich der 68jährige Forscher das Hobby zu seinem Beruf machen.

Südafrika ist ein großes Land voller Sandstein, Granit und Gneis. Zum Bau der in diesen Jahren machtvoll aufstrebenden Städte brauchte man aber auch Kalk, und der ist selten. Große Kalksteinbrüche gibt es nicht; man ist auf verkalkte Felsspalten-Füllungen angewiesen. Die gelblichen oder rötlichen harten Kalksteine enthalten viele versteinerte Knochen und Zähne, die vor langer Zeit in die Felsspalten und Höhlen hineingeschwemmt worden sind. Größtenteils ist dies während der Eiszeiten geschehen, denn die haben sich in Afrika nur als Regenzeiten bemerkbar gemacht. Auf jeden Fall ist es nicht einfach, das Alter dieser Fossilien festzulegen, da sie nicht in der ihnen zugehörigen Erdschicht gefunden werden.

Broom stöberte in den alten und neuen Kalkgruben herum, fand unbekannte versteinerte Ratten und Maulwürfe, auch Pavianknochen, aber nichts vom Menschen, nichts vom Südaffen. Trotzdem schrieb er viel in den Zeitungen über seine Arbeit, um auch Laien zur Mitsuche anzuregen. Und das lohnte sich, denn eines Tages kamen zwei Studenten und erzählten ihm, daß sie früher in einer Höhle bei Sterkfontein, etwa 50 Kilometer von Johannesburg entfernt, kleine Affenschädel gesehen hätten. Daraufhin verabredete Broom mit ihnen für den folgenden Sonntag einen gemeinsamen Besuch in Sterkfontein.

Die ortskundigen Studenten machten ihn zunächst mit dem Leiter der Steinbrüche, einem Herrn Barlow, bekannt, der auch die Aufsicht in den Höhlen führte. Bei dem Gespräch stellte sich heraus, daß Barlow früher in Taungs tätig gewesen war und von dem dortigen Schädelfund wußte.

»Das ist ja sehr interessant, Herr Barlow«, sagte Broom zu ihm. »Haben Sie denn hier in der Gegend auch schon mal was Ähnliches gefunden?«

Barlow druckste mit der Antwort ein bißchen herum: »Ja, das kommt schon mal vor.«

»Tatsächlich? Und was machen Sie mit solchen Funden?«

Barlow wurde noch verlegener. »Gott ja, was tut man mit so altem Kram? Meist habe ich ihn an Touristen abgegeben, die unsere Höhlen besucht haben und sich ein hübsches Andenken mitnehmen wollten.«

»Aber doch keinen ganzen Schädel, Herr Barlow?«

»Nein, meist sind sie ja kaputt«, bekannte Barlow treuherzig, »aber Abnehmer gibt es auch für kleinere Stücke.«

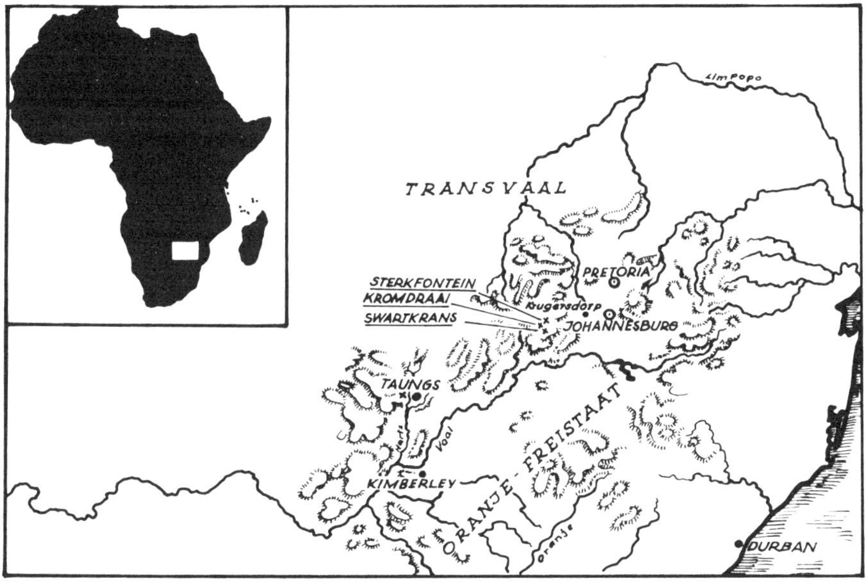

Geographische Übersichtsskizze und Lageplan der menschenkundlichen Fundstätten im Diamanten- und Goldminendistrikt von Südafrika

»Um Himmelswillen, Herr Barlow, ich bitte Sie, wenn Sie nochmals was finden, sagen Sie mir Bescheid. Sehen Sie, vielleicht steckt in diesen Kalkgruben der allererste Mensch, und es wäre doch unverantwortlich, ihn einem Andenkenjäger auszuliefern.«

»Gut, Sir! Ich will sehen, was ich für Sie tun kann. Wie lange bleiben Sie denn noch in der Gegend?«

»Mindestens noch eine Woche, Herr Barlow.«

»Gut! Gut, Sir! Wissen Sie, das mit dem ersten Menschen, das habe ich ja nicht gewußt.«

»Ist schon gut, Herr Barlow. Aber bei künftigen Funden denken Sie an mich, ja?«

»Ganz bestimmt, Sir!«

Und das tat er auch. Als Broom nach drei Tagen wieder zu ihm kam, händigte ihm Barlow drei kleine Pavianschädel und den stark beschädigten Schädel eines Säbelzahntigers aus. Am folgenden Montag – es war der 17. August 1936, ein historisches Datum! – empfing ihn Meister Barlow strahlend mit den Worten: »Hier, ist es das, was Sie suchen, Herr Doktor?«

Ein Tuch verdeckte einen Stein. Meister Barlow nahm es fort, und vor dem Forscher lag ein schöner Gehirnabdruck. Mit allen Einzelheiten hatte sich der Schädel in den Stein eingeprägt, und Broom erkannte auf den ersten Blick, daß dort der Schädel eines Affenmenschen weggesprengt worden war. »Und der Schädel? Wo ist der Schädel?« fragte er heftig, seine Stimme war heiser vor Aufregung.

Vergnügt hatte Barlow den Eindruck beobachtet, den sein Fund auf den Forscher machte. »Der Schädel muß zwischen dem Sprenggestein liegen. Die Sprengung ist erst heute früh erfolgt, und ich habe sofort alle Arbeiten an dieser Stelle abbrechen lassen, als ich den Abdruck sah. Es ist alles unberührt geblieben, Herr Doktor«, erklärte er stolz.

»Großartig, lieber Barlow! Gehen wir doch gleich hin!« Broom fieberte förmlich vor Aufregung und Ungeduld.

Bis zum Dunkelwerden durchsuchte er Stück für Stück das weggesprengte Gestein, fand aber nur noch den Abdruck der Schädeldecke. Am nächsten Morgen setzte er die Arbeit ganz früh wieder fort. Nach drei Stunden, als sich der Haufen losen Gesteins schon bedenklich verkleinert hatte, fand er plötzlich dicht beieinander die Schädelbasis, beide Seiten des Oberkiefers und einige Bruchstücke der Gehirnschale.

Mehr war beim besten Willen nicht zu finden, aber als alles schön gereinigt war und zusammengesetzt wurde, da war außer dem Unterkiefer der Schädel praktisch vollständig. Eine große Ähnlichkeit mit dem Schädel des Kindes von Taungs war unverkennbar, doch waren einige charakteristische Unterschiede vorhanden. Da weitere Funde, insbesondere Reste eines Oberschenkels und eines Beckenknochens, Broom in seiner Ansicht bestärkten, daß es sich um ein menschenähnliches Wesen gehandelt habe, nannte er es Plesianthropus transvaalensis, den Fast-Menschen aus Transvaal.

In den folgenden Jahren wurde Broom der bekannteste Mann in der Gegend von Sterkfontein; mindestens einmal jede Woche war er in seinem bevorzugten Jagdgebiet. Die Steinbrucharbeiter kannte er samt und sonders. Nach jeder Sprengung legten sie alle irgendwie interessanten Stücke für den Doktor beiseite. »Natürlich kostete jeder Besuch mich ein paar Schillinge an Trinkgeldern, aber das waren die Funde wert«, schmunzelte Broom später. Nein, zu teuer bezahlte er sie nicht – schließlich war er ja ein geborener Schotte.

»Heute habe ich etwas Hübsches für Sie«, begrüßte ihn Barlow an einem Junimorgen 1938, und dabei kramte er aus seiner Hosentasche ein menschliches Gaumenbruchstück, in dem noch ein Mahlzahn saß. Der Zahn war be-

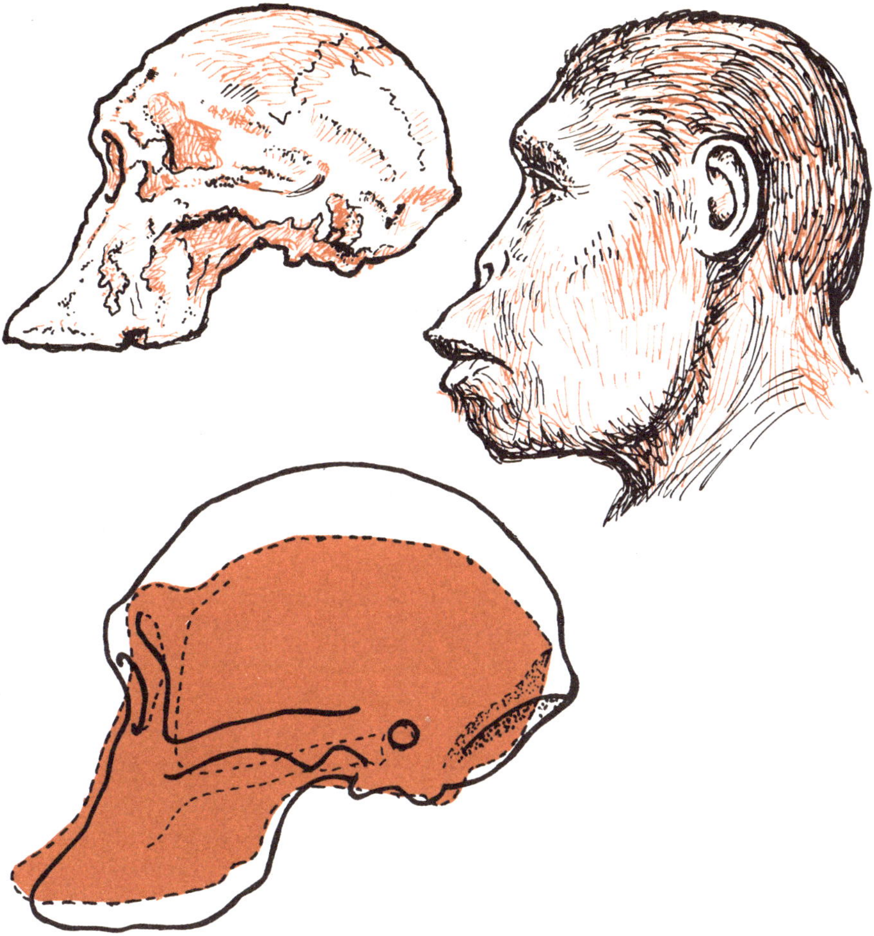

Der – mit Ausnahme des Unterkiefers – vollständige Schädel des Plesianthropus transvaalensis, des Fastmenschen aus Transvaal (oben links). Seine große Ähnlichkeit mit dem Kind von Taungs ist unverkennbar, wie die daneben abgebildete Rekonstruktion zeigt. Daß es sich bei dem Plesianthropus um ein menschenähnliches Wesen handelt, bestärkt außer den Fundresten eines Oberschenkelknochens und eines Beckenknochens die unten wiedergegebene Skizze. Die unter die Umrißlinien des Plesianthropus-Schädels (schwarze Linie) untergelegte Silhouette eines Schimpansenschädels (schwarze gestrichelte Linie) macht ersichtlich, daß der südafrikanische Affenmensch zwar einen verhältnismäßig großen affenähnlichen Kiefer, aber doch schon einen größeren Gehirnraum als der Affe hatte.

merkenswert groß, und Broom streckte begehrlich die Hand nach dem Fundstück aus, doch beherrschte er sich schnell und sagte möglichst gleichgültig: »Ja, ganz hübsch! Ein paar Pfund kann ich Ihnen dafür geben.« Als er sah, daß Barlow angenehm überrascht war, fügte er schnell hinzu: »Vorausgesetzt, daß Sie mir den Fundort zeigen. Sehen Sie, diese beiden Zähne sind erst kürzlich abgebrochen; vielleicht finde ich sie noch.«

Barlow machte zunächst einige Ausflüchte, als aber Broom eisern darauf bestand, daß er den Fundort wissen müsse, erklärte ihm der Meister, daß er die Fundstelle nicht genau kenne, er habe den Gaumen von dem Schüler Gert Terblanche bekommen.

»Wo wohnt der Junge?« wollte Broom da wissen.

»Auf der elterlichen Farm bei Kromdraai, etwa vier Kilometer von hier.«

Eilends setzte sich Broom in seinen Wagen und fuhr nach Kromdraai, wo er die Terblanche-Farm schnell ausfindig machte. Doch hier wurde er enttäuscht. »Gert ist zur Schule«, erklärte ihm ein hübsches Mädchen, das sich anschließend als Gerts Schwester zu erkennen gab.

Ob sie ihn zur Schule begleiten wolle?

Nein, dazu habe sie keine Zeit, aber sie könne ihm den Weg leicht beschreiben. Allerdings komme er mit dem Auto nicht hin; den halben Weg müsse er zu Fuß gehen.

Gut! Broom klemmte sich hinter das Steuer seines Wagens, fuhr auf dem holprigen Wege, solange es ging, ließ dann den Wagen unter einer einsamen Schirmakazie stehen und ging zu Fuß weiter. Das war in der Mittagsglut nicht gerade ein Vergnügen, und schweißtriefend kam er nach einer halben Stunde bei der Schule an. Doch hier vergaß der Doktor schnell alle Anstrengungen, denn er fand gleich den fünfzehnjährigen Gert Terblanche beim Spielen. »Hallo, Gert!« sagte er zu ihm. »Ich bin Doktor Broom vom Transvaal-Museum. Herr Barlow in Sterkfontein hat mir den versteinerten Knochen gezeigt, den du gefunden hast. Es sind da ein paar Zähne drin abgebrochen. Hast du die vielleicht noch?«

»Klar!« antwortete Gert, faßte in die Tasche und brachte vier der schönsten Zähne zum Vorschein, die je gefunden wurden. »Die beiden hier habe ich abgebrochen; die zwei anderen sind so rausgefallen.«

Der Doktor machte Stielaugen vor Überraschung, brachte flink die kostbaren Zähne in seine Hand und sagte dann: »Das ist aber fein, Gert, daß du die Zähne aufbewahrt hast. Vielleicht hast du auch noch andere Knochen?«

»Ja, auf der Farm habe ich ein paar Schädelknochen liegen, und einige sitzen noch in der Felswand, dort, wo ich die andern Stücke gefunden habe.«

»Fabelhaft, Gert! Kannst du nicht gleich mitgehen, um sie mir zu zeigen?«

»Sie sind gut! Ich habe doch noch zwei Stunden Unterricht.«

»Ach was, Gert, ich spreche mit deinem Lehrer; der wird dich schon beurlauben.«

»Meinen Sie? Na, dann gehen Sie lieber zum Schulleiter, der hat für alte Knochen und solche Sachen was übrig.«

Ja, das war tatsächlich so. Der Schulleiter war hochgeehrt, daß der bekannte Vorgeschichtsforscher Doktor Broom ihn aufsuchte. Selbstverständlich könne Gert vorzeitig gehen, aber – und dabei lachte er verschmitzt – ob er ihnen allen nicht vorher einiges von seiner Arbeit erzählen wolle?

O ja, gern!

Der Schulleiter trommelte Lehrer und Schüler zusammen, und Dr. Broom gab ihnen eine Stunde Unterricht über südafrikanische Fossilien. Das verstand er ausgezeichnet, aber am meisten staunten sie alle, wie flink und geschickt der große Forscher seine Skizzen an die Wandtafel zeichnete.

Dann führte Gert den Doktor zu seiner »Schatzhöhle«, aus der er »einen feinen Kiefer mit ein paar schönen Zähnen« hervorholte sowie einige weniger interessante Knochenstücke. Die Fundstelle war eine in der Nähe gelegene Steilwand, in der sich viele Felsspalten befanden, die mit Geröll angefüllt und durch zementharten Kalksinter verschlossen waren. Mehrere Tage arbeitete Dr. Broom hier und fand dabei außer kleineren Schädelstücken wesentliche Teile des Armes und einen Fußwurzelknochen.

Als alles gereinigt und zusammengefügt war, ergab sich eine fast vollständige linke Schädelseite samt Unterkiefer mit meist wohlerhaltenen Zähnen, alles in allem ein seltsamer Bursche mit einem Affengesicht, aber menschlichen, wenn auch recht großen Zähnen, einem Sprungfuß und ausgesprochen menschlichen Armen. Der Kromdraai-Mensch unterschied sich so wesentlich von dem Sterkfontein-Menschen, daß ihn Broom als eine andere, wahrscheinlich ausgestorbene Gattung ansah. Da alles an ihm stark und kräftig war, nannte ihn Broom Paranthropus robustus, eine robuste Nebenlinie.

»Broom ist verrückt geworden!« erklärten dagegen die englischen Menschenforscher. »Seine zwei neuen Menschengattungen sind doch nur ausgewachsene Formen des Kindes von Taungs, also ist es unbestimmt, ob es Menschen oder Affen sind.«

»Neid der Besitzlosen!« stellte Broom ungerührt fest. »Sie gönnen mir meine Funde nicht. Neidischen Gegnern aber bindet man nicht alles auf die Nase. Nach den Begleitfunden stelle ich mir vor, daß die Fundstücke aus der Höhle von Taungs etwa 2 000 000 Jahre alt sind, die von Sterkfontein ungefähr 1 200 000 und die Funde von Kromdraai an die 800 000 Jahre. Sie umspannen also einen mehrfach so großen Zeitraum als alle anderen Menschenfunde in der ganzen Welt. Da ist es sehr wahrscheinlich, daß man noch viele Vor- und Frühmenschen entdecken wird, und zwar gerade hier im Südteil Afrikas. Der gewaltige Landblock zwischen Sambesi und Südkap wurde während vieler Jahrmillionen durch keine gebirgsbildenden Erdstöße erschüttert, und auch die Eiszeiten sind sanft mit ihm umgegangen. Also kann man am ehesten erwarten, gerade hier vorzeitliche Fossilien zu finden.«

Zunächst unterbrach nun der zweite Weltkrieg die Forschungsarbeiten. Broom und seine Mitarbeiter fanden Zeit, ihre Funde zu ordnen und genau zu beschreiben. 1946 erschien das Buch »Der fossile Affenmensch Südafrikas«, das die Menschenforscher in aller Welt aufhorchen ließ. Zur Feier von Brooms 80. Geburtstag fand ein großer Gelehrtenkongreß statt, zu dem ein »Robert-Broom-Gedenkbuch« herausgegeben wurde.

Bald nach dem Kriege kam der weißhaarige Pater Breuil, der Vater der Höhlenforschung, nach Südafrika. Broom und seine Freunde hatten ihn gerufen. Vielleicht konnte der große Meister der Urmenschen-Forschung Kulturspuren der Halbmenschen entdecken. War deren Kultur viel primitiver als die der asiatischen Frühmenschen, dann war dies auch der Hinweis auf ein höheres Alter.

Nun, Breuil fand keine steinzeitlichen Geräte in den Höhlen von Sterkfontein und Kromdraai, also mußten diese Wesen aus älteren Zeiten stammen. In den älteren, den spättertiären Schichten, aber wurden viele Antilopenknochen und zertrümmerte Pavianschädel gefunden. Ein Versuch zeigte, daß man mit einem Antilopenschenkel als Waffe genau die gleiche Zertrümmerung erzielen konnte.

Das war also offenbar die Morgendämmerung der Menschheit: Ein aufrechtgehendes Tier hatte begonnen, die übrige Tierwelt zu verfolgen, und da es den bloßen Händen nicht mehr traute, hatte es mit dem rohen Schenkelknochen der früheren Beute das neue Beutetier erschlagen. Der Geist war gerade so weit entwickelt, daß diese ganz unten im Übergangsfeld vom Tier zum Menschen stehenden Wesen den Wert einer Waffe, der unbearbeiteten Keule, erkannten, nicht aber die größere Schlagkraft eines Steines und auch nicht dessen Bearbeitbarkeit.

Das Alter der Begleitfunde schätzte Breuil auf mindestens eine Million Jahre, und das paßte gut zu dem ermittelten Geistesstand.

Obwohl Brooms Forschungen weltweite Anerkennung gefunden hatten, erhielt er bei Wiederaufnahme seiner Forschungsarbeiten ein Schreiben der

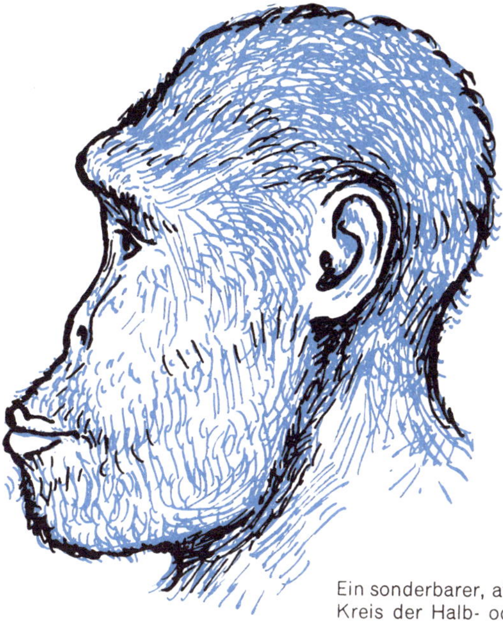

Ein sonderbarer, affenköpfiger Typ aus dem Kreis der Halb- oder Affenmenschen muß der Paranthropus robustus gewesen sein. Der Fund eines Jungen bei Kromdraai in Südafrika führte zu seiner Entdeckung.

HMC, der »Südafrikanischen Kommission zum Schutze von Naturdenkmälern«, mit der Auflage, in Zukunft nur noch zusammen mit einem kompetenten praktischen Geologen weiterzuarbeiten und diesen vor jeder Sprengung um Rat zu fragen. Der Altmeister Broom war tief beleidigt und erbost. »Den Teufel werde ich fragen!« knurrte er und begann herausfordernd mit Sprengungen bei Kromdraai. Nach drei Monaten erhielt er stillschweigend von der HMC einen auf Kromdraai beschränkten »Erlaubnisschein«. Damit hatte die Kommission aber nur Öl ins Feuer gegossen. Die »erlaubten« Grabungen bei Komdraai verloren für Broom nun jeden Reiz, und er entschloß sich Hals über Kopf, die unerlaubten Sprengungen und Grabungen bei Sterkfontein wiederaufzunehmen.

Dort war mittlerweile das Sprengen eingestellt worden, weil die Kalkreste schlecht waren. Durch die Herausforderung der HMC wurde Broom veranlaßt, hier tiefere Sprengungen anzusetzen. Schon nach zwei Wochen wurde der tadellos erhaltene ganze Schädel eines weiblichen Plesianthropus geborgen. In der Hirnschale hatten sich kleine Kalkkristalle gebildet, so daß sie wie mit Diamanten besetzt funkelte. »Ich habe in meinem Leben viel Interessantes gesehen, aber das war für mich das erregendste Bild«, erklärte Broom den Journalisten, die er von Johannesburg zum Knipsen heranholte – angeblich, weil keine Kamera zur Hand war. Vielleicht wollte er aber auch nur der HMC eine »Freude« machen.

Die gefundene »Schöne« erlangte unter dem Scherznamen »Missis Ples« große Volkstümlichkeit, nicht nur in Südafrika, sondern in weiten Teilen der Welt, vor allem in Amerika. Ihr Fund wurde zu einer ähnlichen Sensation wie seinerzeit der des Affenmenschen von Java.

Die so offen verhöhnte HMC aber war bitterböse. Sie erzwang die Einstellung der Sprengungen von Sterkfontein mit der Beschuldigung, Broom habe nicht auf die Erdschichten geachtet und daher eine genaue Datierung des Fundstückes unmöglich gemacht. Nun war natürlich der alte Broom schier aus dem Häuschen. »Da macht man eine Entdeckung, durch die Südafrika in aller Welt in die Zeitungen kommt, und dann wird einem plötzlich die Weiterarbeit verboten oder nur unter geradezu beleidigenden Bedingungen gestattet!« klagte er. Schließlich wurde der Geologieprofessor Lomdaard beauftragt, die Sache zu klären. Der fand, daß Doktor Broom nichts versäumt habe, und daraufhin durfte dieser bei Sterkfontein weiterarbeiten, wenn auch unter Beachtung bestimmter Auflagen, um die sich der alte Dickkopf aber nicht kümmerte.

Bald danach wurde ein fast vollständiger männlicher Kiefer gefunden und am 1. August 1948 ein besonders wichtiges Stück: ein nahezu vollständiges Becken, nur halb so lang wie das des Gorillas, doch wesentlich unterschieden von ihm, und sehr ähnlich dem menschlichen Becken. Es lieferte den Beweis, daß die Halbmenschen sich vorwiegend auf zwei Beinen, nicht auf allen vieren bewegt hatten.

Zusammen mit einer amerikanischen Expedition wurden in einer Höhle bei Swartkrans, nur 2 Kilometer von Sterkfontein entfernt, Zähne und Kiefer eines weiteren robusten Affenmenschen gefunden. Sie erinnerten stark an die Gigantenfunde von Java, über die Weidenreich wenige Jahre zuvor vor der Ethnologischen Gesellschaft in New York berichtet hatte. Wieder geisterten Riesengestalten durch die Illustrierten, und Schlagzeilen verkündeten: »Auch in Südafrika haben Riesen gelebt!«

Jetzt hörte die Welt auch von Funden des deutschen Afrikareisenden Kohl-Larsen, der am Njarasa-See in Ostafrika kurz vor dem Kriege Gigantenfossilien aufgestöbert hatte, die erst 1949 in die Hände des Vorgeschichts-

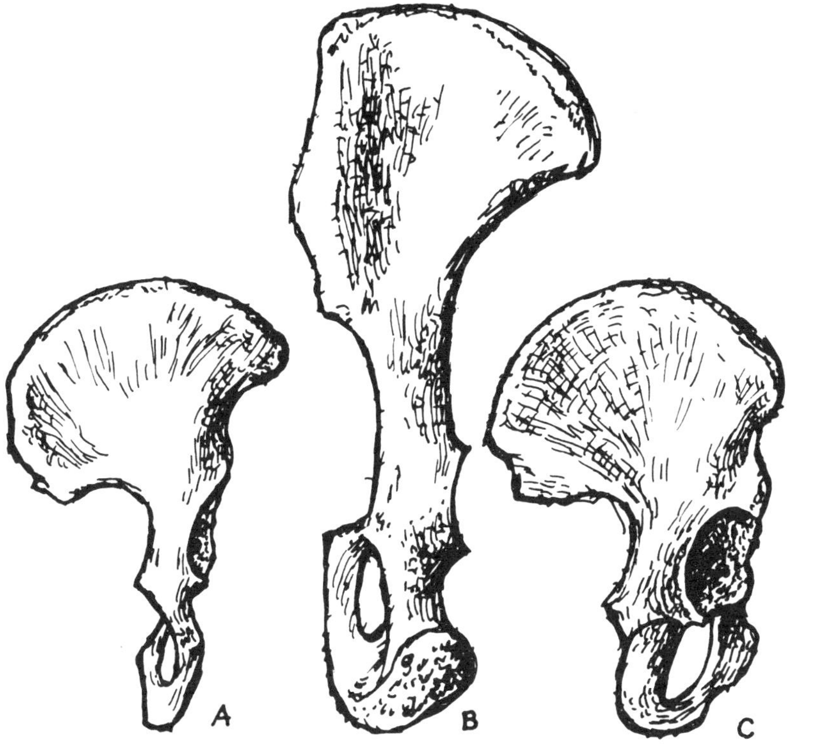

Der Fund eines nahezu vollständigen Beckens bei Sterkfontein lieferte den Beweis, daß der Halbmensch sich vorwiegend auf zwei Beinen bewegt haben muß. Die Ähnlichkeit mit dem menschlichen Becken und die Verschiedenartigkeit gegenüber dem Affenbecken macht die Abbildung deutlich. A = rechtes Becken des Plesianthropus, B = rechtes Gorillabecken, C = rechtes Becken eines afrikanischen Buschmanns

forschers Weinert gelangten. Sie waren besonders aufschlußreich, weil man nach ihnen die Mundpartie und die untere Gesichtshälfte rekonstruieren konnte. Und siehe da, sie hatten eine Gorillaschnauze mit menschlichen Zähnen gehabt! Der Göttinger Menschenforscher Heberer nahm nun all die Riesenfunde unter die Lupe, und dabei schrumpften die Gigantenkörper mächtig zusammen: Es spricht vieles dafür, daß die »Riesen« von Java, China und Afrika nur Riesenschnauzen hatten, aber den Körperbau normaler Menschen. Viel Phantasie war umsonst vertan worden!

Broom hat es noch erlebt, daß sein Hauptwerk, die Klärung des unmittelbaren Ursprungs der Säugetiere und Menschen, wissenschaftlich anerkannt wurde. Er starb am 6. April 1951, trotz seiner 84 Lebensjahre bis zuletzt tätig.

Ein Jahr nach seinem Tode fand sein Nachfolger und langjähriger Assistent John Talbot Robinson bei Swartkrans weitere Reste des schon zu Brooms Zeiten entdeckten Telanthropus capensis, so daß man sich nun sein Aussehen gut vorstellen konnte. Er vereinigte viele Merkmale der südafrikanischen Halbmenschen und der asiatischen Frühmenschen, gehörte zweifellos noch zu den Prähomininen, hatte aber schon einen weiten Weg in der Entwicklungsrichtung zum echten Menschen zurückgelegt. Er kann zumindest »als ein Modell für jenen Zustand gelten, den wir für die direkten Vorläufer der Menschen annehmen müssen«. (Heberer)

Inzwischen war der früher erwähnte Forscher Leakey zusammen mit seiner Frau Mary unermüdlich in Ostafrika tätig, wo sie vor allem die Oldoway-Schlucht gründlich durchforschten. 1959 fanden beide dort Knochenreste eines Nußknacker-Menschen mit etwa 600 ccm Hirngröße, den sie nach einem alten afrikanischen Namen für Ostafrika Zinjanthropus boisei nannten.

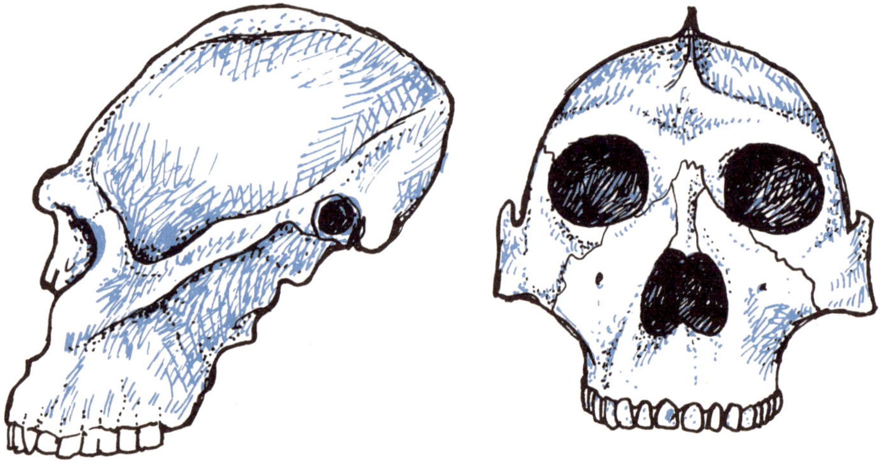

Der Scheitelkamm des Paranthropus crassidens von Swartkrans, des »Nußknackers«, weist diesen Typ sehr stark in die Nähe der Menschenaffen, denn diesen Scheitelkamm, an dem der große Muskelapparat für die enormen Kauwerkzeuge aufgehängt war, besitzen heute noch Orang-Utan, Gorilla und alte Schimpansenmännchen. Andere Körperbauelemente, wie die Form des Becken und die Zahnbildung, stellen ihn dagegen näher zum Menschen. Zweifellos gehört also dieser Typ in das Tier-Mensch-Übergangsfeld und bildet einen Seitenzweig am Stammbaum des Menschheitsentwicklung.

Vor kurzem nun ging folgende Notiz durch die Presse:

Ältester Urmensch gefunden?

Der britische Menschenforscher Dr. Leakey hat vor der Geographischen Gesellschaft der USA in Washington erklärt, er habe in der Oldoway-Schlucht in Tanganjika (Ostafrika) Skelette von Urmenschen gefunden, die älter seien als alle bisher gemachten Funde. Es handle sich um die Knochenüberreste eines etwa elfjährigen Kindes und eines Erwachsenen. Sie seien beträchtlich älter als das 1959 von ihm entdeckte Skelett des Zinjanthropus boisei oder Nußknacker-Menschen, das ein Alter von etwa 600 000 Jahren habe.

Wie dem auch sei, es hat sich bewahrheitet, was Charles Darwin schon 1871 in seinem Buche »Die Abstammung des Menschen« vorausgesagt hat: »Ganz naturgemäß kommen wir zu der Frage, wo die Geburtsstätte des Menschen gelegen habe... In jedem großräumigen Gebiet der Erde sind die heute lebenden Säugetiere nahe verwandt mit ausgestorbenen Arten der gleichen Region. Es ist deshalb wahrscheinlich daß Afrika früher bewohnt war von heute ausgestorbenen Menschenaffen, die nahe verwandt waren mit Gorilla und Schimpanse. Da nun diese beiden Arten dem Menschen am nächsten stehen, ist es einigermaßen wahrscheinlich, daß unsere frühen Vorfahren einst irgendwo auf dem afrikanischen Kontinent gelebt haben.«

Woher kommen wir?

Nichts ist für uns Menschen wichtiger als unser eigener Werdegang. Wir haben daher einen langen Weg zurückverfolgt: die Entwicklung des Menschen aus dem Dunkel der Vorzeit bis in die Zeit des heute lebenden Menschen. Dabei orientierten wir uns an den Funden und Erkenntnissen der Vorgeschichtsforscher in aller Welt, bei denen jedoch oft der Zufall mitspielte. Dadurch verlief der Weg häufig im Zickzack, was die Übersicht erschwerte. Abschließend soll daher ein kurzer Überblick folgen, so, wie die heutige Wissenschaft die Entwicklung des Lebens und der Menschheit sieht.

Obwohl unbewiesen, wird als sicher angenommen, daß das Leben auf der Erde vor etwa 1500 Millionen Jahren aus nichtlebender Substanz im Urozean entstanden ist. Amerikanische Versuche haben ergeben, daß die Aminosäuren, die Bausteine des Lebens, aus den Bestandteilen des Urozeans und der Uratmosphäre aufgebaut werden können, wenn bei starker ultravioletter Strahlung gewaltige elektrische Entladungen auftreten, wie sie in der Uratmosphäre vorkamen. Wir wissen auch, daß die Viren, die viel kleiner sind als Bakterien und die wir als Erreger von vielerlei Krankheiten bei Mensch, Tier und Pflanze fürchten, teilweise unbelebte Stoffteilchen sind und daß sie sich doch wie lebendige Wesen vermehren. Wie weit wir noch vom letzten Schöpfungsgeheimnis des Lebens entfernt sind, wissen wir trotz aller unserer vielen Erkenntnisse nicht.

Nur die Pflanze kann sich in den Stoffkreislauf der unbelebten Welt einschalten; das Tier ist ein Kostgänger der Pflanze. Alle versteinerten Spuren des irdischen Frühlebens sind Meeresbewohner, Algen vor allem, und bei den Tieren Ringelwürmer und sonstige Weichtiere.

Pflanzen fanden auch zuerst den Weg aus dem Meer auf das mittlerweile trocken gewordene Land. Dieser Angriff des Lebens auf das Festland wäre wohl niemals gelungen, wenn es nicht den Gezeitensaum der Küsten gegeben hätte. Zweimal am Tage wird ein breiter Küstenstreifen bei Flut vom Wasser überspült und bei Ebbe trockengelegt. Dieser Gezeitensaum bot den Pflan-

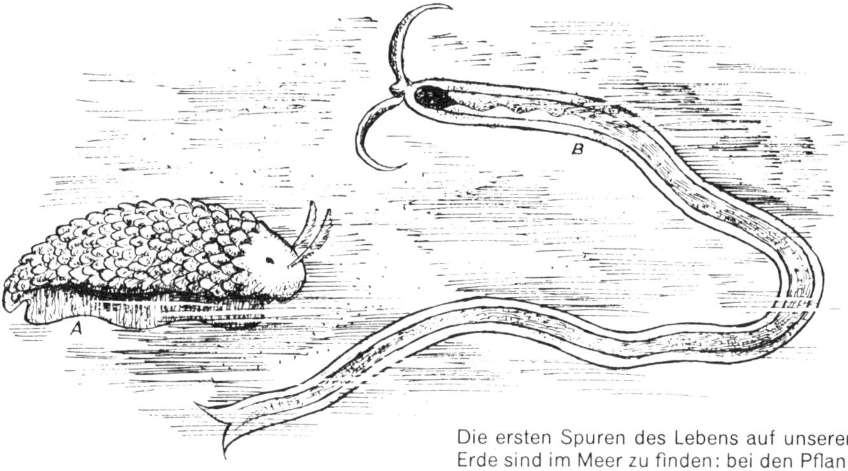

Die ersten Spuren des Lebens auf unserer Erde sind im Meer zu finden: bei den Pflanzen die Algen, bei den Tieren die Ur-Weichtierchen (A) und Ringelwürmer (B).

Am Gezeitensaum der Meere entwickelten sich die ersten Landpflanzen, deren Fortpflanzung zwischen geschlechtlicher und ungeschlechtlicher Generation wechselte. Aus den ungeschlechtlich entstandenen Sporen wurden Keimzellen, die Ei- und Samenzellen bildeten. Aus dem befruchteten Ei entstand dann wieder die ungeschlechtliche, sporenbildende Generation (A). Geschlechtliche Differenzierung ließ mit der Zeit bei der ungeschlechtlichen Generation »männliche« und »weibliche« Sporen entstehen, entweder nur mit weiblichen Eizellen oder nur mit männlichen Samenträgern ausgestattet, die im Feuchten zu den Eizellen hinschwammen und sie befruchteten (B). Die Weiterentwicklung zur reinen Samenpflanze erlaubte dann die Fortpflanzung auch ohne Wasser. Im Fruchtknoten liegt die »weibliche« Spore, bis sie die Eizelle erzeugt hat. Wind und Insekten übertragen die Samenzelle dorthin, die vom Pollen, der umgewandelten »männlichen« Spore, gebildet wird (C).

zen und Tieren des landnahen Meeres die Gelegenheit, sich an eine vorübergehende Trockenheit anzupassen. Wer das Trockenwerden nicht vertragen konnte, der mußte sterben. Aber das Leben ist immer dann am stärksten, wenn es bedroht wird, und so gelang den Pflanzen der Schritt aus dem Wasser. Eng an den feuchten Boden geschmiegt, krochen sie über den Gezeitensaum hinaus. Noch glichen sie den Algen des Meeres, aber bald bildeten sich Sprossen mit tragendem Rindengewebe, die Pflanzen richteten sich auf, und hoch oben an den äußersten Spitzen erschienen Behälter mit einzelligen Sporen. Das waren die Waffen des Lebens, mit denen die Pflanzen alsbald zum Generalangriff auf das Festland übergingen. Die Sporen verbreiteten sich, wehten übers Land, fielen irgendwo zu Boden, keimten, wuchsen, und die neuen Sporen trugen den Angriff weiter. Eine höhere Lebensform hatte sich entwickelt.

Den Pflanzen folgten viele Tiere des Meeres. Auch sie gewöhnten sich im Gezeitensaum an das vorübergehende Trockenwerden. Hautpanzer oder Außenskelett schützten sie vor dem Austrocknen, fußähnliche Glieder dienten dem Festklammern am Boden und der Fortbewegung. Manche schossen dabei über das Ziel hinaus, legten sich harte Häuser zu wie die Schnecken, oder sie wurden zu Tausendfüßlern. Bei manchen Fischen entwickelte sich ein Innenskelett als Vorstufe des Knochengerüstes der Wirbeltiere. Bei denjenigen Fischen, die in gelegentlich trocken liegenden Lagunen zurückblieben, bildeten sich Lungen, denn damit konnte man Trockenzeiten besser überleben. Wandelten sich bei solchen Fischen die Flossen noch in fußähnliche Quasten, dann konnten sie gar über Land staken und wieder ins Wasser gelangen. Sie wurden zu Amphibien mit nackter, feuchter Haut, nur beschränkt dem Landleben angepaßt. Langsam entwickelten sich diese zu Reptilien, die sich durch eine Verstärkung der Wirbelsäule und durch trockene, schuppengeschützte Haut dem Landleben besser anpaßten. Aus ihnen entwickelten sich einerseits die Säugetiere, andererseits die Vögel.

Wir Menschen gehören zoologisch zu den Säugetieren, und daher interessieren uns diese besonders.

Vor etwa 200 Millionen Jahren traten die Säuger erstmals auf, erlangten aber lange Zeit keine große Bedeutung. Sie wurden kaum größer als Ratten, und das in einer Welt, der die Groß-Reptile, die Riesensaurier, das Gepräge gaben. Als diese Kolosse in der Kreidezeit ausstarben – warum, wissen wir nicht –, setzte eine starke Entwicklung der Säuger ein. Vor etwa 60 Millionen Jahren, zu Beginn des Tertiärs, entfalteten sie sich geradezu explosionsartig, etwa wie in unserer Zeit der Mensch.

Lungenfisch

Quastenflosser (Eusthenopteron)

Ichthyostega, das älteste vierfüßige Tier, halb Quastenflosser, halb Amphibium

Seymouria, das erste Reptil

Das spitzmausähnliche Morganucodon, das älteste Säugetier

Archaeopteryx, der älteste Vogel

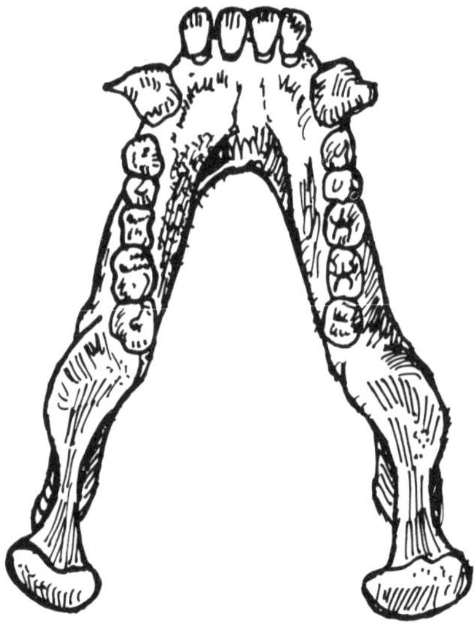

Der Unterkiefer eines Schimpansen zeigt die typische Affengebißbildung (Eckzähne!), wie sie auch dem Proconsul eigen war, dem urtümlichen ausgestorbenen Menschenaffen aus dem unteren Miozän.

Eine wesentliche Besonderheit trennte den Menschen als eigene Art von seinen menschenähnlichen Vorfahren: das Becken. Der Affe mit seinem langen Becken kann nur wenige Schritte aufrecht gehen und muß zur Fortbewegung die Hände benutzen. Der Mensch aber mit seinem kürzeren Becken (Übergang zum Bodenleben!) wird ein vollkommener Zweifüßer.

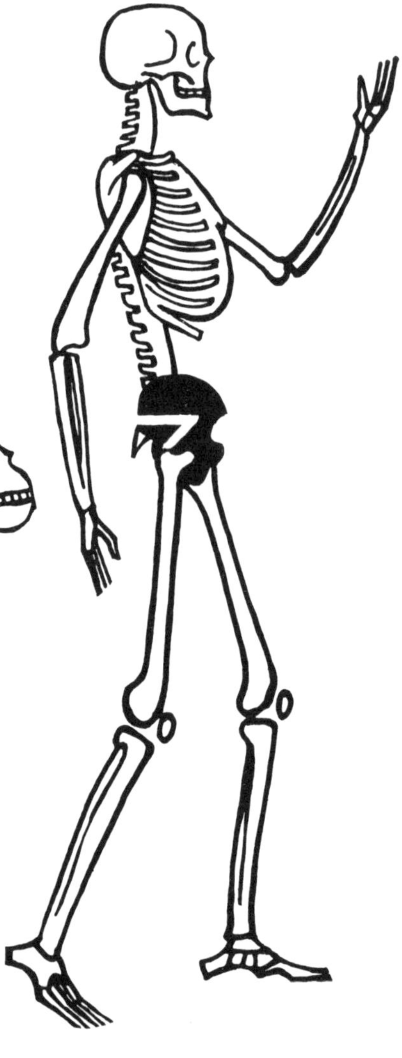

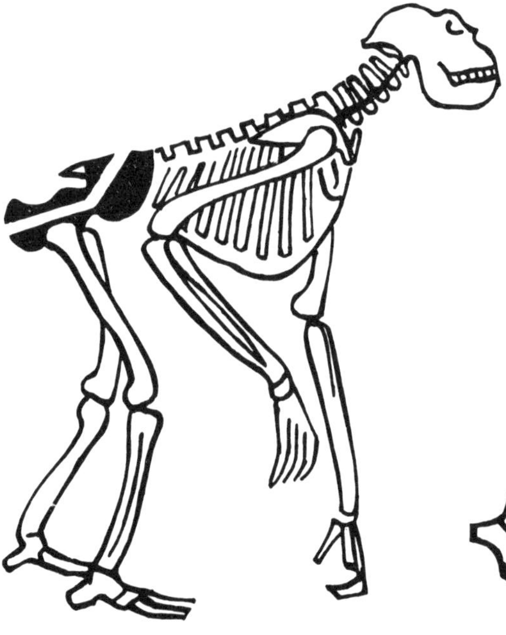

Bald finden wir zahlreiche Halbaffen, nach etwa 20 Millionen Jahren in Afrika die ersten Menschenaffen, die sich in den folgenden 12 Millionen Jahren auch über Europa und Asien ausbreiteten. Amerika blieb frei von Menschenaffen; dort ist der fertige Mensch eingewandert. Die jüngste Periode des Tertiärs, das Pliozän, etwa 11 Millionen Jahre lang, ist die entscheidende Zeit der Menschwerdung, des Überganges vom Tier zum Menschen.

Immer wieder wird die Frage aufgeworfen, ob der Mensch nicht doch von vornherein eine besondere Stellung in der Natur eingenommen habe. Doch die Wissenschaft bestätigte die Feststellung Linnés, daß der Mensch anatomisch und zoologisch zu einer größeren Tiergruppe gehöre, der Linné die erste Stellung in seinem Natürlichen System zuwies und die er darum Primaten (»die Ersten«) nannte. Zweifellos stehen die schwanzlosen Menschenaffen verwandtschaftlich dem Menschen nahe. Ein genauer Vergleich ergab, daß der Mensch von 1065 anatomischen Merkmalen mit

dem Schimpansen	369
dem Gorilla	385
dem Orang-Utan	354
dem Gibbon	117
den gewöhnlichen Affen	113

gemeinsam hat. Ausschließlich auf den Menschen beschränkt sind 312 Merkmale.

Eindeutig klargestellt werden muß aber, daß wir mit den jetzigen Menschenaffen nur die Urform gemeinsam haben. Diese Urform selbst ist ausgestorben, nachdem sich aus ihr einerseits durch Vergrößerung der Eckzähne und eine gute Anpassung an das Baumleben die Menschenaffen, andererseits durch Verkleinerung der Eckzähne, Veränderung des Beckens und damit Übergang zum Bodenleben mit aufrechtem Gang die Vormenschen entwikkelten. Zu welcher Zeit sich die beiden Gruppen getrennt haben, kann man nur vermuten; wahrscheinlich war es vor 10–15 Millionen Jahren.

Ganz sicher hat sich die Menschengruppe nach ihrer Abtrennung nicht zielbewußt in gerader Linie zum Menschen der Jetztzeit entwickelt, sondern es hat zahlreiche Seitenlinien gegeben, die den Kampf ums Dasein nicht bestanden haben und ausgestorben sind. Irgendwann in der Alten Welt, vielleicht in dem geologisch wenig gestörten Süden Afrikas, haben sich dann erstmals aufrecht gehende, menschengestaltige Wesen entwickelt, bei denen sich nicht eindeutig feststellen läßt, ob sie noch Affen oder schon Menschen waren. Am Ausgang der Tertiärzeit hatten sich die gewaltigen Tropenurwälder teilweise in offene Landschaften, in Savannen, gewandelt. In diesen lebten sie

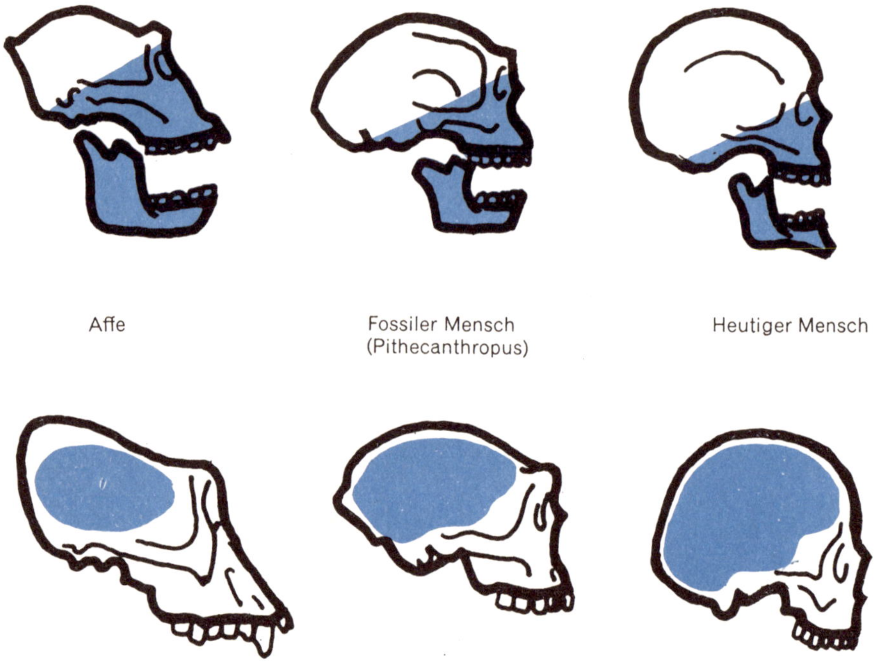

Die Zusammenschau der oberen und unteren Bildreihe macht den Bezug zwischen Gehirn und Gesicht bzw. Kiefer deutlich. Dem übergroßen Gesicht und Kiefer des Affen steht eine kleine Gehirnmasse von etwa 600 ccm gegenüber. Beim fossilen Menschen (Pithecanthropus erectus) halten sich der Gesichts- bzw. Kieferraum und der Gehirnraum (etwa 900–1000 ccm) die Waage. Beim heutigen Menschen hat sich das Verhältnis zugunsten der Gehirnmasse (etwa 1300–1500 ccm) erheblich verschoben.

hordenweise, sammelten Pflanzenkost und Kleintiere, benutzten gefundene Knochen, Holzknüppel und Steine als Waffen, lernten es, diese durch einfache Bearbeitung zu verbessern, lernten vielleicht gar, mit dem Feuer umzugehen. So entstanden im Laufe einiger hunderttausend Jahre aus den Savannenläufern die Nußknacker, die Halbmenschen von Sterkfontein und Kromdraai, die nach Ansicht aller Menschenforscher die Tier-Mensch-Grenze deutlich überschritten hatten, obwohl ihr Hirn mit 450–650 ccm kaum größer war als bei den heutigen Menschenaffen.

Bis in die jüngste Zeit wurde angenommen, daß das Wachstum des Gehirns zuerst begonnen und das bessere Gehirn die Affenahnen aus den Bäumen auf den Erdboden geführt habe. Heute wissen wir, daß die Hirngröße körperlichen Entwicklungen nachfolgt. Das Gehirn, das den Halbmenschen zum

Kulturmenschen wandeln sollte, hat erst zu wachsen begonnen, als Becken, Beine und Arme schon fast so aussahen, wie sie heute sind.

Die Gehirnkapazität der Halbmenschen ist in der folgenden Entwicklungszeit auf das Zwei- bis Dreifache gestiegen, denn sie beträgt beim Neuzeitmenschen 1300–1500 ccm. Um diese Gehirnmasse unterbringen zu können, war eine Umgestaltung der Schädelknochen erforderlich. Konnte der Drang zum größeren Gehirn eine solche Knochenveränderung herbeiführen?

Der amerikanische Menschenforscher Washburn (geb. 1911) hat durch zahlreiche Tierversuche festgestellt, daß Knochenveränderungen in der Regel durch Muskeländerungen ausgelöst werden. Von Knochen kann man Stücke abnehmen, ohne daß grundlegende Änderungen eintreten. Der Knochen wächst nach, oder benachbarte Knochen füllen die Lücke. Die geringsten Änderungen eines Muskels führen aber eine schnelle Änderung der mit ihm in Verbindung stehenden Knochen herbei. Aktiv sind also die Muskeln, nicht die Knochen.

Der Übergang von der starken Kaumuskulatur des Affenmenschen zu den viel schwächeren Muskeln, mit denen menschliche Kiefer auskommen, führte zum Wegfall des Scheitelkammes, zu einer Umgestaltung der Schädelknochen und schuf damit Platz für ein größeres Gehirn. Das war eine Schlüsselmutation. Der Kampf ums Dasein förderte dann durch natürliche Auslese fortlaufend die mit größeren Gehirnen und damit größerer Erfindungsgabe ausgestatteten Einzelwesen. Die Eiszeiten machten das Überleben schwer und verstärkten die Wirkung der natürlichen Auslese. So wurde in verhältnismäßig kurzer Zeit der Intelligenzgrad erreicht, den wir vom Homo sapiens, dem Neuzeitmenschen, fordern.

Zwanglos löste sich durch diese Erkenntnisse ein Zeitproblem, welches dadurch entstanden war, daß die neuzeitlichen Datierungsmethoden, wie Fluortests, Radium-Untersuchungen usw., die fossilen Menschenreste durchweg jünger machten, als bis dahin angenommen wurde. Die Halbmenschen haben danach ein Alter von etwa 600 000 bis 1 000 000 Jahren, während der Intelligenzgrad des Homo sapiens wahrscheinlich erst vor etwa 50 000 Jahren, frühestens aber vor 100 000 Jahren erreicht wurde. Die neueren Erkenntnisse auf den Gebieten der körperlichen Wandlung und der Vererbung lassen es nun durchaus zu, daß die Umwandlung vom Halbmenschen zum neuzeitlichen Menschen in etwa einer halben Million Jahren erfolgen konnte.

Welche der zahlreichen Halbmenschengruppen zum Homo sapiens durchgestoßen sind, wird sich schwer klären lassen. Jedenfalls wird es darüber noch viele Auseinandersetzungen geben.

Es ist wahrscheinlich, daß sich verschiedene Halbmenschengruppen in räumlicher Isolierung nach bestimmter Richtung entwickelten und so eine besondere Rasse bildeten. Die meisten dieser Rassen gingen in gegenseitiger Vermischung unter. Geblieben sind die drei Grundrassen der Schwarzen, Weißen und Gelben. Sie entstanden wohl als klimatische Anpassungen, denn Körperausbildung, Haut und Haare sind bei den Schwarzen auf Wärme, bei den Gelben auf Kälte und bei den Weißen auf ein gemäßigtes Klima abgestimmt. Hielt die Isolierung einer Rasse und damit ihre Sonderentwicklung lange Zeit an, so konnte sie sich zu einer besonderen Art entfalten, wie man dies für den ausgestorbenen Neandertaler annehmen kann.

Um das Bild der Menschenentwicklung abzurunden, müssen wir seine Kultur kurz einbeziehen.

Als die Hirngröße der Halbmenschen die Affengrenze überschritt, steigerten sich die Leistungen und Fertigkeiten dieser Lebewesen. Dabei kann man folgende Entwicklung annehmen: Der Werkzeuggebrauch führte von der Werkzeugsuche und dem Gebrauch für augenblickliche Zwecke zur Werkzeugaufbewahrung. Dies aber erforderte ein vorsorgendes Denken und entwickelte Zeitgefühl und Eigentumsbegriff. Dadurch wurde der Zwang des angeborenen, rein triebgebundenen Verhaltens gelockert. Das Augenblickserlebnis ging in den Erfahrungsschatz ein, und die gedankliche Verknüpfung weiterer Erlebnisse und Vorgänge mit der Erfahrung (das deutende Denken!) führte zum Verstehen einer Situation. Damit trat die innere Vorstellung gleichberechtigt neben das Außenerlebnis, und als Übermittler von Vorstellungen, denen im Augenblick kein Vorgang, kein wahrgenommener Gegenstand entsprach, bildete sich die Sprache. Mit ihr konnten Erfahrungen ausgetauscht und berichtigt, größere Gemeinschaften fruchtbar werden. Die Sprache entwickelte die Seelenfähigkeiten, machte den Menschen seines Ichs bewußter. Er versuchte sich von der tierhaften Bindung an die Natur zu befreien und schritt tatsächlich von der Umwelteinpassung zur Umweltmeisterung fort. Sein Bestreben, Einfluß auf die Natur zu gewinnen, steigerte seine Geistestätigkeit zur freien Gedankenverknüpfung. Mit Totenpflege und Ahnenkult äußerte sich das Begreifen eines persönlichen Lebenslaufes. Magie und Zauber sind Anzeichen für das Bewußtwerden der seelischen Kräfte. Doch dauerte es bis zum Ausgang der Jungsteinzeit, bis Trieb und Gefühl zurücktraten und der Verstand die Lebensführung übernahm. Er führte über das Erkennen, der Deutung des richtigen Zusammenhangs, zum begrifflichen Denken, zu einem begründeten Wissen. Es entstanden erste kosmische Vorstellungen und ein Seelen- und Jenseitsglaube.

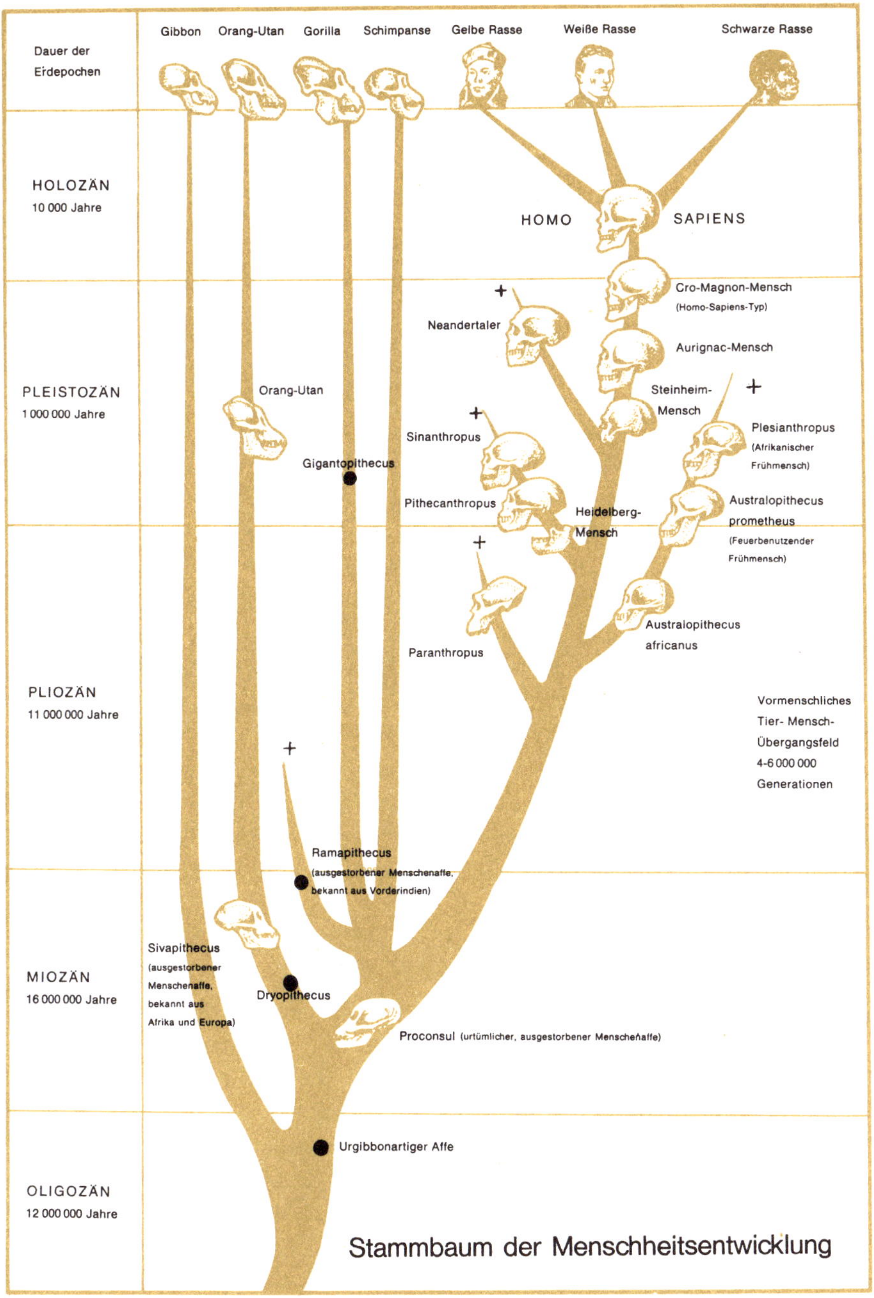

Stammbaum der Menschheitsentwicklung

Der bearbeitete Stein war mittlerweile zur wichtigsten Waffe geworden, zum Totschläger, auch zum Totschläger des eigenen Artgenossen.

Als bei den Frühmenschen-Funden die Frage zu klären war, ob sie noch den Affen oder schon den Menschen zuzuordnen seien, stellte Weinert messerscharf fest: »Den eigenen Artgenossen totschlagen, anbraten und verspeisen, das tut kein Affe, das ist menschlich.« Und der Amerikaner Hooton klagte: »Neunhundert Gramm Hirngewicht sind ausreichend für das Optimum im menschlichen Verhalten. Was darüber hinausgeht, wird zu Unarten verwendet.«

Das menschliche Gehirn aber wuchs weiter und verfeinerte sich. Der Mensch lief den übrigen Primaten davon, erst langsam, dann immer schneller. Er erfand Schrift und Buchdruck, schloß sich in Städten und Staaten zusammen. Er entdeckte die Naturgesetze und lernte mit ihrer Hilfe, die Natur zu beherrschen. Er verstand es, den Materialien der Erde eine für ihn nutzbare Form zu geben – ja, sie schöpferisch und künstlerisch umzuwandeln. Er überwand Land, Meer und Luftraum, ließ die Entfernungen zusammenschrumpfen. Wir selbst erleben tagtäglich die atemberaubende Geschwindigkeit, mit der wir auf der naturwissenschaftlichen Bahn vorwärtsstürmen, die Geheimnisse der Atome ergründen, selbst nach den Sternen greifen.

Damit dienen Naturwissenschaft und Technik der materiellen Sicherung des Lebens. Große Anforderungen werden künftig gestellt werden, weil die Menschheit jetzt lawinenartig anwächst. Unterschätzen wir diese materielle Seite nicht, denn nur durch das Körperliche kann das Geistige verwirklicht werden: Nur wenn der Hunger *aller* Menschen gestillt werden kann, wenn ihre wachsenden Lebensbedürfnisse erfüllt werden können, wird jene sittlich-geistige Kultur erwachsen, die ein friedliches Zusammenleben der künftigen Menschenmassen ermöglicht.

Freilich bringt das tiefe Eindringen in die Schöpfungsgeheimnisse, das bewußte Fortsetzen der Schöpfung, auch Gefahren mit sich. Wir haben die Mittel und die Macht gewonnen, das durch Millionen von Generationen erworbene Erbgut zu wandeln, zu zerstören. Wir können die schöpferische Entwicklung des Lebens auf Erden vernichten, die Erde zur Hölle machen.

Das eben ist Vorrecht und Fluch der Menschen, für das Leben auf der Erde selbst die Verantwortung tragen zu dürfen, tragen zu müssen. Bringen wir dazu die seelisch-sittliche Kraft auf, dann hat die Blütezeit der Menschheit erst begonnen.

Schrifttumshinweise

Baumann, Hans, Die Höhlen der großen Jäger, Gütersloh 1961
Bibby, Geoffrey, Faustkeil und Bronzeschwert, Hamburg 1957
Darwin, Charles, Die Entstehung der Arten, Stuttgart 1875/82
Darwin, Charles, Weltreise eines Naturforschers, Stuttgart 1875/82
Häckel, Ernst, Natürliche Schöpfungsgeschichte, Berlin 1879
Hagberg, Knut, Carl Linnäus, Hamburg 1946
Hauser, Otto, Der Mensch vor 100 000 Jahren, Leipzig 1917
Hauser, Otto, Das Paradies des Urmenschen, Jena 1926
Heberer, Gerhard, Charles Darwin, Stuttgart 1959
von Koenigswald, G. H. R., Begegnungen mit dem Vormenschen, Düsseldorf 1955
von Koenigswald, G. H. R., Die Geschichte des Menschen, Berlin 1960
Moore, Ruth, Menschen, Zeiten und Fossilien, Hamburg 1955
Moshage, Julius, Energie bewegt die Welt, Reutlingen 1960
Moshage, Julius, Blitzende Steine, Reutlingen 1958
Reck, Hans, Die Schlucht des Urmenschen, Leipzig 1952
Rust, Alfred, »Jallah Jallah«, Wiesbaden 1952
Subercaseaux, Benjamin, Fahrt ohne Kompaß, Stuttgart 1957
Walther, Johannes, Im Banne Ernst Häckels, Göttingen 1953
Weinert, Hans, Ursprung der Menschheit, Stuttgart 1932
Weinert, Hans, Der geistige Aufstieg der Menschheit, Stuttgart 1940
Wendt, Herbert, Ich suchte Adam, Rastatt 1953
Wirsing, Giselher, Die Menschenlawine, Stuttgart 1956

Kleines Lexikon der Menschheitskunde

Das Lexikon dient vor allem dem Verständnis von Ergänzungsschrifttum. Die Zahlen nach den Stichworten verweisen auf Seiten des Buches, auf denen der jeweilige Begriff erwähnt oder sinngemäß behandelt wird.

Abbevillien (57): Kulturstufe der → Altsteinzeit (vor etwa 500000 Jahren), gekennzeichnet durch roh bearbeitete Faustkeile; benannt nach der französischen Stadt Abbeville

Abstammungslehre (Deszendenztheorie) (94, 97, 138, 149): die Lehre, daß sich alle Lebewesen der Gegenwart und Vorzeit während sehr langer Zeiträume aus einfacheren Formen entwickelt haben. Danach gehen alle Lebewesen, auch der Mensch, auf eine gemeinsame einfachste Urform zurück.

Acheuléen (59): Kulturstufe der → Altsteinzeit (vor etwa 300000 Jahren), gekennzeichnet durch schöne, sorgfältig bearbeitete Faustkeile; benannt nach der Fundstelle St. Acheul im Sommetal

Affenlücke (220): Zahnlücke im Oberkiefer der Menschenaffen vor dem Eckzahn. Bei geschlossenem Kiefer greift der untere Eckzahn in diese Lücke. Unterscheidungsmerkmal der Menschen und Menschenaffen, da Menschen wegen ihrer kleinen Eckzähne eine solche Zahnlücke nicht haben

Affenmensch (146, 155, 223, 255): theoretisches Bindeglied zwischen Affe und Mensch, von Häckel Pithecanthropus alalus (»sprachloser Affenmensch«) genannt. In Anlehnung daran taufte Dubois seinen 1891/93 gefundenen Java-Menschen → Pithecanthropus erectus (»aufrechtgehender Affenmensch«).

Ahnenbild: bei Naturvölkern Holz- oder Steinfigur eines Vorfahren, durch den die Verbindung mit dem Toten aufrechterhalten werden soll

Ahnenkult: Verehrung der Ahnen; bei vielen Völkern üblich, besonders bei Chinesen und Japanern

Algonkium (112/113): Abschnitt der Erdgeschichte vor etwa 1100–600 Millionen Jahren, die Zeit, in der sich die ersten Gebirge bildeten und das Leben mit Algen und Weichtieren begann

Alluvium (112/113): »Angeschwemmtes«; alle erdgeschichtlichen Ablagerungen der Gegenwart seit dem Ende der Eiszeit

Altsteinzeit (Paläolithikum): der älteste Abschnitt der Menschheitsgeschichte. Sie beginnt mit dem Auftreten des Frühmenschen vor etwa 600000 Jahren und dauert bis etwa 10000 v. Chr. Das Altpaläolithikum ist die Grundstufe der → Kultur. Mit dem Auftreten des → Homo sapiens vor 50000–100000 Jahren beginnt das Jungpaläolitikum. Zwei Kulturströme werden unterschieden: Faustkeil- und Klingen-Kulturen. Die Gliederung erfolgt in 6 Kulturstufen, die in der Regel nach dem Fundort benannt sind, an dem sie in ihrer Eigenart zuerst erkannt wurden: → Abbevillien, → Acheuléen, → Moustérien, → Aurignacien, → Solutréen, → Magdalénien

Aminosäuren (248): organische Säuren, aus denen sich alle bekannten → Eiweiße zusammensetzen und die man daher als »Bausteine des Lebens« bezeichnet. Ein Teil von ihnen kann im tierischen und menschlichen → Stoffwechsel nicht aus anderen Bestandteilen aufgebaut und muß daher mit der Nahrung fertig aufgenommen werden. Ihr Fehlen kann zu schweren Gesundheitsschäden führen.

Anatomie (35): Zergliederungskunst, Wissenschaft vom Bau der Lebewesen

Anthropo...: als Wortanfang: Menschen...

Anthropogenie (146): Lehre von der Entstehung des Menschen. Sie zeigt, daß die Menschen von ausgestorbenen, urtümlichen → Menschenaffen (→Primaten) stammen müssen.

Anthropogeographie: die Lehre vom Menschen als dem Umgestalter der Erdräume, aber auch der menschlichen Abhängigkeit von den irdischen Gegebenheiten

anthropoid: menschenähnlich

Anthropoiden (219): → Menschenaffen

Anthropologie: → Menschenkunde

Anthropometrie: das Messen am menschlichen Körper und Skelett, Feststellen von kennzeichnenden Körpermaßen

anthropomorph: menschlich gestaltet

Anthropomorphismus: Vermenschlichung, Übertragung menschlicher Art auf andere Wesen, besonders auf Götter

Anthropopathismus: Übertragung menschlicher Gefühle, wie Zorn oder Liebe, auf die Gottheit

Anthropophagie (216): → Menschenfresserei

Anthroposophie: Menschenweisheit – insbesondere die Lehre Rudolf Steiners (1861–1925); ein Erkenntnisweg, der das Geistige im Menschen zum Geistigen im Weltall führen möchte

anthropozentrisch (22): den Menschen in den Mittelpunkt stellen

Arbeit: »Mühe«, zielbewußte Betätigung, besonders die auf Schaffung von Werten gerichtete körperliche oder geistige Tätigkeit des Menschen. Physikalisch: Energie, die einen Körper bewegt oder eine Bewegungsänderung herbeiführt

Archaikum (112/113): »Uranfang«, ältester Abschnitt der Erdgeschichte, aus dem man bisher Lebewesen nicht kennt

Archanthropinen: selbständiger Zweig der echten Menschen im → Diluvium, jedoch wahrscheinlich keine unmittelbaren Vorfahren der heutigen Menschen

Archäologie (65): Wissenschaft vom Altertum, soweit sie aus Denkmälern, Funden und Ausgrabungen, jedoch nicht aus Schriftquellen erschlossen wird

Art (21): Zusammenfassung von Gegenständen mit gemeinsamen wesentlichen Eigenschaften; in der → Biologie: Gruppe ähnlicher Einzelwesen, bei denen unter natürlichen Bedingungen, auch bei gemeinsamem Lebensraum, keine Vermischung mit einer anderen Gruppe stattfindet. Die Art ist demnach die erste Einheit des Natürlichen Systems.

Artefakt: Kunsterzeugnis, vorgeschichtliches Werkzeug

Artikulation: »Gliederung«, in der Sprachkunde die Lautbildung

Artikulationsbasis: die einer jeden Sprache eigentümliche Mundlage bei der Lautbildung

Askese: »Übung«, enthaltsame Lebensweise

asozial: gemeinschaftsfremd, die Gemeinschaft schädigend

Ästhetik: »sinnliche Wahrnehmung«, die Lehre vom Schönen in Natur und Kunst

Atavismus: Wiedererscheinen von Eigenschaften entfernter Vorfahren

Atheismus: Gottlosigkeit, Leugnen einer göttlichen Weltordnung

Aufklärungszeitalter: 18. Jahrhundert, in dem besonders Europa den Grundgedanken der Aufklärung, die → Vernunft mache das eigentliche Wesen des Menschen aus und daher sei das menschliche Leben nach den Vernunftwahrheiten auszurichten, zu einer machtvollen Geistesbewegung entwickelte

Aurignacien (80): Kulturstufe der → Altsteinzeit (vor etwa 100000 Jahren), gekennzeichnet durch kleine flache und gebogene Steingeräte und die ersten Geräte aus Knochen, Horn und Elfenbein; benannt nach dem Fundort Aurignac in Südfrankreich

Aurignac-Mensch (80, 187): späteiszeitliche Menschen von zierlichem Körperbau und langem, schmalem Schädel; Träger der Aurignacien-Kultur

Australopithecinen (233): »Südaffen«, Prähomininen, → Urmenschen mit aufrechtem Gang, menschenähnlichem Körperbau, aber menschenaffenartigem Schädel

Begräbnis (172): Erdbestattung der Toten

Beruf: Quelle des menschlichen Erwerbs. Berufe entstehen in fortgeschrittenen Wirtschaftsformen durch Arbeitsteilung. Die Berufsarbeit beansprucht einen wesentlichen Teil der menschlichen Kräfte; ihr Ertrag kommt nicht nur dem einzelnen, sondern auch der menschlichen Gemeinschaft zugute. Daher soll jeder nach Möglichkeit in den Beruf gelangen, für den er geeignet ist und in welchem er seine Anlagen und Neigungen entfalten kann.

Bevölkerung (8): die Bewohner eines bestimmten Gebietes. Erdbevölkerung etwa 3 Milliarden

Bevölkerungsdichte: Einwohner auf einen Quadratkilometer (qkm). Durchschnittliche Bevölkerungsdichte der Erde 20 Einwohner je qkm, in der Bundesrepublik Deutschland 220 Einwohner je qkm

Bevölkerungspolitik: alle staatlichen Maßnahmen zur Erhaltung der Bevölkerung und zur Sicherung des Nachwuchses; → Eugenik

Bewußtsein: das Wissen um geistige und seelische Zustände als philosophischer Begriff

Bio...: als Wortanfang: Lebens...

Biochemie: Lehre von der chemischen Zusammensetzung der Lebewesen und von den chemischen Vorgängen im gesunden und kranken Körper

biogen: aus Lebendigem entstanden

Biogenetisches Grundgesetz (32): »Der Entwicklungslauf des Einzel-Lebewesens ist eine zusammengedrängte Wiederholung der Entwicklung des zugehörigen Stammes.« (Häckel)

Biogenese (146): → Entwicklungsgeschichte der Lebewesen

Biologie (140): Lehre von der belebten Natur

Bionomie: Lehre von den Gesetzen des Lebens

Biophysik: Lehre von den physikalischen Vorgängen an und in Lebewesen

Biotechnik: Nutzbarmachung von Lebensvorgängen

Biotop: »Lebensstätte«, durch bestimmte Lebewesen gekennzeichneter Lebensraum

Blütenstaubanalyse: → Pollenanalyse

Bronzezeit (64, 66, 171): vorgeschichtliches Zeitalter, in dem vorwiegend Bronze als Material für Geräte und Waffen diente; begann im Orient etwa um 2500 v. Chr., dauerte in Mitteleuropa etwa von 1800–800 v. Chr.

Caninus: Eckzahn

Charakter: »Gepräge«, das seelisch-geistige Gefüge eines Menschen, auf das seine Handlungen zurückgeführt werden können. Er ist das Ergebnis ererbter Anlagen und der einwirkenden Umwelteinflüsse, wie Erziehung und Erlebnisse. Er entwickelt sich oft auf mancherlei Umwegen und ist in der Regel erst auf der Höhe des Lebens fertig ausgeprägt.

Chelléen: früher üblicher Name für die Kulturstufen → Abbevillien und → Acheuléen

Chordata (250): Wirbeltiere, zu denen auch die Menschen gehören

Chromosom (165, 167): Zellkernschleife, Träger von Erbanlagen

Cranium (255): Schädel

Crista sagittalis (255): knöcherner Scheitelkamm bei Menschenaffen und Vormenschen mit kleinem Gehirn und kräftigen Kauwerkzeugen

Cro-Magnon-Rasse (85, 186): großwüchsige, langschädelige Menschenrasse der jüngeren → Altsteinzeit, von der in der südwestfranzösischen Cro-Magnon-Höhle die ersten Skelette zusammen mit Steingeräten des → Aurignacien gefunden wurden

Darwinismus (139, 142, 147): die → Abstammungslehre, insbesondere die von Darwin aufgestellte → Selektionstheorie

Datieren (206, 244, 255): in der Vorzeitforschung die Altersbestimmung von Gesteinen und Lebensresten

Deszendenztheorie (138): → Abstammungslehre

Devonzeit (49, 112/113): erdgeschichtliche Zeit der Schachtelhalme und Farne, der ersten Insekten und der größten Mannigfaltigkeit der Fische, vor etwa 420–350 Millionen Jahren

Diluvium (46, 53, 112/113): »Überschwemmung«,→ Eiszeitalter, der zweitjüngste Abschnitt der Erdgeschichte

Domestikation (225): Umbildung wilder Tiere zu Haustieren, wilder Pflanzen zu Kulturpflanzen. Auch der Neuzeitmensch ist in mancherlei Hinsicht (Gebißrückbildung, verlängerte Jugend u. dgl.) eine Domestikationsform.

Dryopithecus: ausgestorbener Menschenaffe der → Tertiärzeit; zählt zu den Vorfahren der → Hominiden

Ehe: durch → Sitte oder → Gesetz geordnete Vereinigung von Mann und Frau zur dauernden Gemeinschaft aller Lebensverhältnisse. Naturgrundlage ist die Geschlechtlichkeit, doch treten dazu in einer guten Ehe viele andere Motive seelischer und geistiger Art. Die Ehe ist die Grundlage der → Familie; wegen ihrer sozialen Bedeutung wird sie überall durch → Staat und → Religion geschützt. Bei den Naturvölkern und im Orient gibt es neben der Einehe (Monogamie) auch die Mehrehe (Polygamie). Die meisten Kulturvölker verbieten wegen der Gefahr der → Inzucht die Ehe zwischen nahen Blutsverwandten.

Eisenzeit (64, 66): das auf die → Bronzezeit folgende Zeitalter, in dem Eisen bzw. Stahl zum wichtigsten Material für Waffen und Geräte wurde. Sie reicht bis zur Gegenwart, wird aber vielfach nur bis zum Auftreten der Römer gerechnet.

Eiszeit (53, 192): Abschnitt der Erdgeschichte; begann vor etwa 600000 Jahren, endete vor etwa 10000 Jahren. Durch Klimaänderung entstanden während der Eiszeit 3–5 Kaltzeiten (→ Glaziale) mit um 8–12° C gesenkter Temperatur und starker Vereisung, dazwischen längere Warmzeiten (→ Interglaziale), die im Klima unserer Gegenwart ähnlich waren.

Eiweiß: verwickelt aufgebaute organische Verbindungen, wichtige Lebensstoffe

Embryo (132): Keimling eines Lebewesens. Bei Menschen und Säugetieren verläuft die Entwicklung anfangs nach bestimmten gleichartigen Grundlinien.

Embryologie (32, 132): Die Lehre von der Entwicklung des Embryos; entwicklungsgeschichtlich von großer Bedeutung, da das → Biogenetische Grundgesetz besonders im Embryo-Stadium deutlich wird

Entwicklung (23, 31, 118, 123, 136, 145, 248): die Entfaltung keimhafter Anlagen von Lebewesen zu ausgebildeten Formen, in übertragenem Sinne auch bei gesellschaftlichen und geistigen Gebilden, z. B. Wirtschaftsformen und Sprachen. Alle Formen, Ordnungen und Zustände gehen aus einfachen Gebilden hervor und »entwickeln« sich im Sinne der Vervollkommnung, des Fortschritts.

Entwicklungsgeschichte (Biogenese) (25, 31, 49, 123, 146, 248): die Lehre von der Entwicklung der Lebewesen, umfassend die → Keimesgeschichte (Ontogenie), welche die Entwicklung des Einzelwesens von der Keimzelle an behandelt, und die → Stammesgeschichte (Phylogenie), die Lehre von der Entwicklung der Pflanzen- und Tierstämme, einschließlich des Menschen

Eoanthropus (205): »Mensch der Morgenröte«, der später als Fälschung erkannte Piltdown-Mensch

Eolithen (57, 203): »Steine der Morgenröte«, → Feuersteine aus tertiären und diluvialen Schichten, die früher vielfach als menschliche Werkzeuge angesehen wurden

Eozän (112/113): eine Stufe des →Tertiär, vor etwa 50 Millionen Jahren, als sich die Alpen auffalteten

Eozoikum: Abschnitt der Erdgeschichte; → Proterozoikum

Erbbiologie (161, 165): die Wissenschaft von der → Vererbung

Erbgesundheit: Freisein von krankhaften Erbanlagen; → Eugenik

Erbkrankheit: Krankheiten, bei denen Erbanlagen eine entscheidende Rolle spielen. Bei vielen Erbkrankheiten ist es möglich, durch vorbeugende oder heilende Maßnahmen die Wirkung der unheilvollen Erbanlage zu mindern.

Ethik: → Sittenlehre

Ethnographie: beschreibende → Völkerkunde

Ethnologie: vergleichende → Völkerkunde

Eugenik: die Erforschung und Pflege der menschlichen → Erbgesundheit. Durch eugenische Maßnahmen können die Auswirkungen krankhafter Erbanlagen eingeschränkt und gesunde Erbanlagen gefördert werden. → Bevölkerungspolitik

Euhomininen: echte Menschen; → Archanthropinen, → Paläanthropinen, → Neanthropinen, im Gegensatz zu den → Prähomininen

Evolution (32, 37, 97): 1) dem Schöpfungsgedanken entgegengesetzte Annahme einer den Naturgesetzen folgenden Entwicklung des gesamten Weltalls und der Lebewesen. Die Evolution der Lebewesen wird von der → Abstammungslehre behandelt, die Entwicklung der heutigen Formenvielfalt der Lebewesen von der → Stammesgeschichte; 2) der friedliche Fortschritt im gesellschaftlichen Leben der Menschen im Gegensatz zur gewaltsamen Umwandlung (Revolution)

Familie: 1) die Lebensgemeinschaft des verheirateten Elternpaars und seiner noch nicht erwachsenen Kinder. Die Familie ist eine Grundeinrichtung der menschlichen Gesellschaft und so alt wie die menschliche → Kultur. Sie hat große soziale Bedeutung und wird daher vom → Staat geschützt; 2) in der Systematik der Lebewesen ist die Familie die natürliche Gruppe, in der mehrere engverwandte Gattungen zusammengefaßt werden.

Familienkunde: die Lehre von den Abstammungsverhältnissen der Menschengeschlechter und ihrer gegenseitigen Beziehungen. Wichtig zur Erforschung des Erbganges bestimmter Krankheitsanlagen und körperlicher oder seelisch-geistiger Eigenschaften; → Erbkrankheit, → Eugenik

Fauna (36): die Tierwelt eines Gebietes

Faustkeil (27, 59, 171): meist aus → Feuerstein gearbeitetes Werkzeug der → Steinzeit

Feuerstein (Flint) (57, 171, 195): eine gelbe bis braune Quarzart, die man leicht durch Behauen zu scharfkantigen Geräten formen kann. Feuerstein ist der älteste Rohstoff, der vom Menschen zur Herstellung von → Faustkeilen und sonstigen Geräten verwendet wurde. In der → Altsteinzeit waren anfangs alle Geräte daraus gefertigt.

Fluor-Test (206): Verfahren zur Klärung des relativen Alters von Funden desselben Fundortes durch Feststellung des aus dem Grundwasser aufgenommenen Fluors

Fortpflanzung (20): die Erzeugung von Nachkommen bei Pflanze, Tier und Mensch. Im Pflanzenreich ist die ungeschlechtliche Fortpflanzung durch Teilung, Knospung und Knollen sehr verbreitet. Menschen und höhere Tiere können sich nur zweigeschlechtlich fortpflanzen; dabei vereinigen sich Eizelle und Samenzelle zum Nachkommen.

Fossil (26, 35, 46, 49, 197): Versteinerung eines Lebensrestes der erdgeschichtlichen Vergangenheit

Gehirn (32, 65, 155, 254, 258): die Zentrale des Nervensystems und Sitz der geistigen Fähigkeiten

Gemeinde: Gemeinschaft gleichartig Interessierter, z. B. Kirchengemeinde, Theatergemeinde. Die politische Gemeinde ist die unterste Stufe der öffentlichen Verwaltung.

Gen (167): die einzelne Erbanlage in den Zellen eines Lebewesens. Durch die Abgabe von Genwirkstoffen prägt es die Merkmale eines Lebewesens, deren Ausbildung dann dem Einfluß der Umweltbedingungen unterliegt.

Genealogie: → Familienkunde

Generation (34, 165, 167): 1) das einzelne Glied der Geschlechterfolge, z. B. Eltern, Kinder, Enkel; 2) Menschenalter, das man in diesem Sinne mit 30–35 Jahren ansetzt

Genesis (22, 137): die biblische Schöpfungsgeschichte (1. Buch Moses)

Genetik (165): → Erbbiologie

Genie (185): Ausnahme-Mensch mit höchster schöpferischer Begabung, vielfach zur Bezeichnung des schöpferischen Menschen schlechthin gebraucht

Genitalien (20): Geschlechtsorgane

Gentleman: Mann von guter Lebensart, vornehm und ehrenhaft

Geo...: als Wortanfang: Erd...

Geographie: »Erdbeschreibung«, die Wissenschaft von den Räumen und Erscheinungen der Erdoberfläche

Geologie (44, 46, 48, 50–55): die Wissenschaft von der Geschichte der Erde, dem Erdaufbau und den Kräften, die die Entwicklung der Erde bestimmen

Geopolitik: die Lehre vom Einfluß des geographischen Raumes auf die politischen Vorgänge und damit auf den → Staat

Geopsychologie: die Lehre vom Einfluß der Landschaft, des Klimas u. dgl. auf das Seelenleben

Geschichte: Werdegang der Erde, der Menschheit, eines Volkes, Staates oder Gegenstandes, seine Erforschung und schriftliche Aufzeichnung

Geschichtsphilosophie: die Lehre vom Sinn und den Gesetzmäßigkeiten der Geschichte

Geschlecht (20): »Eigenschaft«, die Einteilung der Lebewesen in männlich und weiblich

Geschlechtsreife (167): Reife zur Fortpflanzung; → Pubertät

Geschlechtstrieb: der Trieb zur Fortpflanzung

Gesellschaft (32): die Gesamtheit der zwischenmenschlichen Ordnungen, Träger aller Kulturen

Gesellschaftslehre (Soziologie): die Tatsachenwissenschaft vom Zusammenleben

Gesetz: 1) von der gesetzgebenden Gewalt eines Staates erlassene Rechtsvorschrift, die jedem Menschen bestimmte Pflichten auferlegt und bestimmte Rechte einräumt; 2) Naturgesetze sind Regelmäßigkeiten im Ablauf der Naturvorgänge, z. B. das Gesetz vom freien Fall.

Gewissen: die Fähigkeit der moralischen Selbstbeurteilung

Giganthropus (225, 245): Riesenmensch der Vorzeit, der aber wahrscheinlich nur eine affenartig große Schnauze, dagegen annähernd normal großen Körper besaß

Gigantopithecus (225): »Riesenaffe« der Vorzeit, später in → Giganthropus umgetauft

Glaziale (55): Kaltzeiten während der →Eiszeit; Dauer jeweils etwa 50000 bis 100000 Jahre

Halbmenschen (244, 254): Vormenschen aus dem → Tier-Mensch-Übergangsfeld: schon Mensch, noch Tier

Heidelberger Unterkiefer (190): wurde 1907 in Mauer bei Heidelberg gefunden. Er stammt wahrscheinlich aus der ersten Zwischeneiszeit und ist der älteste in Europa gefundene Menschenrest.

Höhlenkunst (182): die in die Felswände großer Höhlen geritzten Tierbilder; sie stammen meist aus der jüngeren → Altsteinzeit. Die so geschmückten Höhlen dienten vorwiegend kultischen Zwecken.

Holozän (112/113): Jetztzeit, die letzten 10000 Jahre der Erdgeschichte

Hominiden: Familie der Menschenartigen

Homo (22): wissenschaftlicher Name des Menschen

Homo sapiens (22, 95, 146, 255): »der Wissende«, der Mensch der Jetztzeit

Homo faber: der Mensch als schaffendes Wesen

Humanität (118): die volle Entfaltung der sittlichen Anlagen des Menschentums, meistens einfach mit »Menschlichkeit« übersetzt

Humanismus: Bildung zur Menschlichkeit

Hybriden (161): »von zweierlei Herkunft«, Mischlinge

Hygiene: Gesundheitspflege

Idiotypus (165): Erbbild eines Lebewesens

Incisivi: Schneidezähne

Individuum: »Unteilbares«, die menschliche Einzelpersönlichkeit

Interglaziale (55): Warmzeiten zwischen den Kaltzeiten (→ Glaziale) der → Eiszeit

Inzucht: die Fortpflanzung unter nahe verwandten Lebewesen. Sie beschleunigt die Herauszüchtung einheitlicher Formen und spielt daher eine große Rolle in der Tier- und Pflanzenzucht, begünstigt aber auch das Auftreten von → Erbkrankheiten.

Java-Mensch: → Pithecanthropus

Jungsteinzeit (Neolithikum): folgte als dritte große Zeitstufe der Menschheitsgeschichte auf die → Mittelsteinzeit und wurde von der → Bronzezeit abgeschlossen; etwa die Zeit von 3000–1800 v. Chr. Kennzeichen: Sorgfältig geglättete, vielfach auch durchbohrte Steingeräte, Tongefäße, größere Verbreitung der Haustiere, Aufkommen des Ackerbaues und dadurch Seßhaftwerden der Menschen

Jurazeit (112/113): Zeitabschnitt des Erdmittelalters (→ Mesozoikum), vor etwa 170–120 Millionen Jahren; die Großzeit der Riesensaurier

Kambrium (51, 112/113): Abschnitt der Erdgeschichte vor etwa 600–520 Millionen Jahren

Kannibalismus (216): → Menschenfresserei

Känozoikum (Neozoikum) (112/113): die geologische Neuzeit, umfassend → Tertiär und → Quartär, etwa 60 Millionen Jahre

Karbonzeit (112/113): Abschnitt der Erdgeschichte, in der sich die meisten Steinkohlen der Erde gebildet haben, vor etwa 350–250 Millionen Jahren

Katastrophentheorie (36, 44): die besonders von Cuvier verkündete Lehre, daß durch eine Reihe von Katastrophen die Erde wiederholt vollständig verheert worden und jedesmal durch eine neue Schöpfung völlig neues Leben erschaffen worden sei

Keimesgeschichte (Ontogenie): behandelt die Entwicklung des Einzelwesens von der Keimzelle an

Keimgifte: Stoffe, die männliche oder weibliche Keimzellen schädigen oder zur → Mutation anregen, z. B. Alkohol oder radioaktive Stoffe

Kopfjägerkult (216): das Erbeuten von Menschenköpfen und deren Aufbewahrung als kraftbringende magische Trophäe; bei Naturvölkern früher weit verbreitet

Korrelationsgesetz (35): Alle Teile und Organe eines Lebewesens stehen in Wechselbeziehung zueinander. Von der Ausbildung eines Organes kann man daher auf andere Organe Rückschlüsse ziehen.

Kreidezeit (112/113): jüngster Abschnitt des Erdmittelalters, in dem die rasche Entwicklung der Säuger und Vögel einsetzte, vor etwa 120–60 Millionen Jahren

Kult (Kultus) (185): gemeinsame Gottesverehrung, auch abgöttische Verehrung

Kultur (68, 118, 137, 256, 258): die Gesamtheit der vom Menschen geschaffenen oder mitgestalteten Werke oder Einrichtungen. Also ist die Kultur so alt wie die Menschheit. Die ersten Hochkulturen entstanden im 4. Jahrtausend v. Chr. im Niltal und in Vorderasien.

Kunst (62, 179): die gestaltende Tätigkeit des schöpferischen Menschengeistes; allgemein: das zur Meisterschaft entwickelte Können

Lamarckismus (33, 44): die von Lamarck begründete → Abstammungslehre, nach der die Umwandlung der Arten und die Entwicklung der Organe auf den Einfluß der Umwelt zurückgeführt werden.

Magdalénien (84): jüngste Kulturstufe der → Altsteinzeit, Nachklänge auch in der → Mittelsteinzeit und → Jungsteinzeit, gekennzeichnet durch die Umgestaltung der Steinwerkzeuge in kleinere Geräte (Mikrolithe); benannt nach der Höhle Madeleine in Südfrankreich

Magie (185, 217): die angebliche Fähigkeit, sich durch bestimmte geheimnisvolle Handlungen übernatürliche Kräfte dienstbar zu machen. Bei Naturvölkern beherrscht die Magie vielfach alles Denken und mündet in die → Religion. Magie hat es schon in vorgeschichtlicher Zeit gegeben.

Meganthropus (225, 245): »Großmenschen« → Giganthropus

Mensch (10, 22): gehört zoologisch zur Familie der Herrentiere (→ Primaten), ist aber durch verschiedene arteigene Merkmale von allen Tieren unterschieden. Er ist das höchstentwickelte Lebewesen, »ein zur Weltschau befreites Geistwesen«. → Homo sapiens

Menschenaffen (Pongiden, Anthropoiden) (146, 211, 253): eine Familie der Ordnung Affen, bestehend aus Schimpanse, Gorilla und Orang-Utan, Seitenzweig einer mit den Menschen gemeinsamen Stammgruppe. Besonders in der Jugend sind sie sehr menschenähnlich.

Menschenalter (8): Das durchschnittliche Todesalter eines Europäers beträgt etwa 67 Jahre. Als volkstümliches Zeitmaß für ein Menschenalter gelten aber 30–35 Jahre.

Menschenfresserei (Anthropophagie, Kannibalismus) (216): der Genuß von Menschenfleisch durch Menschen; kam bei vielen Naturvölkern vor. Antrieb zur Menschenfresserei war selten Fleischmangel, sondern meist der Glaube, daß sich der Sieger durch das Verzehren des Gegners dessen Kräfte aneigne. → Kopfjägerkult, → Magie

Menschenkunde (Anthropologie): die Wissenschaft vom Menschen, seiner Entstehung und Entwicklung, seinen körperlichen und seelischen Eigenschaften und seinem Verhalten gegenüber der Umwelt; auch die Wissenschaft von der Gliederung der Menschheit in Menschenrassen und Völker

Menschenrassen (219, 256): Untergruppen der Art → Homo sapiens, gekennzeichnet durch bestimmte erbliche Merkmale; wahrscheinlich vor langer Zeit entstanden als Auslesegruppen und Anpassungsformen an bestimmte Lebensräume und Klimate. Umfangreiche Rassenmischungen verwischen in neuerer Zeit die Merkmale. Von altersher üblich ist die Dreiteilung der Menschheit in Schwarze, Weiße und Gelbe.

Menschenrechte (115): die angeborenen, unveräußerlichen und unantastbaren Rechte und Freiheiten des einzelnen gegenüber staatlichem Eingriff; in neuzeitlichen Staatsverfassungen als Grundrechte gewährleistet

Mesolithikum: → Mittelsteinzeit

Mesozoikum (112/113): Erdmittelalter, vor etwa 210–60 Millionen Jahren

Mimikry (106): »Tarntracht«, die schützende Anpassung mancher Tiere und Pflanzen an ihre Umwelt

Miozän (112/113): mittlere Zeitstufe des → Tertiär, vor etwa 28–12 Millionen Jahren, als sich die Pflanzen- und Tierwelt den Formen der Gegenwart näherte

missing link (146, 150, 155, 223): »fehlendes Glied«, Übergangsform zwischen Menschenaffen und Menschen; → Australopithecinen, → Urmenschen

Mittelsteinzeit (Mesolithikum): Übergangszeit zwischen → Altsteinzeit und → Jungsteinzeit, etwa die Zeit von 10000–3000 v. Chr.; Anfänge der Töpferei, Haustierzucht und Getreideanbau

Modifikation (167): Abänderung; in der → Biologie nichterbliche Veränderung einer Tier- oder Pflanzenart durch äußere Einflüsse, auch wohl das veränderte Lebewesen selbst

Molaren (154): die Backenzähne (Mahlzähne); beim Menschen je 3 Stück oben und unten auf jeder Seite

Monogamie: Einehe; → Ehe ·

Moral: auf das sittliche Gefühl wirkend; → Sittenlehre

Moralische Aufrüstung (Moral Rearmament, MRA): Bewegung zur moralischen und sozialen Erneuerung im christlichen Sinne

Morphologie (146): die vergleichende Beschreibung von Formen und Gestalten sowie deren Entwicklung

Moustérien (84, 187): Kulturstufe der → Altsteinzeit, vor etwa 250000–80000 Jahren; gekennzeichnet durch kleine dreieckige Steinwerkzeuge, benannt nach der Grotte Le Moustier im südfranzösischen Vézère-Tal, Höhepunkt der → Kultur des → Neandertalers

Mutation (166, 168): »Veränderung«, sprunghafte Erbänderung, hervorgerufen durch innere (→ Keimgifte) oder äußere (Strahlen-) Einwirkung; Ursache der Rassen- und Artbildung

Neandertaler (88, 95): die ausgestorbene Neandertalgruppe der echten Menschen (→ Euhomininen); benannt nach dem im Neandertal bei Düsseldorf gefundenen Skelett

Neanthropinen: die Homo sapiens-Gruppe der Menschen; → Euhomininen

Neolithikum: → Jungsteinzeit

Neozoikum (112/113): → Känozoikum

Ökologie: die Wissenschaft von den Beziehungen der Lebewesen zu ihrer Umwelt, also auch von deren Anpassung an die Umgebung

Oldowan (232): primitive Steingeräte; einfache, runde Kiesel, an einer Seite etwas zugeschlagen, die in der untersten Schicht der → Oldoway-Schlucht gefunden wurden

Oldoway-Schlucht (229, 246): tiefeingeschnittenes Tal des Oldoway-Flusses in der Serengetisteppe Ostafrikas. Bekannte Urmenschen-Fundstätte mit zehn werkzeugführenden Schichten übereinander, die ein gutes Entwicklungsbild der Faustkeilkulturen ergeben, beginnend mit den in Europa fehlenden → Oldowan-Geräten. Man nimmt an, daß die Faustkeilkultur in Afrika entstanden ist.
Oligozän (112/113): Zeitstufe des → Tertiär, vor etwa 40–28 Millionen Jahren, als in Afrika die ersten Menschenaffen auftauchten
Ontogenie: → Keimesgeschichte

Pädagogik: die Wissenschaft von der Erziehung und Bildung
Paläanthropinen: wissenschaftlicher Gruppenname für → Neandertaler
Paläanthropus: Heidelberg-Mensch; → Heidelberger Unterkiefer
Paläo...: als Wortanfang: alt..., Ur...
Paläolithikum: → Altsteinzeit
Paläontologie (Petrefaktenkunde) (213): die Lehre von den versteinerten Tier- und Pflanzenresten (→ Petrefakten), Geschichte des Tier- und Pflanzenreichs in Verbindung mit der Erdgeschichte
Paläozoikum (112/113): Altzeit der Erdgeschichte; beginnend mit dem → Kambrium vor etwa 600 Millionen Jahren und endigend mit dem → Perm vor etwa 210 Millionen Jahren
Paläozän (112/113): die älteste Stufe des → Tertiär, vor etwa 60-50 Millionen Jahren, als die Blütenpflanzen kamen
Paranthropus (241): ein südafrikanischer Frühmensch
Pathologie: Krankheitskunde
pathologisch: krankhaft
Peking-Mensch (208, 220, 228): → Sinanthropus
Permzeit (112/113): jüngster Abschnitt des → Paläozoikum, vor etwa 250–210 Millionen Jahren, als die Nadelbäume kamen
Petrefakten: Versteinerungen; → Fossil
Phänotypus (165): das Erscheinungsbild eines Lebewesens; es entsteht aus dem Zusammenwirken der Erbanlagen (→ Idiotypus) und der Umwelteinflüsse.
Philosophie: »Liebe zur Weisheit«, Weltweisheit; das Streben des menschlichen Geistes, das Wesen und die letzten Zusammenhänge des Seins zu erkennen, Grundsätze der Daseinsgestaltung aufzustellen. Sie ist eine der größten Geistesmächte.
Phyle: Stamm
phyletisch: → Phylogenie, die → Stammesgeschichte betreffend
Phylogenie, Phylogenese (159): → Stammesgeschichte
Physiognomie: die äußere Erscheinung eines Lebewesens; beim Menschen besonders der Gesichtsausdruck
Physiologie: die Lehre von den Lebensvorgängen, von den Leistungen und Arbeitsweisen der Zellen, Gewebe und Organe der Lebewesen
Physis: Natur- oder Körperbeschaffenheit
physisch: körperlich
phytogen: »von Pflanzen erzeugt«, die Ablagerungen pflanzlicher Herkunft, z. B. die Kohle
Phytopathologie: die Wissenschaft von den Pflanzenkrankheiten
phytophag: pflanzenfressend
Piltdown-Mensch (202): → Eoanthropus
Pithecanthropus erectus (146, 155, 191, 211, 216, 218): »aufrechtgehender Affenmensch«; der erst als Übergangsform (→ missing link) angesehene, später als echter Mensch erkannte Java- oder Solo-Mensch
Pleistozän oder → **Diluvium** (112/113): der ältere Abschnitt des → Quartär (→ Eiszeit); begann vor etwa 1 Million Jahren
Pliozän (112/113, 253): die jüngste Stufe des → Tertiär, vor etwa 12–1 Million Jahren; die entscheidende Periode der Menschwerdung
Pluvialzeit (236): starke Regenzeit in den Tropen und Subtropen während der → Eiszeit
Politik: die Lehre von der Staatsführung
Politikum: Vorgang von politischer Bedeutung
politisch: das Staatsleben betreffend, staatsklug
Pollenanalyse: Der Pollen (Blütenstaub) ist lange haltbar und daher ein gutes Mittel, den vorzeitlichen Pflanzenwuchs eines Gebietes zu erforschen, indem man in Bodenproben unter dem Mikroskop die Prozentzahlen der Pollenkörner für die einzelnen Pflanzenarten ermittelt.
poly...: als Wortanfang: viel...
Polyarchie: »Vielherrschaft«, die Herrschaft mehrerer in einem Staate
Polygamie: »Mehrehe«; eine Form der → Ehe
Polygenie: Mehrstämmigkeit
polygenetisch: von verschiedenen Stämmen der Lebewesen abstammend
polymorph: vielgestaltig
Pongiden: → Menschenaffen
populär: volkstümlich, beliebt, gemeinverständlich
Population: die Bevölkerung; in der → Biologie der vorhandene Bestand einer Art
prä...: als Wortanfang: vor...
Prächelléen: früher üblicher Name für die Kulturstufe → Abbevillien
Prähistorie: → Vorgeschichte
Prähomininen (246): → Australopithecinen
Präkambrium: (112/113): die vor dem → Kambrium liegenden Zeitalter der Erdgeschichte, also die → Urzeit
Prämolare (222): vordere Backenzähne; beim Menschen je 2 Stück im Ober- und Unterkiefer auf jeder Seite
Primaten (22, 253): im Natürlichen System die

Herrentiere: Menschenartige, Affen und Halbaffen

Proterozoikum: die jüngste Stufe des → Präkambrium, die Zeit des Lebensbeginns; meist → Algonkium oder Eozoikum genannt

Protoplasma: »Erstgebilde«, das in den → Zellen aller Lebewesen enthaltene komplizierte Gemisch zahlreicher organischer Substanzen; Träger des Lebens

Protozoen: mikroskopisch kleine einzellige Urtiere, z. B. Amöben

Psyche: Seele; im Altertum Verkörperung der Seele als kleines Flügelwesen

Psychiatrie: Seelenheilkunde

psychisch: seelisch

psychogen: seelisch bedingt

Psychohygiene: der seelische Gesundheitsschutz; vorbeugende Maßnahmen zur Vermeidung seelischer Überbelastung, Beratung in Lebenskrisen u. dgl.

Psychologie: Seelenkunde, die Wissenschaft vom seelischen Leben, unterteilt in theoretische und angewandte Psychologie. Zur letzteren gehören die Eignungsprüfungen, beispielsweise vor der Berufswahl.

Psychosen: seelische Krankheiten

Psychosomatik: Ganzheitslehre; sie geht davon aus, daß Seele und Körper eine Einheit bilden und daß daher seelische Einflüsse auch bei körperlichen Krankheiten berücksichtigt werden müssen.

Pubertät: → Geschlechtsreife, oft einhergehend mit Unausgeglichenheit des körperlichen und seelischen Wachstums

Pygmäen: »Zwerge«; Zwergvölker mit einer Durchschnittsgröße unter 150 cm, meist Urwaldbewohner, die in Gruppen von 50–100 Menschen zusamzusammenleben

Quartär (112/113): das jüngste geologische Zeitalter, seit etwa einer Million Jahren

Rasse (193, 256): eine Untergruppe der → Art, die sich durch bestimmte Erbmerkmale von anderen Untergruppen unterscheidet; → Menschenrassen

Ratio: → Vernunft

rational: vernunftmäßig, berechenbar

Rationalismus: die Überzeugung, daß die Welt von vernunftgemäßer, berechenbarer Beschaffenheit sei

rationell: verständig, wirtschaftlich, zweckmäßig

Recht: die Gesamtheit der Vorschriften, die in bindender Weise das menschliche Gemeinschaftsleben regeln. Recht entsteht durch Gewohnheit oder → Gesetz.

Rechtsstaat: ein Staat, in dem die Staatstätigkeit durch die Rechtsidee begrenzt ist und die Rechtsstellung des einzelnen durch Rechtsgarantien gesichert wird

Regression (36): Rückzug des Meeres und die damit verbundene Trockenlegung des Meeresbodens

Rekonstruktion (43, 219): Wiederherstellung des ursprünglichen Zustandes untergegangener Kulturdenkmäler auf Grund von erhaltenen Unterlagen und der Versuch, aus → Fossilien die körperliche Erscheinung früherer Lebewesen nachzubilden

Religion (179): »an Gott gebunden sein«, das Ergriffenwerden von der Wirklichkeit des Heiligen, das in Glaubensgemeinschaften seine Ausdrucksform findet. Religiöses Erleben erhebt den Menschen und beseligt ihn; es äußert sich in der Verehrung Gottes und im Gebet.

rezent: in der Jetztzeit noch lebend, Gegensatz zu fossil

Rudiment: im Laufe großer Zeiträume rückgebildeter (verkümmerter) Körperteil, der seine ursprüngliche Aufgabe nicht mehr verrichtet und für das Lebewesen bedeutungslos geworden ist; z. B. beim Menschen der Wurmfortsatz des Blinddarms

Scheitelkamm: → Crista sagittalis

Schichtenkunde (Stratigraphie) (46, 49, 52): die Wissenschaft von den Schichtfolgen der Gesteinsarten, ein Zweig der → Geologie

Sediment (45, 51, 229): Ablagerung von Schichtgesteinen

Seele (22, 256): Träger des Lebens, Inbegriff der bewußten und unbewußten seelischen Vorgänge

Selbsterhaltungstrieb (106): Lebensdrang, Daseinswille, übersteigert als Kampf ums Dasein und als Egoismus (Selbstsucht)

Selektion (108, 111, 132, 168, 255): Auslese

Selektionstheorie (134): die Enstehung der Arten durch natürliche Zuchtwahl; → Darwinismus, → Abstammungslehre

Sexualität: zusammenfassende Bezeichnung für alle Erscheinungen, die sich auf das Geschlechtsleben beziehen

Sexualdimorphismus (224): Unterschied in der Körpergröße und dem Körpergewicht erwachsener männlicher und weiblicher Wesen derselben Art

Silur (112/113): Abschnitt der Erdgeschichte, vor etwa 520–420 Millionen Jahren, als die Pflanzen aus dem Meer auf das trockene Land vordrangen

Sinanthropus (208, 223): die in der Nähe von Peking gefundenen Menschenreste, die zu den → Archanthropinen gehören

Sintflut (23, 26, 46, 53): »große Flut«, volkstümlich umgedeutet in Sündflut; in den Sagen vieler Völker eine durch göttlichen Zorn hervorgerufene Flutkatastrophe, durch die das Leben auf der Erde vernichtet wurde

Sitte: »Gewohnheit«, in der → Gesellschaftslehre eine soziale Regelung, die auf Überlieferung beruht und innerhalb einer Gemeinschaft verbindlich geworden, im Unterschied zum Recht aber nicht erzwingbar ist. In den Frühformen der → Kultur beherrschte die Sitte weite Gebiete des Zusammenlebens.

Sittenlehre: die Lehre vom sittlich Guten (Ethik)

Sklaverei (114, 115): Der Zustand unbedingter Knechtschaft, der einen Menschen zum Eigentum eines anderen macht, fand sich im Altertum bei vielen Völkern und ist erst in diesem Jahrhundert praktisch abgeschafft worden.

Solo-Mensch (216): → Pithecanthropus erectus

Solutréen: Kulturstufe der → Altsteinzeit, vor etwa 50000 Jahren, gekennzeichnet durch lorbeerblattähnliche Lanzenspitzen aus Stein; benannt nach dem Dorfe Solutré bei Lyon

Sonnenkult: bei vielen Natur- und Kulturvölkern verbreitete religiöse Verehrung der Sonne, die offenbar schon in vorgeschichtlicher Zeit geübt worden ist

sozial: die Ordnung der menschlichen Gesellschaft betreffend, menschenfreundlich

Sozialpolitik: die Gesamtheit der Maßnahmen, die darauf zielen, die sozialen Verhältnisse im → Staat und im Betrieb zu verbessern

Soziologie: → Gesellschaftslehre

Spezies (21): → Art

Spina dorsalis (250): das Rückgrat der Wirbeltiere

Spina mentalis (190): kleiner Knochenvorsprung am menschlichen Unterkiefer, dient zur Anheftung der beiden Muskelpaare, die die Zunge bewegen. Das Vorhandensein bei → Fossilien deutet darauf hin, daß diese ehemaligen Lebewesen einer artikulierten Sprache fähig waren.

Staat: politische Gemeinschaft, der die Staatsbürger einen Teil ihrer Rechte übertragen haben und die für die Gesamtheit eine große Zahl von Aufgaben erfüllt

Stammesgeschichte (Phylogenie) (159): eine Zweigwissenschaft der → Biologie; behandelt die Stammesentwicklung der Lebewesen. Zu diesem Zwekke untersucht sie die Reste ausgestorbener Lebewesen, die natürliche Verwandtschaft der Stämme und die Umbildung der Organe.

Steinheim-Mensch (191): gehört zu den → Neanthropinen. Der 200000–300000 Jahre alte Schädel wurde 1933 in Steinheim an der Murr gefunden.

Steinzeit (59, 64): Die Kulturstufe, in der Stein ein besonders wichtiger Werkstoff war, begann vor etwa 600000 Jahren und endete etwa 1800 v. Chr. → Altsteinzeit, → Mittelsteinzeit, → Jungsteinzeit

Stoffwechsel (248): die Gesamtheit der chemischen Umsetzungen im Körper der Lebewesen

Stratigraphie (153): → Schichtenkunde

Tertiär (41, 112/113): der ältere Abschnitt der geologischen Neuzeit, beginnend vor etwa 60 Millionen Jahren, endigend vor etwa 1 Million Jahren; gekennzeichnet durch Vulkanismus und Gebirgsbildung, gegliedert in → Paläozän, → Eozän, → Oligozän, → Miozän, → Pliozän

Theologie (14): »Lehre von Gott«

Tier-Mensch-Übergangsfeld (232, 242, 254): Die → Abstammungslehre hat bewiesen, daß sich auch der → Mensch aus einfachen Lebensformen entwickelt hat. Auf dem Wege zur Menschwerdung passierte er eine kritische Phase, in welcher aus dem Tier der Mensch wurde. Wahrscheinlich lag dieses Tier-Mensch-Übergangsfeld im → Pliozän.

Toleranz (31, 37, 141): Duldsamkeit, das Geltenlassen fremder Anschauungen, besonders in weltanschaulicher und religiöser Hinsicht

Torus supraorbitalis (211, 218): → Überaugenwulst

Transgression: Vordringen eines Meeres über das Festland; Gegensatz: → Regression

Trias (112/113): ältester Zeitabschnitt des Erdmittelalters (→Mesozoikum), vor etwa 210–170 Millionen Jahren; die Zeit der Riesenschachtelhalme

Überaugenwulst (Torus supraorbitalis) (211, 218): Der durchlaufende Überaugenwulst ist als Kennzeichen der Großaffen gegenüber den Menschen wichtig.

ur...: »anfänglich«, ältestes, ganz auf den Anfang Zurückgehendes

Urmensch (27, 64, 95, 151, 247): der älteste bekannte echte Mensch (Homo)

Urtiere (32): → Protozoen

Urzeit (112/113): die älteste Zeit der Erdgeschichte, umfassend die Sternzeit der Erde und das Präkambrium: Bildung der festen Erdkruste und der Ozeane, erste Gebirge und Ablagerungen und Beginn des Lebens im Wasser. Sie endete vor etwa 600 Millionen Jahren.

Utopie: »Nirgendheim«, Schilderung eines erdachten Gesellschaftszustandes

Varia: allerlei, Verschiedenes

variabel: veränderlich

Variante (166): in der → Biologie ein Lebewesen mit → Variation

Variation (161, 166): in der → Biologie Abweichung im Erscheinungsbild der Nachkommen von ihren Eltern; sie kann von Umwelteinflüssen herrühren, dann ist sie nicht erblich (→ Modifikation). Sie kann aber auch durch Erbänderung bedingt sein (→ Mutation).

Venusstatuetten (193): Funde aus der → Altsteinzeit (→ Aurignacien, → Magdalénien); weibliche Figuren aus Stein, Elfenbein oder Ton. Sie dienten wohl dem Fruchtbarkeitszauber.

Vererbung (32, 34. 162): die Weitergabe der Merkmale von Lebewesen an ihre Nachkommen; → Eugenik

Vernunft (32, 118): menschliches Denkvermögen; die Fähigkeit des Menschen, die Dinge und Geschehnisse in ihrem Zusammenhang zu begreifen

Verstand (32, 256): die geistige Fähigkeit des begrifflichen Erfassens der Gegenstände

Vertebraten: die Wirbeltiere, also auch die Menschen

Volk: durch gemeinsame geistige und kulturelle Entwicklung verbundene Menschen, die meist auch eine gemeinsame Sprache haben

Völkerkunde (187): die Wissenschaft von den Kulturerscheinungen der Völker

Vorgeschichte (Urgeschichte, Prähistorie) (65, 172, 193): die älteste Menschheitsgeschichte von den ersten Anfängen bis zum Einsetzen schriftlicher Quellen

Vormensch (253): menschenähnliches Wesen aus dem Tier-Mensch-Übergangsfeld, das aber bereits zum echten Menschen hinneigt

Zelle (92): Hohlraum; in der → Biologie das lebende Baustück des Körpers der Lebewesen, bestehend aus dem Zelleib (Zellplasma, Protoplasma) und dem Zellkern. Die Zellen vermehren sich durch Zellteilung.

Zellenlehre (92, 143, 144): die Wissenschaft von der → Zelle

Zellularpathologie (143): Lehre, die das Wesen der Krankheiten in Lebensstörungen der → Zellen sucht

Zoologie (31): Tierkunde

Inhalt